閉じ込められた鉱山労働者たちの救出に向けたトンネル掘削作業の現場／2010年8月3日（AP By Felix Alonso SLUG－共同）

33MEN
INSIDE THE MIRACULOUS SURVIVAL AND
DRAMATIC RESUCUE OF THE CHILEAN MINERS
By JONATHAN FRANKLIN

First published 2011 by Penguin
Japanese translation rights arranged with Jonathan Franklin c/o through
Tuttle-Mori Agency, Inc.,Tokyo

チリ33人
生存と救出、知られざる記録

ジョナサン・フランクリン 株式会社共同通信社国際情報編集部 訳

(AFP/Getty Images)

THE
33
THE MIRACULOUS
SURVIVAL AND DRAMATIC RESCUE
OF THE CHILEAN MINERS

JONATHAN FRANKLIN

共同通信社

コピアポの道路標識。手書きの看板は救出作業員に鉱山の位置を示す（Getty Images）

ニュースを待ちつつ、地元自治体から食事の提供を受ける家族／2010年8月6日
（AFP/Getty Images）

サンホセ鉱山入り口。労働者たちは無事にシフトを生き延びられるよう祈ることも／2010年6月28日
（AFP/Getty Images）

ゴルボルネ鉱業相は誠実さと家族への迅速な説明で賞賛を得た／2010年8月7日
（Martin Bernetti/AFP/Getty Images）

「われわれは元気で避難所にいる。33人」。
地下から届いた鉱山労働者の
メッセージを持つピニェラ大統領
／2010年8月22日
（AFP/Getty Images）

救出カプセル上部からのカメラ映像
（REUTERS/チリ鉱業省/Pool/Landov）

地下に配達された食事／2010年9月1日
（共同）

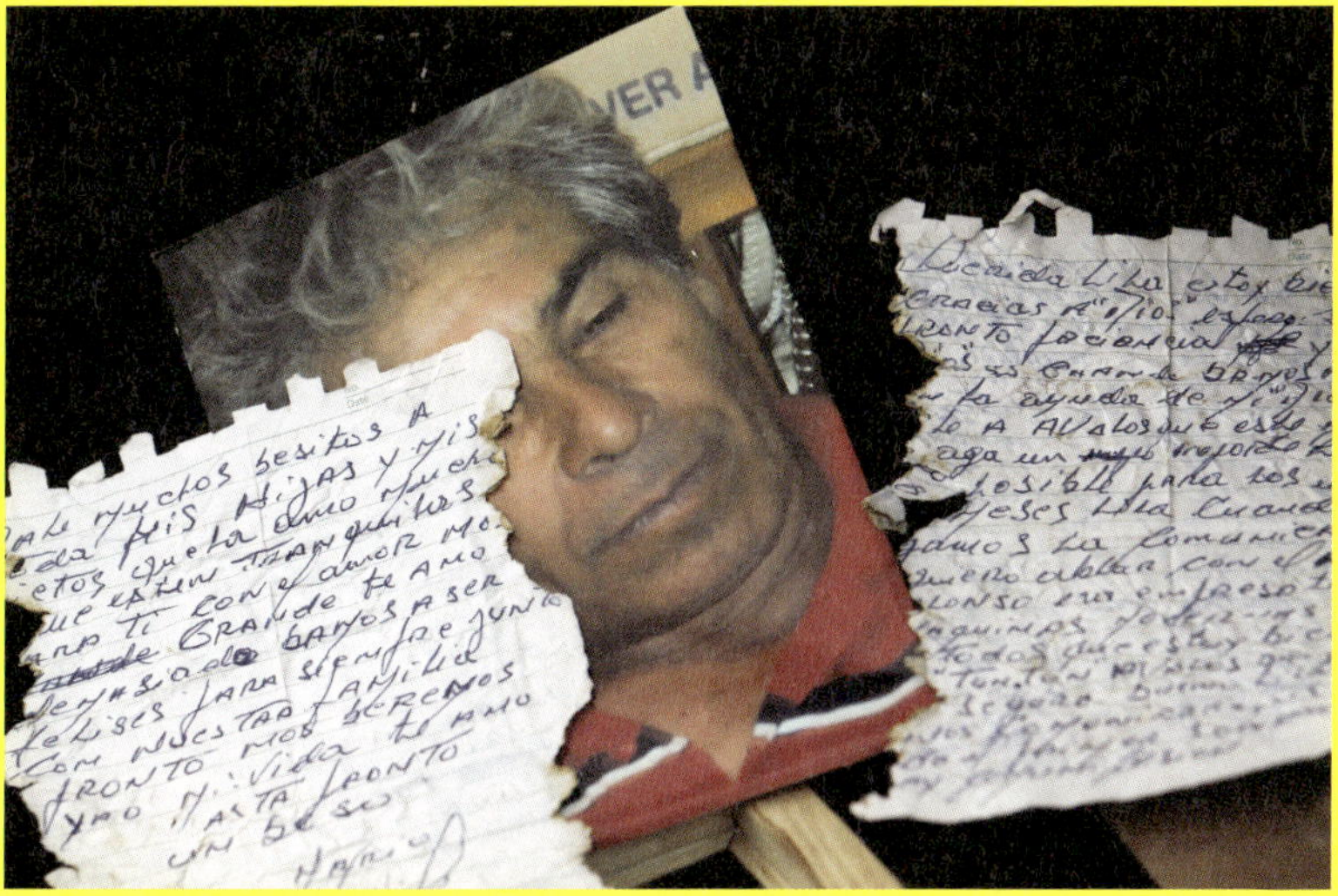

マリオ・ゴメスの写真と手紙（REUTERS＝共同）

救出作業員や政府閣僚が詰め掛ける中、フェニックスが到着する
(©Ronald Patrick)

33人中、最年長のマリオ・ゴメス。鉱山生活は51年間におよぶ／2010年10月13日
（AFP/Martin Bernetti/Getty Images/Newscom）

大型スクリーンで最後の救出風景を見ながら歓喜にわくコピアポの広場／2010年10月13日（REUTERS＝共同）

最後の労働者を地上に搬送し、任務完了の垂れ幕を掲げる救出作業員／2010年10月13日
（チリ政府提供、REUTERS＝共同）

チリ33人
生存と救出、知られざる記録

目次

地下避難所を示すサイン（REUTERS/チリ鉱業省/Landov）

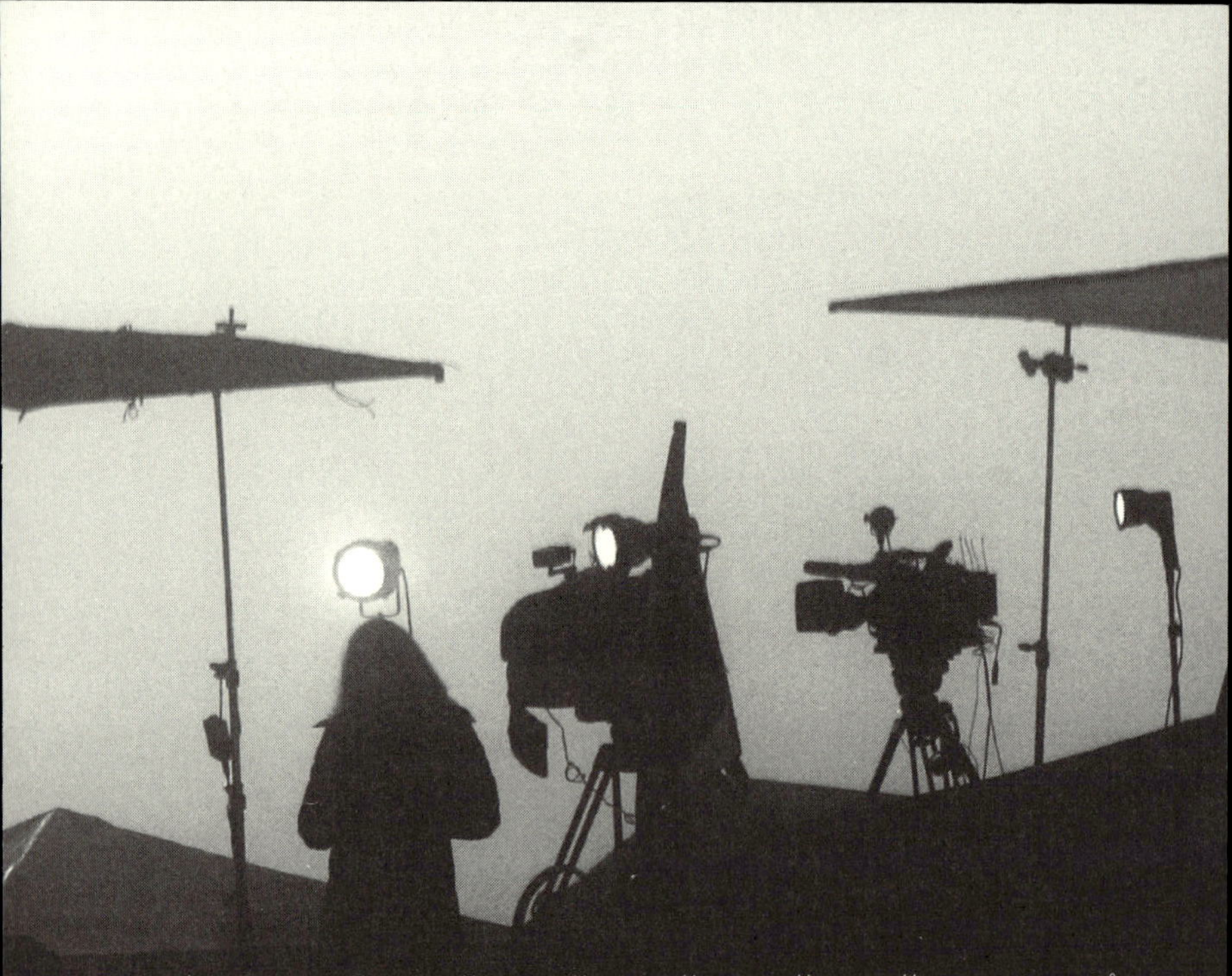

朝もやがメディアキャンプを幽玄の世界へと誘う／2010年10月9日（AFP/Getty Images）

「T-130」ドリル。10月初めまでに、政府は異なる三つの掘削作業を進め、
彼らの努力は閉じ込められた男たちに近づいていた／2010年10月7日（AFP Getty Images）

チリ33人
生存と救出、知られざる記録

ブックデザイン：芦澤泰偉 Ashizawa Taii

プロローグ
世界の視線

10月12日、夜明けの濃い霧がチリ北部の密集した山々の山腹を覆っていた。幻想的に折り重なったもやが、斜面をはい上がってくる。太陽はまだ地平線の彼方に隠れたままで、湿った冷たい空気が太平洋から立ち上り、体温を奪い取っていく。早朝から仮設キャンプの中を動き回る幾つかの人影は幽玄なシルエットとなり、それは世界で最も乾燥した地域の一つ、ここアタカマ砂漠に現れた、はかない蜃気楼のようだった。

メディアの野営キャンプでは、交差する投光照明の光がアンテナの林立する広場を明るく照らし、何十機もの衛星通信機器が巨石の上部に据え付けられていた。

たき火の周りに身を寄せ合って指や腕を絡めながら、アバロスの家族は生き埋めとなっている2人の身内のちょうど真上で、29歳のレナンと31歳のフロレンシオのために敬虔な気持ちを込めて祈り、語り合った。9週間前の8月5日、兄弟2人は12時間のシフト勤務でサンホセ鉱山に入った。その昼下がり、摩天楼ほどの巨大な岩の塊が崩れて山を削ぎ落とし、彼らを鉱山の地底に閉じ込めたのだ。

この9週間、アバロス一家は奇跡が起きることを願って祈り続けた。初めは兄弟たちの生存の知らせが聞けるようにと、そして後には、最も良い時代でさえも鉱山労働者の命を奪い、傷を負わせることで悪名高かったこの鉱山の地底から、2人が無事救出されることを……。

8月初めに鉱山で落盤が起きた瞬間から、何百人もの専門技術者、救出作業員、掘削作業員らが、以前は辺ぴで住む人もいなかったこのチリ北部の地にやってきた。救出のためのアイデアや装備機器、労働力を提供するためにきたボランティアだった。チリのセバスティアン・ピニェラ大統領は外交ルートや財界のコネクションを活用して、簡潔だが深く心に響く支援要請を行った。大統領はこう言った。「私たちのところに地下700メートルに閉じ込められた男たちがいるのです。支援していただけるとしたら、あなた方にはどんな技術がありますか？」

反響は圧倒的だった。

今や救出活動は最終段階に入った。24時間足らずのうちに「フェニックス」の名で知られるロケット型の救出用カプセルがゆっくりと地中に下ろされ、鉱山の底にまで到達するはずだ。フロレンシオ・アバロスがカプセルの扉を開け、地表まで乗ってみる最初の鉱山労働者となるだろう。彼の家族は、この指名が名誉でもあり、また危険でもあることを承知していた。

何百人もの救出作業員たちは数カ月間、この瞬間のために懸命に働いてきた。彼らのほとんどは寡黙に仕事に取り組んだ。いよいよ世界的にも劇的な事件となり、大規模な実験であることを誰もが知っているこの救出劇のささやかな役割を担う機会を得たことで、みんな誇りに満ち溢れていた。鉱山労働者たちがこんなに地底深くから、数カ月間も閉じ込められた後に救出されたケースは、いまだかつてなかった。こうした救出を可能にする方法はたくさんあったものの、その可能性は鉱山採掘業のように危険な産業では決して高くなく、男たち全員が生きて救出される見込みはないものと、誰もが常識として知っていた。

鉱山労働者たちの守護聖人、聖ロレンソへの敬意を表して「聖ロレンソ作戦」と名付けられた救出活動は、チリの国営銅公社コデルコによって主導されたが、コデルコは過去2カ月以上にわたって、世界で最も精巧な掘削・地図作成用機器を調達していた。

コデルコは、年間45億ドル以上の利益を上げている近代企業であり、閉じ込められた労働者たちの居場所を突き止めたり、69日間にわたって彼らに食事を供給したりするために、借り受けたり、レンタルしたり、あるいは急いで製造して調達した一連の掘削機器を総動員した。今やそれが成功するかどうかの瞬間が訪れた。鉱山労働者たちを無事に引き上げることができるのか？エッフェル塔の高さの2倍以上の深さから？救出坑は大変狭いので、地下の労働者たちはカプセルの中に確実に体が収まるように運動しておくことを指示されていた。

早朝にもかかわらず、何百人ものジャーナリストが既に起き出して、世界中のテレビ視聴者の関心と想像力を捉えた劇的事件の報道のために特等席を確保しようとカメラ機材を運んでいた。月面着陸以来、これほど世界の好奇心をそそり、魅了した技術的な挑戦はなかった。そして2010年、発達したネットワーク社会は、今回の事態の進行状況を追い、解説するために、何十もの新しい機材を用意した。

アバロスの家族はオレンジ色の燃えさしがくすぶる小山の方に頭を垂れ、高まる騒ぎも気に留めていないように見えた。その小山は何週間も待ち続けたことの証しだった。彼らは二言三言コメントを述べた後、ひょっこりやってきた一人のカメラマンを黙殺した。ケーブルと音声係を従えたそのジャーナリストは、数分間ライブ放送をしながら歩き回り、一言一言が世界中の視聴者に伝えられると、また、別の家族の元に移動していった。

アバロス一家の後方には「たぶん埋められている……、負けるな、決して」と書かれた横断幕が切れ切れに見えた。幕にある鉱山労働者たちの顔写真は半分が暗がりに隠れていたが、そこからじっと睨みつけていた。個人個人として見れば、彼らの顔は、平凡で、生真面目で、むっつりしたり、風雨に鍛えられたりしたものだった。しかし、グループとしては、彼らは「33人の男たち」であり、世界中の不屈の力の象徴であった。

2010年の9月から10月にかけて、救出作業員たちが閉じ込められた男たちの捜索に花崗岩の山を掘削するようになると「33人の男たち」の運命は世間共通の話題となった。世界の一流ジャーナリストたちが殺到して、コピアポ行きの数少ない航空券を奪い合った。コピアポは、チリの放送局が全国の天気予報を伝えるときにも、よく飛ばしてしまうほど忘れ去られがちな都市だ。「サッカーのワールドカップのトロフィーがチリ全国を巡回した時も、ここには立ち寄らなかった」。コピアポのマリオ・シカルディーニ市長は不満をこぼした。市長は、ロックバンド、ＺＺ Ｔｏｐのギタリストのような、髪をポニーテールにしたショーマンだ。

世界的な関心にもかかわらず、テレビカメラがこの悲劇の最前線に迫ったり、またはその水面下にまで掘り下げることはめったになかった。ピニェラ大統領によって繰り広げられた綿密かつ巧妙な広報キャンペーンによって、警察の警戒線の背後に封じ込められて、大半の記者たちはこの2カ月間、ただ労働者の家族や政治家たちをインタビューするほかなかった。一方、数億人はいるであろう世界の視聴者や読者は、もっと深みのある記事の見出しにくぎ付けになった。「地下ではいったい何が起きているのか？」

うだるような暑さで、湿度も高く、現在も崩れつつある洞窟に閉じ込められて、33人の鉱山労働者はいったい、この数週間をどうやって生き延びてこられたのだろうか？

午後に入ると、最後のカウントダウンが始まった。トレーラーハウスのある側と報道テントの側に設置された巨大なテレビスクリーンに、救出作業員らが救出用カプセルのフェニックスに最後の仕上げを行う映像が映し出されると、大勢の家族や親族たちは畏怖の気持ちを抱きながら立ち尽くした。青、白、赤のチリの国旗の色に塗り上げられたフェニックスは、米航空宇宙局（NASA）とチリ海軍が共同開発した特別仕様で造られていた。

午後11時、フェニックスの準備が完了した。ウインチがカプセルをつり上げる。黄色の滑車にケーブルが通され、ゆっくりと回転し始めた。それは催眠術をかけられたかのようなシーンであり、ちょうど１９３０年代の工業作業のようだった。しかし、視界から隠れたところは、今回の救出作戦全体を可能にした近代的なツールそのものだった。地下のほんの小さな目標を突き止めて、巨大な掘削機の使用を可能にした衛星利用測位システム（GPS）機器、何マイル分もの光ファイバーケーブル、地底の労働者たちの心拍や血圧を地上の医師のラップトップに伝える無線通信機器などだ。

69日前、男たちは地下で行方不明になった。2週間以上にわたって捜索活動が続けられたが、男たちがゆっくりと餓死に向かいつつあったトンネルを見つけることはできなかった。死の訪れはあまりにも確実だったので、男たちは別れを告げる手紙を書いた。政府は、彼らの墓標にするために丘の中腹に立てる白い十字架のデザインを始めさえしていた。しかし、今や彼らはよみがえり、生き返り、救い出されることになるだろう。だが、そうした信じがたい偉業は本当に成功するのだろうか?

世界が固唾を呑んで見守る中、フェニックスがゆっくりと下ろされ、やがて姿が見えなくなった。大規模な地震が起きる土地では、失敗した救出方法は数えきれない。救出作業がうまくいくためには、精密な工学技術だけでなく、強い信念が必要とされた。世界中からやってきた専門家たちは、医療計画や技術計画表の作成に至るまで救出計画の全ての面にわたって現地の人々から相談を受けてきた。しかし今ではＮＡＳＡのチームさえも寡黙になった。このミッションに関しては、マニュアルはチリ人たちによって書かれるであろう。

第1章 生き埋め

道ばたの祭壇は鉱山事故犠牲者への追悼／コピアポ付近（AFP/Getty Images）

8月5日 木曜日▽午前7時

サンホセ鉱山への50分の通勤路は、いつもよりはるかに美しかった。紫色の小さな花のじゅうたんが丘一面を彩って官能的な曲線を描き、何千人もの観光客が、この「花咲く砂漠」を見ようと集まってきていた。だが、バスに乗っている労働者のほとんどは気付いていなかった。バスがサンホセ鉱山まで傾きつつカーブを曲がりながら上っていく間、多くの労働者は眠っていた。鉱山はこれといって特徴のない丘だが、非常に豊富な金と銅を埋蔵しており、このため鉱山労働者は、1世紀以上にわたって体内の血管のように張り巡らされた貴重な鉱脈を追って、アナグマのようにジグザグのトンネルを掘り、山の内部をレース状にしてきた。

バスの中で、マリオ・ゴメスは眠れなかった。携帯電話の午前6時のアラームは早すぎた。寝起きの悪い彼が不機嫌に「行かなきゃだめか?」と聞くと、妻のリリアンは「サボりなさいよ」と言った。彼女はかなり前から、63歳になる夫に退職手続きをするよう勧めていた。ゴメスにはそれほど説得は必要なかった。彼の鉱山での人生が始まったのは12歳の時で、ディケンズの小説に出てくるような経験だった。その後51年間にわたって、地下での死に方についてあらゆるパターンを学んできた。彼の左手はそれを思い起こさせる記念品の一つだった。ダイナマイトの爆発が近すぎて、指2本がすっぱり吹き飛んだ。親指は付け根の上からなくなっていた。

バスの窓からゴメスは、一本の灌木も樹木さえもない砂漠を眺めていた。それでも、これから眠そうな男たちが入っていこうとしている地中と比べれば、まだしも生命力に満ちているように感じられた。サンホセ鉱山はこの地域で最も危険な鉱山であり、やたらと高い賃金を支払うのも偶然ではなかった。他のどこで、一日中、ドリルで掘ったばかりの穴にダイナマイトを詰め込むカルガドル・デ・ティロ（発破の装填係）が、こんないい給料を稼げるだろうか。鉱山の恐ろしい

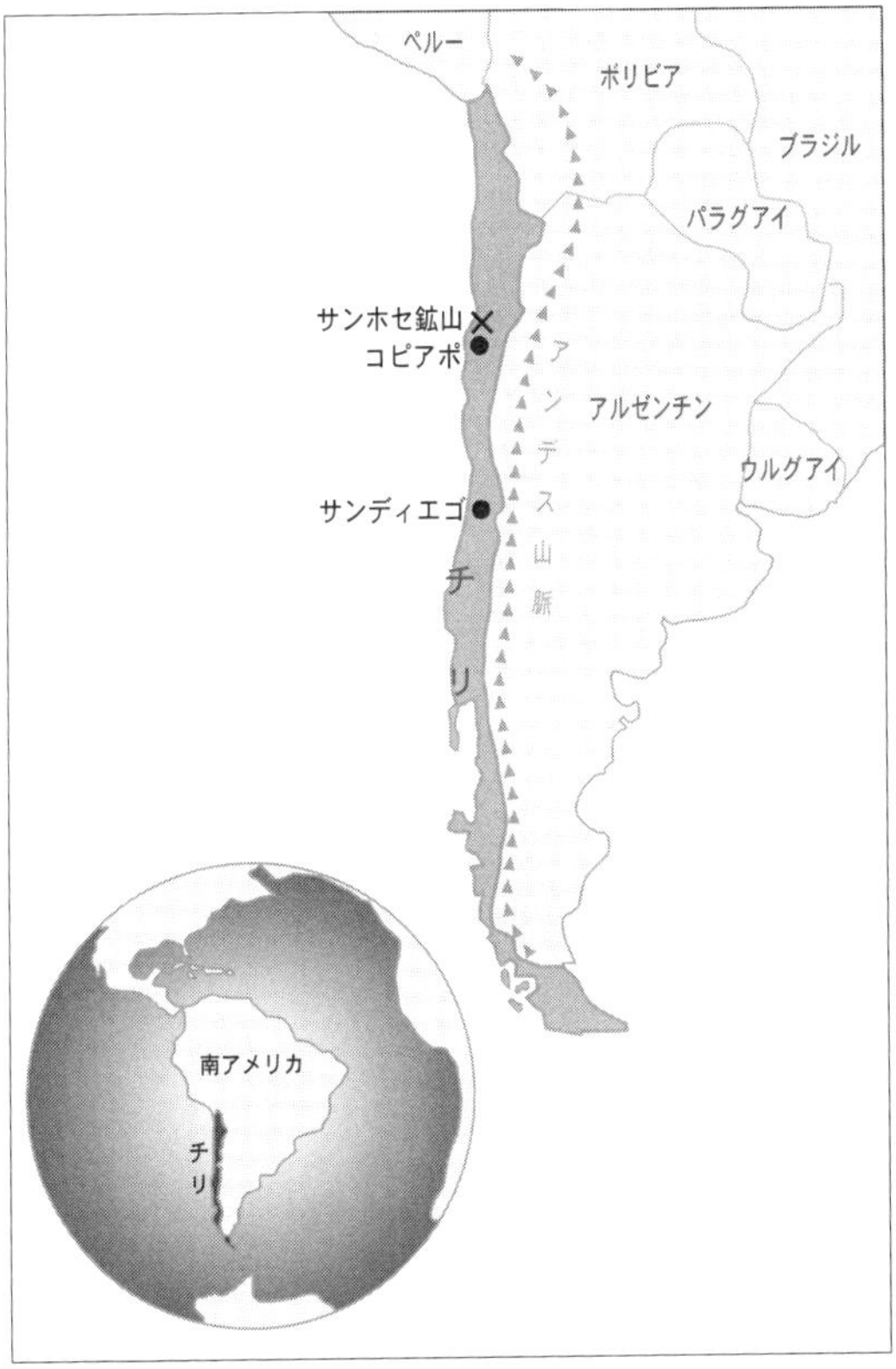

風評にもかかわらず、男たち(「カミカゼ」と自称していた)が自分の仕事に忠誠を持ち続ける理由は、給料が説明している。労働者たちは誰でも、危険とキャッシュを冷静に秤にかけて、常に同じ結論に達した。いつも勝つのはキャッシュだった。

バスは曲がりくねった道を突っ走り、小さな祭壇の列の前を通り過ぎた。それらの一つ一つが悲劇的な、非業の、あるいは突然死のための霊廟だ。地元の言い伝えによれば、事故で死ぬと死者の魂は天と地の間の辺獄に置かれる。祭壇を建てることで、家族や友人たちは愛する者の天国への旅路を促そうとした。だから、こんな寂しい祭壇のどれにも、ロウソクに灯がともされ、生花が供えられ、しわくちゃになった犠牲者の写真が飾られているのだった。日にちがたつと、この同じ道の沿道には、さらに何十もの祭壇が増えることになるのだ。

男たちの多くはボリュームたっぷりの弁当を持っていく。鉱山の所有者たちはサンドイッチ2個と牛乳1カートンで12時間のシフト勤務に十分なエネルギーだと計算していたが、彼らはたいていチョコレートバー、魔法瓶に入れたスープ、きちんと包んだステーキとトマトのサンドイッチなどの補給食料を携えてくる。それに水だ。瓶や水筒入り、あるいはスーパーマーケットのユニマークで売っている500ccのペットボトルなどだ。坑道の内部では、気温が32度より下がることはほとんどない。男たちは1日に3リットルの水をがぶ飲みしても、脱水症状ぎりぎりの境目にいた。湿度も非常に高く、たばこはいつも湿気てしまった。

鉱山の入り口で、労働者たちは作業着に着替える。作業ズボンにTシャツ、それにヘルメットとヘッドランプだ。シンプルな金属のカードホルダーが彼らの出欠を示していた。７日勤務の７日休みというシフトで、1週間を動物のように汗水流して働くと、次の1週間は「ダウン・ウイーク」で羽目を外して楽しみにふけるという具合に、男たちは両極端を交互に繰り返すサイクルで生活していた。月曜日に欠勤するときは、地元では「聖月曜日」と呼んでいる二日酔いの神様に敬意を表しているんだと、冗談で言っていた。

会社のバーベキューパーティーがしばしば開かれたが、オーナーたちは労働者たちが何時間も遅れてきても気にしなかった。約２５０人が働くサンエステバン・プリメラ（サンホセを含む、この地方の幾つかの鉱山の持ち株会社）の鉱山地帯は不毛の丘で、携帯電話は通じず、安全設備も乏しく、事故が頻発し、女性はほとんどいなかった。２０１０年だというのに、男たちはいろいろな面で開拓時代を生きていた。町外れには、終夜営業の1回40ドルの売春宿から、最近開店したカジノ「アンタイ」の前に並んだおんぼろピックアップトラックの列まで、ここが鉱山の町であるらしいことを示すさまざまなサインが点在していた。「アンタイ」は、鉱山労働者たちの1回のどんちゃん騒ぎで1カ月分の給料を散財してしまうような遺伝的資質を満足させていた。

チリ北部の砂漠地帯は世界最大の銅の産地である。鉱山労働者の大半はアングロ・アメリカンやＢＨＰビリトンなど、高度に専門的な多国籍企業の管理下にある近代的銅山で働いている。

国の輸出収入の50パーセント以上は鉱業によるもので、チリはかなり以前から採掘技術と鉱業経営の双方で世界のリーダー的立場にある。世界最大の露天掘り鉱山チュキカマタは、コデルコの名で知られるチリ国営銅公社の経営だ。

鉱業の世界での「安全」を相対的なものと考えればだが、鉱山での仕事は、儲かるし、なおかつ安全だとして、非常にうらやましがられる。しかし、硝酸アンモニウム爆薬をトラックに満載して運転する若者、毎日穴の中でダイナマイトを仕掛ける何百人もの鉱山労働者のリスク、そしてこれら全てが世界最大の地震国として知られるチリで行われていることを結び合わせれば、事故が起きるのは、ほぼ必然的だった。さらにピスコと呼ばれるブドウから醸造した、安価だが頭がガンガンするほど強いブランデーを大量に振る舞うチリ人のパーティー文化を計算に入れると、その答えはチリの救急救命室の看護師なら誰でもが知っている「鉱山労働者の死」となる。

サンホセ鉱山に入る男たちは、安全な近代的鉱山で働くのではない。この全業界の最も危険なサブカルチャーに属している、技術レベルが低く、粗野な鉱山労働者たちは、地元で「ピルキネロ」と呼ばれていた。チリの古典的ピルキネロはロバとつるはし以上の装備は持っていなかったが、サンホセ鉱山の男たちは「機械化ピルキネロ」を自称した。昔ながらの危険で脆弱なインフラの内部で、近代的な機械を操作するという意味だ。ネズミや虫がいる他の鉱山と違い、サンホセには何もおらず、たまにサソリが出てくるくらいだった。

鉱山内部での日常的な出来事は、エーブラハム・リンカーンの時代に金を探したカリフォルニアのフォーティーナイナー［ゴールドラッシュに殺到した人々］のものと似ていた。労働者たちは恐るべき規則正しさで天井からはがれ落ちる千ポンド級の岩盤に定期的に押しつぶされた。地元の言葉では「アイロンをかけられたようにペシャンコ」と言った。サンホセ鉱山内部の岩は極めて鋭利で、労働者たちは壁をこするだけで肌をカミソリでえぐるようなものだと心得ていた。

２０１０年７月５日には、潜在的な危険をはっきりと思い知らされる出来事があった。サンホセ鉱山の労働者らは最初、救出作業を見ていた。次いで、ヒノ・コルテスから切り離されたものを運び去るピックアップを見ることになった。ヒノが通りかかった時、上から冷蔵庫20個分の重さの岩が落下し、彼の下肢はきれいに切断されていた。しばらくの間、彼は切り取られた脚を不思議そうに見ていた。一瞬のことで、最初は痛みを感じなかった。仲間が切断された脚をシャツで包み、コルテスと共に救急治療室に慎重に運んだ。コルテスはサンティアゴの病院で事故を振り返り、右脚と命が無事だったことを神に感謝しながら「幸運だ」と繰り返した。しかし、自然による暴力であることに間違いはない。切断された左脚は、膝の下のソーセージのようなこぶにきちんと縫い付けられている。

ペシャンコにはならなくても、ピルキネロは肺疾患でゆっくりと死に至る。２カ月前、アレックス・ベガは鉱山の中を歩いている時、足元がふらついて倒れた。機械の排気による有毒ガスが体内の酸素を奪ったのだ。救急車で地元のコピアポ病院に搬送され、快方に向かうのに１週間ほどかかった。

ガスやちりに長期間さらされると、有毒な二酸化珪素粒子を吸い込むことで肺の機能が阻害され、珪肺症になる。鉱山労働者らは来る年も来る年も、小さな岩の破片のほこりを吸い込み、肺機能を低下させていく。「陶工腐れ（ポターズロット）」（陶器作りで二酸化珪素を使うことに由来する）と呼ばれる進行した症状では、患者は酸素不足になり、皮膚に青みがかかる。シフト勤務の最年長者マリオ・ゴメスは51年間の鉱山生活であまりにも肺にほこりと破片をため込んだため、よく息を切らし、いまだに機能している肺の部分を膨らませるために気管支拡張剤を使っていた。珪肺症では、ゴメスのような労働者は徐々に酸素不足となる。この砂漠地帯で20年間も空気フィルターを換えないで走り続けるピックアップと本質的に同じようなものだ。

ピルキネロは山との孤独な戦いに懸命で、1週間、時にはまるまる1カ月も続けて仕事に専念し、地元の医師が「ブロークバック・マウンテン状況」と呼ぶ、当座しのぎの性的逃避で寂しさを慰める者もある。彼らを診ているチリの精神科医は、この現象を「一時的な同性愛」と呼び「女性との交流が絶望的になるほど欠乏していることへの実際的な解決法」として何世紀もの間、船員らがやってきたことだ、と指摘した。労働者たちは町に戻ると、酒と女といった次の給料がすぐ必要になること間違いなしの刹那的な娯楽にふけった。誘惑のリストには、1グラム＝15ドルの地元のコカインもあった。

サムエル・アバロスはこの24時間、コピアポ行きのバスに乗るための1万6000ペソ（32ドル）を稼ごうと懸命だった。丸顔で頑丈なアバロスは、世界最大の地下鉱山エルテニエンテの地元で、首都サンティアゴのすぐ南のランカグアに住んでいた。この地域では鉱山の仕事はあり余っていたが、アバロスは地下での経験はほとんどなかった。彼は露天商で、海賊盤音楽CDの販売が専門だった。警察がたびたび付きまとい、隠した品物を押収することもあった。だが、最後の日はついていた。コピアポ行きの最終バスに乗るのに十分な金ができ、空席に座れたのだ。仲間の労働者、ホセ・エンリケスも同じバスに乗っていたことを、後に知ることになる。

アバロスはバスに乗っている間、酒を飲んでいた。まだボーっとしながら鉱山行きのシャトルバスに乗り換えた。「酒が効いていた。バスを降りる、というより、ほとんど落ちた」と語った。「すると、不思議なことに、何と呼べばいいか分からないが、亡霊が通り過ぎた。母だった。母は亡くなっていた。『母さん、何か言ったかい、何か用かい？』と聞いた。それが何だか分からなかった。後で、あの最後の警告について考える時間はたっぷりあったよ」

アバロスはいつも上着のポケットにチョコレート、ケーキ、クッキー、牛乳、ジュースを詰め込んでいた。部下の食べ物の持ち込みを注意散漫の原因として嫌う監督のルイス・ウルスアから、上着を膨らませた密輸品を隠すのにいつも苦労していた。

「あの日、俺は食べ物を上に置き忘れてきた。チョコレートの一枚も持ってこなかったんだ」とアバロスは語った。この後、何週間も彼が繰り返し思い出すもう一つのことだった。

次のシフトの交代要員たちが着替えて作業の準備をしている時、42歳の救急医療士ウゴ・アラジャは自分のシフトを終えて鉱山を後にした。サンホセで6年働いても、アラジャは鉱山の中が居心地よいとは感じられなかった。安全に関する錆びた掲示のある傾いた入口は、落盤や労働者の失神など事故の続発をみれば、いつもちょっとした冗談としか思えなかった。緊急時の医療技術者として鉱山で働くアラジャは、問題が発生すれば呼ばれる類いの人間だ。彼はとりわけ鉱山の臭いが嫌だった。「何かが腐敗したような、腐った肉のような」と語る。

輸送車両の排出する一酸化炭素、ダイナマイト発破で生じるガス、休みなくたばこを吸う人間

のことで、アラジャはしょっちゅう緊急呼び出しを受け、もはやほとんど緊急事態だとは感じなくなっていた。呼び出された時に約6キロ余りのスイッチバックと坑道を25分かけて下ると、洞窟の底で酸素マスクを吸いながら避難準備を整えた2人の労働者を発見した。通常、男たちはその夜には帰宅できた。最悪でも診療所で1、2日過ごして仕事に戻り、掘って、爆破し、ほこりを吸い込んでも、ほとんど文句も言わないのだ。

徹夜のシフトを終えると、アラジャは脂っぽいコーヒー色のほこりの混じった層に覆われ、簡単には洗い流せなかった。あの朝、アラジャはコピアポから1時間の自宅でシャワーを浴び、体を洗いながらかなり不安を感じていた。山は一晩中「泣いて」いた。不気味なきしみ音や銃声のような鋭い爆音が続いて人々を緊張させた。サンホセのような鉱山が泣くときは、涙は巨大な岩のサイズになるのだった。

1世紀以上にわたってつるはしとダイナマイトと削岩機が山に多くの穴とトンネルを掘ったため、なんで天井が通路に崩れ落ちないのか不思議だと、新来の労働者らは口にする。操業111年で大量の金鉱石、銅鉱石が、今や迷路のような坑道のあらゆる隅々から削ぎ取られ、鉱山は自らを支える構造までも奪われていたが、そんなことをアラジャは知る由もなかった。トランプでできた家のように、鉱山は微妙なバランスで保たれていたのだ。

サンホセ鉱山の奥深くで、鉱山労働者たちは衣服を脱いで、基本的必需品であるヘッドランプ付きのヘルメット、水のボトル、下着と、労働者階級の愛と犠牲と崇高さを歌ったメキシコの情熱的バラード「ランチェラ」の好きな曲を集めたMP3プレーヤーだけの姿になる。サンホセ鉱山で働くルイス・ロハスは「ブーツと下着姿で働く作業員をよく見かけるかもしれないが、たくさん着ると暑すぎるんだ」と言った。

ダリオ・セゴビアは8月5日の午前中、坑道の天井に金属製のネットを取り付けていた。落下する岩を受け止め、労働者や機器が下敷きになるのを防ぐ素朴なシステムだ。「防御工事」と呼ばれるセゴビアの仕事は極めて危険なものだった。意味がないと分かっていながら小さな炎に挑む猛火の中の消防士のようだった。「午前11時前には、鉱山が崩れるかもしれないと分かっていたが、上の連中は補強ネットを設置するために、俺たちを派遣した。天井はもう全くひどい状態で、崩れ落ちるだろうと分かった。時間をつぶすため、俺たちはピックアップを運転して、タンクの水を集めにいった。天井はすごくもろくて危険だった」

マリオ・セプルベダはあの朝、コピアポからのバスに乗り遅れた。鉱山に行くため午前9時にヒッチハイクを始めた。交通はまばらで、長距離の乗車は無理だった。セプルベダは安下宿に戻りかけた。その時、1台のトラックが視界に入った。トラックが止まり、拾ってくれた時には、セプルベダは幸運だと思った。結局うまくいったのだ。10時に鉱山に着いて出勤を記録し、警備員と冗談を言った。10時半には車で鉱山の内部に入っていた。

午前11時30分、山から大きな音がした。労働者たちは採掘作業主任のカルロス・ピニジャに、何が起きたのか尋ねた。鉱山労働者らの議会証言によると、ピニジャはその時、シャフト（立坑）を下りようとしていた。彼は労働者たちに、普通の音だ、「山の沈下だ」と伝え、労働者たちを深いシャフトの中にとどめ置いた。彼らによると、ピニジャ自身は最初に来た車両をつかまえて、方向転換してすぐに地上に向かった。「その日、彼はいつもより早く引き揚げた。そんなことはこれまで決してしなかったことだ。いつもは午後1時か1時半に帰るのに、あの日は午前11時ごろに引き揚げた」とホルヘ・ガジェギジョスは証言した。「彼は怯えていた」

ラウル・ブストスは運命の8月5日朝にサンホセ銅山に入った時は、鉱業についてほとんど何も知らなかった。チリ海軍造船所で船の水関係のシステムの修理や溶接、取り付けをしていたので、水に関してならお手のものだ。彼は２０１０年2月の日曜の朝まで、何年間もそこで働いていたが、仕事だけでなく職場全体を失った。高さ10メートルの水の壁、破壊的な津波が全てを海にさらっていった。津波を引き起こしたマグニチュード8・8の地震で、海岸の町タルカウアノにはほとんど工場がなくなり、ブストスは約１２００キロ北のサンホセ鉱山に移住した。

40歳のブストスは、危険だという鉱山の評判を知っていたが、気にしなかった。彼の仕事は大方は車両の修理で、木が全くない丘の斜面のトタン屋根のガレージでの作業だった。日射病とホームシックが彼にとって最大の危険のように思えた。1週間おきにバスで国土の長さの半分を旅して妻のカロリナに会いに行った。20時間のバス旅行に不平も言わず、妻に新しい職場の危険さえも知らせようとしなかった。8月5日の朝、鉱山の奥深くで1台の車両がパンクし、機械的な問題もあるとの連絡を受け、ブストスはピックアップに乗り込み、6・5キロ奥の鉱山の深部に入っていった。

鉱山は6・5キロ以上もあるトンネルの迷路だ。1世紀以上にわたって金や銅の豊富な鉱脈を追い求めたため、坑道は整然と掘られたわけではなく、無秩序な状態になっていた。たるんだケーブルが天井からつり下がっている。落ちてくる岩を受け止めるために太いワイヤのネットが天井からぶら下がっている。狭い主坑道沿いの小さな祭壇は、作業員たちが死んだ場所を示していた。男たちはたいてい3、4人のグループだが、一部は1人で作業する。ほとんどみんな防音の耳当てをしているので、話したり、掘削の騒音以外の音を聞くのは難しかった。

8月5日午後1時30分、昼食のために労働者たちは作業を中止した。何人かはベンチがあり、酸素吸入もできる下方の避難所に向かった。5分もあれば仕事に戻るのに必要な酸素をたっぷり吸えるし、少なくとも、孤独な世界ではまれな、仲間との時間を共有できる昼食のテーブルにつくには十分だった。男たちは食べながら、コミックショーと即興のラップの絶妙のコンビネーションを感じさせる極めてチリ的でおおらかな習慣であるユーモア「ラタジャャ」に興じた。ところがその間に、彼らの上では山全体が沈下しつつあった。

フランクリン・ロボスは、その日に鉱山に入った最後の男だった。おそらく永久に最後だろう。鉱山の正式な運転手として、効率的で陽気なシャトルサービスを運行していた。彼は乗客を、女に関しての愉快な話やうわさ話で楽しませながら、1世紀前に人の手で切り開いたような、たわんだ天井、山積みのがれきや壁のある『ロード・オブ・ザ・リング』のセットのような地中の奥深くへ彼らを運んだ。

チリのサッカーの往年のスターとして、ロボスは伝説的人物だった。いわばデービッド・ベッカムがロンドンのヒースロー空港へ客を運んだり、マイク・タイソンがタクシー運転手としてニューヨークのジョン・F・ケネディ空港へ客を乗せていくようなものだ。53歳のロボスは、今では、はげ頭で丸顔の目立たない男だ。若き日の冒険は彼を魅力的な話し手に育て、サッカーチーム「コブレサル」での栄光の時代の話で乗客を喜ばせた。彼らの多くは、次々にゴールを重ねてサッカー場での名声を不動にしたロボスを見て育った熱烈なファンだった。

1981年から95年の現役時代に、ロボスはフリーキックをワンマンショーにしたとして神格化され、チリ北部の名士に上り詰めた。ロボスがボールに触る前から、スタジアム全体が彼の繰り出す不可能な球筋を想像し、物理の法則に反するようなシュートを讃えて酔うのだった。彼のゴールは、チリの新聞が「魔法の迫撃砲手」と名付けるほど正確で信じがたいものだった。サッカー場の半分の距離を飛ばして、正確に目標までアーチを描くことのできる選手だったのだ。ベッカムでさえも称賛しただろう。しかし、チリのサッカースターの選手寿命は平均10年だ。30代半ばでロボスは失業し、伝説的地位にふさわしい生活を維持するスターの影響力も現金もなくなった。タクシー運転手として自分の幸運を試してみたが、2人の娘を大学にやるために金が必要だった。コピアポではそれは一つのことを意味していた。サンホセ銅鉱山での仕事である。

ロボスが貨物トラックにホルヘ・ガジェギジョスを乗せて坑内に下りたのは、ちょうど午後1時を過ぎたころだった。道のり半ばで、微量の銅や金を含む岩や石を満載したダンプカーを運転するラウル・「グアトン（太っちょ）」・ビジェガスと行き合い、おしゃべりをするために止まった。鉱山がごう音を立てたのはその時だった。

「俺たちが通り過ぎた時、すぐ後ろで岩盤が崩れ落ちた」とガジェギジョスは後に書いている。

「通り過ぎてほんの数秒後に崩れ落ちた。その後、土とほこりの雪崩に見舞われて、自分の顔の前にある手さえ見えなかった。トンネルは崩れていった」。ガジェギジョスは後に、このシーンをニューヨークの世界貿易センタービルの崩壊になぞらえている。坑道の層が次から次に落ちて、パンケーキのように積み重なった。

鉱山がごう音を立てて砕けるとともに、雪崩を打って一連の土砂崩れが起こった。ロボスはあえてスピードを上げず、坑道の一部をふさいだ土砂を避けることに集中した。土砂崩れは、今や前でも後ろでも起こっており、彼のトラックは壁に突っ込んだ。何も見えなかったので、ガジェギジョスはトラックを降りてロボスに進路を伝えようとした。天井が崩れ続けているため、ガジェギジョスは貯水タンクの陰に避難した。最終的に2人は鋭い曲がり角を何とか通り抜け、厚いちりの雲の中をそろそろと安全避難所に向かって下り始めた。

ロボスが同僚たちと合流した時、みんなショックで顔を見合わせるばかりだった。何が起こったのか誰も言えなかった。サンホセ鉱山で恒常的に起こる小さな土砂崩れと異なることは、全員が分かっていた。

一つだけ彼らが知っていたことがある。一番新米の鉱山労働者にさえ、メッセージははっきりしていた。「ピストン」がやってくる。避難シェルターの角に倒れ込み、マットレスよりさほど大きくない出っ張りの後ろに身を寄せ合い、男たちは身構えた。

鉱山で落盤が起きると、内部の空気は爆発し、ピストンのようにトンネルの中に猛烈な風を巻き起こして、労働者たちを離れた壁にたたきつけ、骨を粉砕し、既に泥だらけの肺の呼吸を押しつぶす。「横っ面を殴られるようなものだった。頭の中を突き抜けていくような感じだ」とセゴビアは語った。

サンホセ鉱山内部では小さな崩落は毎月のように起きていた。鉱山労働者の日々の孤独を打ち破る恐ろしく、短い破裂だった。ヘッドフォンで耳の中にレゲエの超低音やコロンビアのクンビア音楽が鳴り響いていても、特徴的な「クラアアアアック！（崩落）」の声は決して聞き逃さない。岩と岩のぶつかり合い。いつも同じだった。数秒内に各々が避難所を探した。次の数分間に間違いなく考え得る何らかの影響が表れる。運が良ければ、息の詰まるようなほこりの嵐、最悪の場合は仲間の一人が圧死したという知らせだ。普通は一つの出来事が数時間続くが、今回は違った。

「本当のピストン効果は爆発のようなものだ。疾走するバッファローの群れのような低い音で、反応する時間はほとんどない。多くのことはできない」。チリで最も経験豊かな鉱山事故救助の専門家の一人ミゲル・フォルトが説明した。

「目が頭から飛び出していくと思った」と56歳で経験数十年の鉱山労働者オマル・レイガダス。「耳が爆発した」。ヘルメットをかぶり、耳を保護していたにもかかわらず、痛みでほとんど体が二つ折りになった。耳は聞こえるのだろうか。彼は耳が聞こえなくなったのかと心配した。

ビクトル・サモラは爆風で飛ばされ、衝撃で緩んだ入れ歯は、がれきに埋もれてなくなった。小型の衝撃波のように圧縮された空気の波は、男たちをたたきつぶし、サモラの顔はあざや擦り傷だらけになった。空気は竜巻のような嵐となり、岩や粉塵がトンネルの中で飛び散った。

粉塵と土砂の厚い雲で視界を奪われ、呼吸が困難になり、耳が聞こえなくなった男たちは、坑道から逃れようと、転げ落ち、はい回り、シャフトをよじ登って奮闘する間に、約2・5センチものほこりの層で覆われていた。ハリケーンに遭った船乗りのように、彼らは「母なる自然」による強烈な爆風を、彼らの不安定な世界で最後の決定権を持つ、気まぐれかつ全知全能の目に見えない女神による天罰のしるしと受け取った。祈り始めた男たちもいた。

風の一撃の力は山の上部を吹き抜け、アラジャたち鉱山の外部にいた者は、それを「火山」と形容した。

鉱山の奥深くでは、男たちが押し寄せる粉塵の嵐に直面し、それは6時間にわたって続いた。天井の崩落後、1889年にサンホセ鉱山が開山して以来の積もり積もった岩や土、そして6世代にわたり、鉱山労働者をこの危険な世界に誘惑してきた極めて貴重な銅鉱石や銀鉱石の名残りを含むちりなどの雲で、労働者たちは目が見えなくなった。「耳が爆発すると思い、俺たちは窓を閉めたトラックの中にいた」とフランクリン・ロボスは、仲間のホセ・オヘダの内耳に傷害を与えた圧力について説明した。

最初の崩落から10分後、山はまたもや崩れた。数百万トンの岩や土砂が、再び崩落したことを示す短くて分かりやすい兆候だった。鉱山の外でもパニックが襲っていた。鉱山の技師や監督らは、労働者たちが「燃やした」（ダイナマイトに点火したという意味のスラング）と決めてかかっていた。何ら異常はない。だが、10分間に2回もの発破とは？　あり得ない。3回目の「クラアアアック！」は恐るべきものであり、もはや間違いようはなかった。鉱山の上と下で何百人も労働者たちが恐怖で固まった。ここの地下では何が起こっているのか？ 鉱山労働者は、決してこんな短時間に発破を繰り返さない。不安混じりの好奇が、アタカマ砂漠のこの不毛の一角に広がっていた。

鉱山内部では15人ほどの一団が粉塵と闘い、安全を求めてなんとか歩いて坑道を上がろうと苦労していた。巨大な岩の露出部分が坑道をふさぎ、行く手を止められた。彼らはパニックに陥った。ホセ・オヘダは「俺たちは羊のように固まっていた。音が聞こえた。何と説明すればいいのか、岩が悲鳴を上げるような恐ろしさだ。前進しようとしたが、できなかった。岩の壁が俺たちをふさいでいた」と語った。

フロレンシオ・アバロスがピックアップでたどり着くと、男たちはみんな車に乗り込み、難民のように折り重なった。下方に進みながら、暗闇の混沌の中で道に迷い、壁に2回突っ込んだ。ピックアップはバウンドしながら道を下り、1人が落ちた。アレックス・ベガが手を伸ばし、飛んでいく体を引っ張り上げて助けた。混乱の中で、彼は誰を助けたのかはっきり分からなかった。男をトラックの荷台に必死で引き戻した時、腰の辺りで何かがパチンと鳴った。アドレナリンが消耗して、刺すような痛みが始まったのは何時間も後だった。

粉塵と土砂の厚い雲の中を手探りで運転し、岩をくり抜いた安全避難所にたどり着くまで1時間近くかかった。避難所に着くと、粉塵の嵐を遮断するため金属製のドアを閉めた。33人は順番に備え付けの酸素タンクから酸素を吸入した。

約50平方メートルの避難所は穴倉に毛の生えたようなものだが、セラミックの床で、天井は強化してあり、酸素タンクが2基と、かなり前に使用期限が切れた医薬品やわずかばかりの食料を詰めたキャビネットがある。「ここの連中はしょっちゅう安全シェルターをあさるので、何が残っているかよく分からなかった。やつらはいつもチョコレートやクッキーを盗んでいた」と、安全避難所の物資補給や再補給も担当する救急医療士のアラジャは言った。「この連中は幸運だった。あそこには普通、酸素タンクが1基しかなかったのに、彼らが閉じ込められた時には2基あったんだ」

鉱山の中では、ルイス・ウルスアがグループの手綱をしっかりと引き締めようとしていた。鉱山労働者として20年、一時期はアマチュアサッカーのコーチという経験は、リーダーシップを身に付けるに十分だった。シフト勤務の監督として、ウルスアは公式のリーダーだが、静かな話しぶりの図面屋は、この鉱山での作業経験は3カ月もなかった。自分の部隊をほとんど知らなかったのだ。一時しのぎの避難所を探し回り、食料貯蔵量を見積もった。水10リットル、モモ缶詰1個、エンドウマメ缶詰2個、サケ缶詰1個、牛乳16リットル（バナナ味8リットル、イチゴ味8リットル）、ジュース18リットル、ツナ缶詰20個、クラッカー96袋、マメ缶詰4個。正常な環境なら、作業員10人の48時間分の食欲を満たす量だ。今ここには腹をすかせた男が33人もいた。「あの日、多くの連中は鉱山の上に昼食を置いてきてしまった。普通より食料は少なかった」とマリオ・セプルベダは語った。

最初の落盤の深い音から約2時間半後の午後4時までに、鉱山は完全に崩れ落ちた。「火山のようだった。丘の斜面から土砂が噴き出し、坑道の出入り口から粉塵の煙が上がった」とアラジャが言う。鉱山の長さ約２４０メートルの区画が崩壊した時に外部で聞こえたのは「長い音ではなかった。むしろ最後の崩壊のように、1回だけの深いズシーンという音だった」と説明した。

　最後の「ズシーンという音」とアラジャが言ったのは、坑道への唯一の入り口をふさいだ推定70万トンの岩だった。閉じ込められた労働者たちは、最後の「ズシーンという音」は、サンホセのような危険な鉱山ですらめったにないことを知っていた。粉塵だけでも彼らは死ぬ目に遭い、せき込み、叫び、ほとんど目が見えなくなった。目にはほこりがたまり、まぶたの上下を貼り付けてしまうばりばりの硬い黄色の被膜ができた者が多かった。目を開けたとしても暗くて見通すことはできず、壁を通して水が降り注いだ。

　通常の粉塵との闘いに代わり、今度は、避難所の外側で泥だらけの滑りやすい斜面に直面した。頻繁に起こる岩石の雨は、彼らが閉じ込められた長さ1・6キロの洞穴の中で、狂人の太鼓のように鳴り響いた。男たちは貴重な電池を節約するためにランプを消し、暗闇の中で落ち着きなくうろついていた。

　彼らの悪夢が始まった。

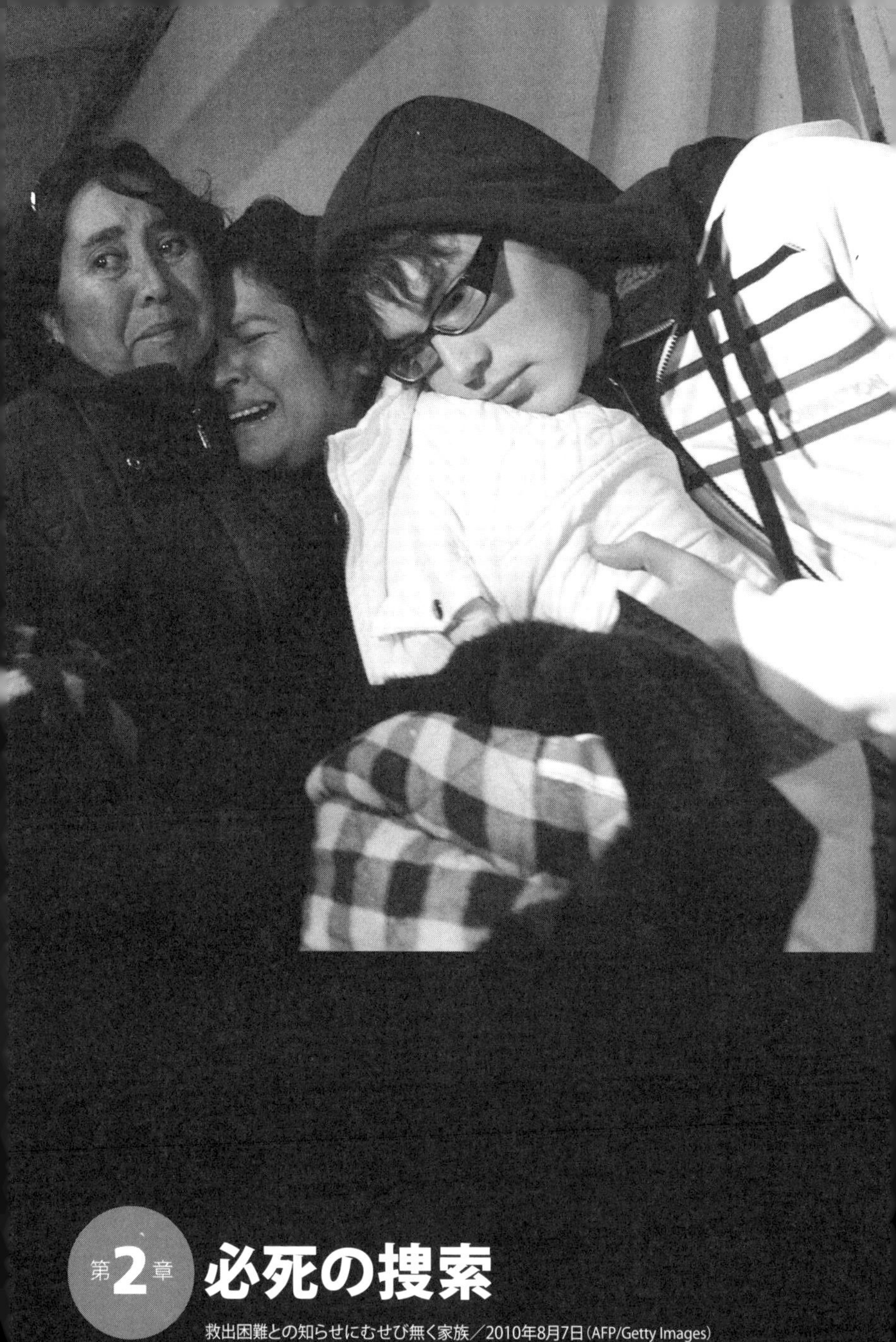

第2章 必死の捜索

救出困難との知らせにむせび無く家族／2010年8月7日(AFP/Getty Images)

8月5日 木曜日▽午後5時40分

マリオ・セグラはコピアポの警察署に戻った時、体が濡れていたので寒かった。厳寒の太平洋での4時間の救助訓練を終えた屈強な特殊部隊員は、熱いシャワーを浴びて、同僚のホセ・ニャンクチェオと冷たいビールを飲むつもりだった。セグラもニャンクチェオも警察軍(カラビネロス)の特殊作戦グループ(GOPE)の隊員だ。GOPEは爆弾の分解処理から、4300キロに及ぶチリの地形の背骨に当たるアンデス山脈で、山頂部をなす何百もの火山の内部での懸垂下降まで、何でも訓練するエリート部隊だ。火山の火口を探検する冒険旅行者が、極度のアドレナリンの上昇と突然のスリップで安全な一線を越えてしまったとき、遺体を捜すのは彼らだし、無政府主義者が企業を爆弾攻撃すれば(サンティアゴでは毎月の出来事だ)、現場に派遣されるのも彼らだった。

高度な訓練を受け、米州大陸で最高のプロフェッショナルな警察部隊の一つとして南米中で敬意を集めているGOPE隊員は、起きている時間の多くをジムや射撃場、もしくは災害にどう対処するかの解明に充てている。8月5日、数時間の潜水救助訓練の後、セグラとニャンクチェオの勤務シフトが終わりに近づいていた時に電話が鳴った。隊の仲間と一緒に熱い紅茶とサンドイッチが並ぶテーブルに着いたばかりのセグラは「救助に違いないぜ。賭けようか」と冗談を言った。同僚が電話を聞いている間に、セグラはくつろいだ一日の終わりの気分から、任務遂行モードにすぐ切り替わるのを意識した。電話も用件も簡潔だった。また鉱山の事故だ。今回は43キロ丘陵の方に入るサンホセ鉱山だった。

「出るときに時計を見たら午後６時だった」とセグラは語った。『３時間で戻る』と同僚のメンデスに言った。救助作業はいつも３時間だ。『コンパドレ（おい、お前）、帰ってから夜食を食うからな』と言い、やかんの火を消したが、紅茶はすぐ飲めるようにしておいた」

６人の男たちが長さ約90メートルのロープの束、手袋、登山用のハーネス、カラビナの入ったかご、ヘッドランプ付きのヘルメットを日産の四輪駆動ピックアップに積み込んだ。プロの写真家が使うのと同じようなＬＥＤ照明装置一式が入ったオレンジ色のスーツケースも後部に載せたが、急いでいて重要な装備を忘れた。鉱山内部での迅速な上昇、下降を助けるため、ロープが救出坑の中央にくるように支える三脚台だ。後に一人の男が高い代償を払わされる失策だった。

太陽が低く沈んでいく中を、警察のピックアップは鉱山へ急いだ。住む人もまばらな砂漠地帯の夕方のラッシュアワーを、点滅する光が縫っていった。男たちは静かに心の中で救助の手順をシミュレーションしていたので、ほとんど話をしなかった。現場まではわずか35分だったが、危険な道だった。急カーブの上、時ならぬ霧が道路に滑りやすく目に見えない水の層をつくっていた。この地方のレンタカーが、二重のロールバーと２本のスペアタイヤだけでなく、充実した救急箱も装備している理由の一つはそのためだった。

ＧＯＰＥの救出隊が鉱山に到着すると、地質学者と地球物理学者が緊急レクチャーのため待ち構えていて、鉱山の構造と、閉じ込められた鉱山労働者たちがいると思われる位置の概略を説明した。正確な地図はこのような急場には間に合わず、救出計画の重要な要素は、ほとんど当てずっぽうで立てられた。地質学者は深刻な様子で心配していた。彼は「これは複雑な作業です。時間がかかります」と6人のGOPE隊員に告げた。鉱山の大ざっぱな地図で換気用シャフトを指し示し、まずそれを見つけて、できれば鉱山の内部に下りるよう提案した。捜索すべき坑道は何キロもあった。男たちは鉱山の最下層に近い安全シェルターに到達したのだろうか。あるいはその400メートル上の車両作業場だろうか。曲がりくねった坑道内には1ダース以上の車両があり、救出隊は労働者たちが押しつぶされたトラック内に閉じ込められながらも、生きている可能性に備えていた。

もし生きているなら、労働者たちはどこかに避難しているに違いない。

サンホセ鉱山の管理責任者らは当初、災害の大きさを認めたがらなかった。最初に当局に事故を伝えたのは自分の電話だったと言う鉱山労働者組合の代表ハビエル・カスティジョによると、経営者側は最初、助けを呼ぶのに会社の電話を使うことを禁じた。閉じ込められた労働者、エディソン・ペニャの妻アンヘリカ・アルバレスも同様の話をした。「労働者たちは電話で助けを呼ぼうとしました。丘の上は携帯電話が通じないので、有線電話を使わせてと頼みました。でも、会社側は消防にも救急にも警察にも絶対に連絡させなかった。社内で処理したかったのです」

ロッククライマーや経験豊富な鉱山労働者、GOPE隊員らが鉱山で救出作戦を検討しているころ、労働者の家族やチリ中の一般市民はニュース番組を見て衝撃を受けていた。サンホセ鉱山が崩壊し、その時の作業当番だった鉱山労働者の名前がテレビの画面に映し出されたからだ。

1　ルイス・アルベルト・ウルスア・イリバレン
2　フロレンシオ・アバロス・シルバ
3　レナン・アンセルモ・アバロス・シルバ
4　サムエル・アバロス・アクニャ
5　オスマン・イシドロ・アラジャ・アラジャ
6　カルロス・ブゲニョ・アルファロ
7　ペドロ・コルテス・コントレラス
8　カルロス・アルベルト・バリオス・コントレラス
9　ジョニ・バリオス・ロハス
10　ビクトル・セゴビア・ロハス
11　ダリオ・アルトゥロ・セゴビア・ロホ
12　マリオ・セプルベダ・エスピナセ
13　フランクリン・ロボス・ラミレス
14　ロベルト・ロペス・ボルドネス
15　ホルヘ・ガジェギジョス・オレジャナ
16　ビクトル・サモラ・ブゲニョ
17　ジミー・アレハンドロ・サンチェス・ラゲス
18　オマル・オルランド・レイガダス・ロハス

19　アリエル・ティコナ・ジャニェス
20　クラウディオ・ジャニェス・ラゴス
21　パブロ・ロハス・ビジャコルタ
22　ファン・カルロス・アギラル・ガエタ
23　ファン・アンドレス・イジャネス・パルマ
24　リチャルド・ビジャロエル・ゴドイ
25　ラウル・エンリケ・ブストス・イバニェス
26　ホセ・エンリケス・ゴンサレス
27　エディソン・ペニャ・ビジャロエル
28　アレックス・リチャルド・ベガ・サラサル
29　ダニエル・エレラ・カンポス
30　マリオ・ゴメス・エレディア
31　カルロス・ママニ
32　ホセ・オヘダ
33　ウィリアム・オルデネス

家族の多くはテレビ放送で初めて災害の発生を知った。鉱山の所有者たちは親族にすぐに知らせなかったばかりか、名簿は間違いだらけだった。２人の鉱山労働者、エステバン・ロハスとク

鉱山に集まった家族たちに最新情報を伝える鉱山のトップマネージャーのペドロ・シモノビッチ＝2010年８月６日（AFP/Getty Images）

ラウディオ・アクニャが名簿に載っていなかった。２人の家族は真相が判明するまで苦痛とショックに満ちた時間を過ごした。ウィリアム・オルデネスとロベルト・ロペスの家族も同様だった。彼らは最初に発表された被災者名簿に載っていたが、間もなく鉱山の外で無事見つかった。サンホセ鉱山の雇用や安全、記録保存の実態が、刻一刻とはっきりしてきた。

テレビの全国放送で落盤を聞いた親族たちが現地に到着し、行動を求めて騒ぎだした。

救出任務の重大さが痛感される中で、救出隊は新たな難問に直面した。７００メートルもの深いところをいったいどうやって捜索すればよいのか？　そんな離れた場所から負傷者を運びだせるのか？　鉱山はそもそも入っても安全なのか？

二つの選択肢の検討が同時に始まった。労働者たちが生きている場合と死んでいる場合だ。最悪の場合の想定についても、政府当局者は遺体を回収する緊急計画を直ちに策定した。取り乱した遺族に遺体を引き渡すため最大限の努力をするというものだ。チリには1973年から90年までの間の悪名高いトラウマ(心的外傷)があった。アウグスト・ピノチェトの軍事独裁下で3000人が殺害され、遺体が「行方不明」になったのだ。遺体を地下に放置し、家族から見えないまま「行方不明」にすることは、全く問題外だった。

落盤発生から数時間内に、最初はトラックで、次は徒歩で、鉱山へ救出に入ろうとする労働者たちの試みは無駄なことがはっきりした。ヘッドライトやサーチライトは粉塵でいっぱいの空気を透視できなかった。水が流れ出している太い裂け目の多くが、落盤の威力を示していた。救出隊には大規模な粉塵の雲で向こう側がほとんど見えなかった。岩が絶え間なく地面にたたきつける音や、山の不気味なうなり声は、怪物が喉を締め付けられているように聞こえた。山が泣くと、男たちはその涙を避けようと身をかわした。「鉱山労働者たちはいつも、山は生きている、と言う。つまり、動いている、という意味だ。彼らは岩がうなり声のような音を立てるからだと言うのだ。今回は山全体がうなり声を上げていた」と、鉱山の内部に入ったGOPE部隊隊長のホセルイス・ビジェガス中尉は言った。

サンホセ鉱山の入り口は、片方がゆがんだ長方形の粗雑な穴で、高さが横幅の2倍あり、開いた口のような印象を与えた。でこぼこ道が妖怪変化の出没する冥界への通路のように、暗黒の淵に徐々に沈んでいく。この開いた口の背後には鉱山の胴体部分が、隠れたヘビのようにぐるぐると渦巻き状に約6キロ半にわたって地中深くに延びている。側面断面図を見ると、鉱山はちょうど、不ぞろいな間隔でこぶのある長い胴体を持つアマゾンの大蛇、ボア・コンストリクターのように見える。

入り口の横には会社の名前「サンエステバン・プリメラ株式会社」と書かれた変形した緑色の看板と、会社のスローガン「仕事に誇りを、安全が価値を生む」を書いた大きなヘルメットと作業靴の絵が立っている。救出作業員たちが看板を通り過ぎて鉱山に入ると、地面も天井もひび割れ、壁は裂けていた。生存者のいる兆候は何もなく、代わりに破壊の証拠は溢れていた。

鉱山の口からまだ粉塵が流出し、冬の夜の冷たい空気で男たちが凍えていた最初の混乱時、マリオ・セグラは鉱山に入った最初の警察官の一人だった。「われわれは鉱山の内部に入り、できる限り進んだ。通路が土砂と岩でブロックされている箇所に行き当たった。通常は落盤箇所の端の辺りに通路が見つかる。しかし、これは表面が滑らかな岩で、シャフトを密封する扉のようだった」とセグラは語った。「山の崩れようからして、鉱山の専門家たちもどうしてこんなに大量の岩が落ちたのか分からなかった。なぜ山全体があんなふうに崩れたのか、彼らにも説明できなかった」

落ちた岩の塊は当初考えられたよりもはるかに大きく、大体長さ90メートル、幅30メートル、高さ120メートルもあり、まるで大型船のようだった。後の推定では、落ちた岩の重量は70万トンで、エンパイアステートビルの重さのほぼ2倍、災害のボキャブラリーで測れば、タイタニック号の重さの150倍に達した。このような岩に穴を掘るのは不可能で、GOPE隊員は「チメネア（煙突）」と呼ばれる換気用シャフトを見つけるまで探索した。ロッククライミングの装備を使い、彼らはまだ崩壊し続け、うなり声を上げている鉱山のシャフトをゆっくり下り始めた。

４人の警察官が崩れる天井に目を配り、救助ロープを固定すると、２人が直径2メートルの円形のシャフトをゆっくり下った。ロープの動きを支え、シャフトの鋭利な壁でこすれるのを防ぐ三脚台がないため、間に合わせで代わりになるものを工夫した。ロープをピックアップのバンパーに固定し、鋭い岩で擦り切れないように強く引っ張った。「われわれから5メートルほどのところで岩が雨のように降り注いだ。始まった時は小雨のように聞こえたが、そのうちガラガラと崩れ、天井全体が落ちてきた。われわれのすぐそばでだ」とセグラは言った。「こうした岩の雨が始まると、気をつけなければならない。岩がどこに落ちるか分からないのだから」

チリの鉱業法では、このような換気シャフトには全て、避難用のはしごを付けなければならないとされていた。しかし、サンホセ鉱山は安全規則が厳格に守られているところでは決してなかった。鉱山労働者のイバン・トロは、１９８５年にここで働き始めた時、標準支給の履物がスニーカーだったことを覚えている。２００1年9月に天井の一部が崩落した時、トロは上に行くためにトラックを待って座っていた。「俺たちの上の層で機械が穴を掘る音が聞こえ、突然、板状の岩が落ちてきた。一番ひどくやられたのは俺だった。何しろ脚の上に落ちたんだから。脚は少しだけを残して切断されていた。病院に着いた時には、意識を失っていたよ」。会社は当初、トロが仕事中に座っていたとして、補償の支払いを拒否した。最終的にトロは訴訟に勝ったが、チリの自由市場経済の中では、失った脚の値段が彼のトラウマを和らげることはほとんどなかった。

裁判所はトロに1500万ペソ（インフレ調整後で約4万5000ドル）の賠償を認めた。

この山の内部構造は、死を賭けたギャンブルの様相を呈していた。「金の約束」対「死の危険」である。鉱山は一見して、ヘビのいない映画『インディ・ジョーンズ』のセットのように、決定的に危険なことが分かる。強い悪臭を放つ水たまり、隠れた陥没、所々緩んでたわむ天井、天井にボルトで固定され、落ちる岩を受け止める粗雑な網目のネット。鉱山内部の臭いは、じめじめした湿気と硝酸アンモニウム爆薬の悪臭が混ざっている。ヘビースモーカーの労働者のたばこの煙もほとんど気がつかないほどだ。この環境では、肺がんで死ぬまで長生きするという幻想はお笑い草だった。

鉱山業の標準的なやり方にならって、掘り抜いた空洞に補強用の柱を残すのではなく、サンホセ鉱山は野ネズミに襲われたスイスチーズの巨大な塊に似始めていた。山の崩壊について説明する完璧な科学は存在しないが、高価な銅や金を無計画に採掘したことが、鉱山から不可欠の背骨を奪ってしまったと、後の分析が示すことになるだろう。サンホセ鉱山の元保安監督ビンセント・トバルは「支柱まで掘り崩したのだろう。あり得ない。支柱は50メートルごとに必要で、落盤を防ぐのはこれらの柱だ」と語った。

鉱山が崩落する正確なメカニズムはどうであれ、警察官たちは大きな崩壊場所の内側にいた。法律で定められた下降用の避難はしごが設置されていないので、15メートルの換気シャフトの底までゆっくり懸垂下降すると、自分たちが今いるのが広い坑道なのに気付き、目前のこの世のものとは思えない光景を見渡した。彼らは見えない糸のようなもので岩がつり下がっているでこぼこの天井に、注意深く目を向けた。坑道は高さ5メートル、幅6メートルで、特大のダンプカーが鉱石や鉱物を運び出すにも十分な大きさだった。気温は絶えず32度。合わせて120キロの装備を携え、トンネルを捜索する男たちは汗だくだった。

セグラとビジェガスはゾッとするような場面に慣れていた。爆弾の犠牲者、車の残骸、海に浮き沈みする膨張した死体。今回は次元が異なり、地下牢のようなものだ。鉱山は地下の迷路で、それぞれの道がより深い謎へとつながる。広大な空間と曲がりくねった坑道は、生命、あるいは何らかの生命体がすぐそこの見えないところにいるような感覚を生じさせた。天井のネットは岩でいっぱいだった。今となっては坑道中に散らばった大きな岩や石を受け止めようとする空しい試みだった。

自分たちは死ぬかもしれないという感覚に彼らはとらわれていた。鉱山は前触れなしに自分たちを押しつぶせるゴジラのように大きな怪物なのだから。

「捜し続けなければならないと分かっていたが、山の音は、まるで岩が悲鳴を上げ、泣いているようだった」とセグラは言った。彼は、仲間と一緒に第2のチメネアを見つけ、次の層まで下りていった。その底で捜索しながら立ち止まった2人は「エスタアァァァァァッ!?(誰かいるかぁぁぁぁぁー!?)」と叫んだ。彼らは生存者の気配がないか耳を傾けた。唯一の反応は、新たにできた水路の水音と崩れ落ちる岩のガラガラ音だった。よどんだ水たまりは落盤で決壊し、換気シャフト内は今や、泥と土砂が85パーセントの湿度と混じり合った新たな臭いでいっぱいだった。鉱山労働者の言葉で、山はまだ「アセンタンド(鎮まる)」途中だった。

セグラは「全ての煙突には岩の落下を防ぐための金網が付いていた。だが、今回はあんな巨大な落盤だったので、土砂が煙突に溢れ出た。われわれが最後のシャフトを下りると、底の辺りは岩で埋まっていた」と語った。

ＧＯＰＥの隊長ビジェガス中尉は「みんな、だいぶ心配になった。さらに下の層に着くと、坑道は依然ふさがってそれ以上進めなくなっていて、ちょっとびっくりしたんだ。われわれは『だめだ……。次は通れるだろう』と下り続けたが、どの層も同じようにふさがっていた」と言う。ＧＯＰＥの第２班が遮断された換気シャフトを迂回する方法を探っている時、鉱山は岩石のシャワーを見舞った。顔につばを吐きかけられたような感じだった。「彼らが下りていると、また地滑りが起き、換気シャフトがふさがった」とビジェガスは言う。「それ以後は、換気シャフトからの進入は不可能だった」

ＧＯＰＥが閉じ込められた男たちの捜索を続けている間に、事故の情報が広がった。サンホセで落盤、33人が坑内に取り残される……。うわさには尾ひれがつき、22人が下敷きになり死亡というのもあった。鉱山に閉じ込められたフランクリン・ロボスの娘カロリナ・ロボス(25)は「内部が血まみれの父のトラックが見つかり、父が死んだと聞いて、一日中、泣いていたわ。涙が出なくなっても泣いたの」と振り返った。

サンホセ鉱山の労働者事故を担当している保険会社、チリ安全保証協会（ＡＣＨＳ）の医療部長ホルヘ・ディアス博士はコピアポ診療所で待機した。サンホセ鉱山の落盤を聞くと、直ちに病院のベッドを空け、スタッフを招集し、負傷者の治療の準備をした。だが、誰も来なかった。

運命の朝、仕事を休んで寝ているよう夫のマリオ・ゴメスを説得できなかったリリアン・ラミレスは、家でいらいらしながら待っていた。午後8時、夫を送り届けてくるトラックの音を聞くと、夕食を電子レンジに入れた。「夫が家に入ってくるのにそんなに時間がかかるのは妙だったから、カーテンを開けると、彼の上司が見えたの。変だという気がしたわ。手で顔を覆って言ったの。『ああっ、何かあったのね』」。鉱山の管理職は彼女に一緒に来るよう言い、ちょっとした事故があったが、次の日には解決するだろうと伝えた。彼は詳細を説明しようとしなかったので、彼女はさらにパニックになって、すぐに甥を見つけて一緒に車で鉱山に乗りつけた。彼女が帰宅したのは数カ月後だった。

サンホセ鉱山の入り口周辺では、金褐色の砂漠が、鉱山労働者たちが「役立たずの材料」と呼ぶ大量の灰色のがれきや鋭い岩石の山で覆われていた。金や銅の豊富な鉱脈が含まれている兆候がないため砂漠に捨てられ、何十年にもわたって積み上げられた岩石の山は、景観に不ぞろいな起伏を加えていた。

これら「役立たずな」岩山は今や、どんどん人数を増しながら丘を上ってくる家族たちの風よけの避難所となっていた。1枚の写真とロウソクだけの小さな祭壇には「フエルサ・ミネロス、ロス・エスタバン・エスペランド（頑張れ労働者たち、みんなが待ってるぞ）」の看板が加わっていた。履歴書からとったジミー・サンチェスの険しい顔の写真が黙ってにらんでいる。まるで無言の悲鳴を上げているかのようだった。すぐそばの岩の上では、オレンジ色の鉱山労働者のヘルメットがもたせかけられ、その下にある２本のロウソクの風よけになっていた。

　８月５日の夜から６日未明にかけて、数十人、その後は数百人と、閉じ込められた労働者たちの家族や友人がサンホセ鉱山に詰めかけてきた。彼らは寝袋と食料やたばこを持ってきて鉱山の入口近くに集まり、いらいらしながらひっきりなしにたばこを吸った。「父は今回も生き延びられるわ。彼は貨物船にもぐり込んで12日間食べないで密航したことがあるの」。地下に閉じ込められた男たちの最年長者マリオ・ゴメスの娘ロサナ・ゴメス(28)は胸を張って言った。「彼はあのアクシデンテ（事故）でも助かったわ」と、数年前に父が左手を失ったダイナマイト事故を指し、キャンプ中に触れ回った。ロサナは、幼い息子の助言者になりたいという父の長年の望みが必ずかなえられるに違いないと信じていた。その信念があるから、父は救出され、元気になると確信していた。「私は父に心の平穏と励ましを送ります」とロサナは付け加えた。

　肺が弱く、指が７本であることはゴメスのベテランぶりを証明していた。ゴメスは人生のこの暗い地下牢に順応して、もっと若くてひ弱な労働者たちを環境になじませられる、逆境に強い人間だった。若い連中にいつも生き延びる技を実践で教えることができた。ロサナは「彼は仲間に力を与えるの」と、父親のことを誇らしげに語った。

　もし誰か応援を必要としている者がいたとすれば、それはグループ内で唯一の非チリ人でボリビア生まれのカルロス・ママニだった。８月５日は、ママニが生後11カ月の赤ん坊エミリの養育費を稼ぐためのアルバイトとしての初仕事だった。そして閉じ込められてしまった。１世紀にわたるチリとボリビアの反目からみれば、深さ700メートルの穴倉で32人のチリ人に囲まれることは、ママニのようなボリビア人にとって、クロアチアの隠れ家にくぎ付けになったセルビア人のようなものだった。

33人のうち24人は、鉱山に最も近い都市コピアポに住んでいた。経済の70パーセントを鉱業に依存する人口12万5000人の鉱山の街だ。鉱山労働者の3代目が大半の地元民は、事故のニュー

サンホセ鉱山、コピアポ市街の衛星写真＝2010年9月16日（NASA）

スにはあまり驚かなかった。いつも地元の新聞アタカメニョには、下敷きになり、あるいは手足を切断された労働者についての見出しが躍っていた。それでもなお、今回は違うとすぐに感じた。鉱山の悲劇の表現に慣れている地域でさえも、落盤が起きた場所の深さと被害者の数は目を引いた。

チリ北部の砂漠山岳地帯と塩湖の蒸発後にできた平原（ソルトフラット）は、この国の輸出収入の半分余りを生み出す鉱業の宝庫だ。好調な月は40億ドル近くの銅を輸出する。世界の銅の優に3分の1はチリ産で、「緑の金」の伝説は、過去20年にわたる国家経済の繁栄を象徴したが、好況は鉱業地帯の多くの地域社会には及ばなかった。銅の値段は過去5年で1ポンド＝1・2ドルから3・0ドル以上へ、ほぼ3倍となり、廃鉱や2級鉱山も再評価されることになった。1ポンド＝1・2ドルならくずでも、2・5ドルを上回れば利益が出る。廃鉱や古い鉱山の危険な操業が突然、採算に乗るようになった。

アタカマ地方は主要な鉱山操業の本拠地だが、失業率はチリで2番目に高い。チリの銅鉱山企業は2009年に推定200億ドルの利益を上げたが、政府統計によると、ここは全国で最も早く貧困化が進んでいる地域の一つでもある。「言い換えれば、チリの最も豊かな地域の一つは、同時に最も貧しくもある」と、サンティアゴのクリニック紙は書いている。

鉱山に集まったばらばらな家族は、今や同じ怒りを共有していた。事故の発生は大いに予想され、いつ起きてもおかしくなかった。被害者の一人ダリオ・セゴビアのパートナー、ジェシカ・チジャ(48)は思い出していた。「事故の前日、彼は言ったわ。鉱山は今にも沈下しそうで、落盤の時にはシフトに入っていたくないって。でも、お金が必要だった。彼の当番シフトは終わっていたのに、会社側は超過勤務を持ちかけたの。2倍払うって言われたら、誰だって断らないわ。あの日、彼は9万ペソ（175ドル）を稼ぐはずだった。仕事を辞めてトラック運送業をやりたかったの」

エルビラ・カティ・バルディビアは落盤の何時間か後まで事故を知らなかった。「大学時代の友人が電話で『カティ、何が起こったか知らないの？マリオの名前が鉱山に閉じ込められた人のリストにあるみたい』。テレビをつけるように言われたので見ると、リストがあったわ。マリオ・セプルベダの名前があったの」。褐色の肌、真っすぐの黒髪、突き通すような眼差しが、バルディビアの美しさを際立たせていた。彼女は近くのテント内に持ち込んだラップトップで、経理の仕事のクライアントを維持しようとした。彼女が帳簿の帳尻を合わせている間は、彼女の人生の帳尻が合わないはずはないだろう。運が良ければ、彼女の足元から掘削された穴は、夫のマリオが生き延びるために闘い、そして祈っている坑道を、正確に貫くだろう。「私がここにいて、彼は700メートル下にいることが申し訳なくて」と、バルディビアは地面を指して言った。「彼と一緒にいて、触れて、とても愛していると言いたい」。そして彼女は「彼らは、わたしにも誰にも何も言わなかった。家族が鉱山に閉じ込められたことも言わなかったわ」と鉱山の所有者への怒りをあらわにした。

バルディビアの雇い主、米国の会計事務所プライスウォーターハウスは、彼女がこの遠く離れた辺境の地で夫の安否の知らせを待つ間、給料を全額払うと保証した。スカーレット(18)、フランシスコ(13)の２人のティーンエージャーの子どもを引っ張って、バルディビアは鉱山の敷地で仮住まいの生活を始めた。バルディビアは、死のうわさが頭で渦を巻き、自分の世界が崩壊するのを警戒した。「人々は走り回り、叫んでいた。息子が泣き、わたしはなだめようとした。大変な時機だったわ……眠れないし。なぜわたしなの？　なぜわたしなの？　どうしてわたしたちにこんなことが起きるの？　と自問したの」

大統領のピニェラはエクアドルのキトで鉱山事故の第一報を聞いた。彼がカティ・バルディビアと同じように「なぜわたしに？　なぜわれわれにこんなことが起こるのか？」と考えても許されたかもしれない。ピニェラが大統領になってからの短い期間に、続けて起きた２回目の悲劇だった。ちょうど４カ月前に就任した時、ピニェラは２０１０年２月27日の地震で打ちのめされた国を引き継いだ。地震で数十万人が家を失い、海岸地帯を襲った津波は数百人の命を奪った。ピニェラの野心的な政治計画も、史上５番目に大きいマグニチュード８・８の地震によって覆された。新しい理念を強調する出来たての計画表の代わりに、ピニェラのチームは、崩壊した無数の日干しレンガの家や破壊された病院、１９００キロの近代的ハイウエー沿いの残骸に対応していた。

ピニェラは言った。「わたしはエクアドルのコレア大統領と一緒だった。最初の夜の状況判断は明確だった。33人がいるということは分かっていた。７００メートル下に閉じ込められ、会社の分析では、危険な状態とみられたが、彼らが対応する可能性はなかった。選択肢は非常にシンプルだった。政府が救出の全責任を負った。さもなければ誰がやるというのか。人々が考えるよりずっと単純だった」

ピニェラは外交儀礼を放棄し、コロンビアで新しく就任した大統領フアン・マヌエル・サントスとの戦略的に重要な会談をキャンセルして、急きょチリに帰国。その夜のうちに、上層部の側近たちを現地に派遣した。

自他双方の利益となる取り組みとして、ピニェラ政権はこの危機を、半世紀ぶりに選挙で選ばれた右派政権のやる気を示す絶好の機会と捉えた。ピニェラは減少しつつある政治的資本を33人の無名の鉱山労働者たちの運命に賭けた。後に富豪実業家の名声を、卓越した短期の株式投資家としてさらに高めることになったギャンブルだった。

【2日目】8月7日土曜日

男たちは既にまる2日間閉じ込められていたが、彼らの生存の形跡は見つからなかった。基本的かつ根本的な懸念が救出隊を悩ませ始めた。空気はあるのか？けがをしてだんだんと死に向かいつつあるのではないか？どうやって食べているのか？

地下の救出活動は新たな障害に直面した。救出隊はふさがれた換気シャフトの周辺で迂回路を見つけようとしていたが、鉱山はまだ振動し続けており、シャフトが崩壊し始めた。巨大な戦艦級の岩がわずかにずり落ち、鉱山の中にさらなる小さな土砂崩れを引き起こした。今やGOPE

の任務は閉じ込められた人々の救助から、救出隊を避難させ、第2の事故を回避することに変わった。ロープを導く三脚台なしの状態で、警察は岩の攻撃にさらされている同僚たちの救出を急いだ。引っ張るのが速すぎたり、一方に偏ったりすれば、ロープが切れて救出隊員を死にさらす危険性がある。遅すぎれば、大きな岩に当たる危険が刻々と迫っていた。

「われわれはこういうときのために訓練している。地質学を学ぶ必要があるし、カリキュラムの一部は鉱山の救出活動だ」とGOPE隊員のエルナン・プガは言う。彼によると、地元の山には推定2000の小規模な鉱山がある。垂直の昇降を、刑務所内の特殊作戦のために定期的に実施する種類の訓練になぞらえた。

全ての救出作業員が引き上げられて自由になると、死からの脱出を祝う代わりに、GOPEは挫折感に包まれた。

ビジェガス隊長は「隊員は非常に打ちのめされていたし、われわれもがっかりしていた。しかし労働者たちの家族らと接触することで、これが変わった。彼らが抱く希望と信念が、われわれを励ましてくれたのだ」と語った。

鉱業相のラウレンセ・ゴルボルネは、土曜日に鉱山へ着いた。帰国するための民間航空便の確保に苦労したため、空軍がペルーのリマまで迎えにいって鉱山へと運んだ。着くや否や、ゴルボルネは目前の混乱ぶりに啞然とした。サンホセ鉱山の幹部らは明らかに、大規模な救出活動に圧倒され、資金も不足していた。状況を見極めると、ゴルボルネはピニェラ大統領に、最初の掘削装置の搬入を手配したことを得意げに報告した。大統領は感心しなかった。「ＯＫ。よくやった。では、掘削装置を1基ではなく10基用意してもらいたい」とゴルボルネに言った。常に複数の救出オプションを維持するという大統領の執念は、救出活動「聖ロレンソ作戦」の特徴となる。

救出隊員らはゴルボルネに対し、「男たちは生きているかもしれない」との希望を持っていることを伝えた。うわさにもかかわらず、押しつぶされた車両や遺体などは見つかっておらず、一

事故現場のゴルボルネ鉱業相(左)＝2010年8月29日(AFP/Getty Images)

回の崩落で全滅したという危惧を裏付ける証拠はなかった。鉱山内での毎日の仕事のやり方からすれば、落盤が起きた時、労働者たちは鉱山の下層部にいて、少なくとも何人かはふさがれた坑道内で生きていそうだと十分に推測できた。

「掘削中は複数の大きなタンクの水が必要で、彼らに十分な水があることは分かっている。問題は酸素だ」とゴルボルネは言った。「シャフトが崩壊した時は本当に腹が立ち、無力さを感じた。親族にはこの崩壊と、(鉱山の入り口から入る)通常の救出活動はできないことを伝えた。彼らに偽りの希望を持たせるつもりはなかった。真実のみを伝えると約束した。うわさの種をまきたくはなかったんだ。こんな状況下では人々はいろいろしゃべるものだ。中には、みんな死んだと言う人々もいるだろう」

ゴルボルネの家族への発表は残酷なまでに正直だった。救出活動の中断を伝えたのだ。「良くないニュースです」と言って、家族たちの前で泣き崩れた。救出関係者たちは荷物を片付けて撤退し始めた。消防士、ロッククライミングの専門家、警察のGOPE隊員たちは山を下り始めた。セグラとニャンクチェオは落胆し、敗北感を味わっていた。彼らは、男たちを救出できると確信していたのだから。

カロリナ・ロボスは「GOPEが去り、救出隊が去るのを見て、労働者たちがみんな死んだからだと思って泣いたの。みんな泣いたわ」と語った。

リリアン・ラミレスは「誰も助けてくれないと感じ、絶望的になった」と明かした。「親族はみんなでストライキを始め、まるで野蛮人のように鉱山のお偉方をこん棒で殴りたいと思ったわ。

わたしたちは人間の鎖を作り、誰も鉱山からは出さないと彼らに言ったわ。怒りと絶望に駆られ、私は警察官を押してしまった……。でも、わたしたちがしたことは、間違いだと気付いたんです。でも絶望すれば何でもする、それが人間だと分かったの。でも、本当に何が起こっているのか分からなかった」

パブロ・ラミレスは抗議した。サンホセ鉱山のシフト監督で、危険な救出活動の最初の志願者の一人だ。前進あるのみで、男たちの捜索を続けるよう強く主張した。彼は坑道の奥深くでの作業中、トラックの警笛が聞こえたと信じていたが、救出作業の仲間たちは冷やかした。「誰も信じてくれなかった。死んだ連中の霊魂に取りつかれたんだと言うんだ」と語った。

第3章 地獄に捕らわれて

閉じ込められた男たちの映像／2010年9月17日（REUTERS/Landov）

8月5日 木曜日▽午後

その日の朝、パブロ・ロハスがサンホセ鉱山に到着した時は、ひどい二日酔いだったので、彼の班が壁と天井の補強を終えるや否や、鉱山の最深部近くの深さ700メートルにある安全シェルターの静寂の中に横になりにいった。ロハスの父親が数日前に亡くなっていたが、その大変な夜が明ける前でさえ、ひどく頭痛がした。大規模な落盤で、汗まみれのロハスは目を覚ましたが、彼が惨事の大きさに気付くまでには少し間があった。

ダイナマイトを仕掛ける準備をしていたクラウディオ・ジャニェスは、落盤の衝撃波で危うくひっくり返りそうになった。ジャニェスはシェルターに最初にたどり着いたグループの1人で、鉱山が振動し続ける中、同じように避難しようともがく他の労働者たちを見ていた。「彼らは少しずつたどり着いた。連中は電話を使おうとしたが、つながらなかった。俺たちはその時初めて、絶望的になって顔を見合わせた。今起きている事態が信じられなかったんだ」と彼は言った。

ラウル・ブストスは落盤が起きた時、シェルターから坑道を少し上がったところにある機械作業場で働いていた。彼は後に妻に送った手紙で、当時の模様を「吸い込むような強風が俺たちみんなをなぎ倒した」と表現した。

シェルターの中では、親友同士、親族同士が、それぞれ相手が生き延びているかどうか確かめようとしていた。フロレンシオ・アバロスは弟レナンを見つけた。フロレンシオは父親代わりとして責任を感じていた。弟にサンホセ鉱山で働くよう勧めたのは彼だった。2人とも、それを天職と考えたわけではなかったが、アルゼンチン国境に近い山間部の小さな村でブドウを収穫するような季節労働と比べると、ここの仕事は文字通り金鉱だった。

エステバン・ロハスは3人のいとこを抱きしめ、全員の無事を神に感謝した。親友同士のペドロ・コルテスとカルロス・ブゲニョも、互いの生存を喜び合った。近所に住む幼なじみで、いつも一緒だ。この鉱山にも同じ日に入った。

しかし、フランクリン・ロボスは動揺していた。彼は鉱山に入った最後の車両の運転手で、がたがたと坂を上ってきたラウル・ビジェガスのトラックと擦れ違っていた。落盤の時間とその時のトラックの位置を推定しながら、ロボスは最悪の事態を恐れ、頭の中で押しつぶされたトラックを想像した。岩の大規模な崩壊で、男たちは「ミナ・マルディタ（呪われた鉱山）」が同僚の命を奪ったことにほとんど疑問を抱かなかった。

ロボスはシェルターのことをよく知っていた。彼の仕事は多かったが、その一つが安全シェルターの物資補給だったからだ。鉱山で働くのはあまり好きではなかった。以前の鉱山では、煙に巻かれ、窒息から逃れるために鉱山の最も深いところまで退却せざるを得ないことがあった。外で家族が集まって救出を待っていた8時間の間、ロボスと同僚たちは、もう一度生きる機会を与えられるかどうか疑ったものだ。しかし今や、ロボスは3度目の機会をうかがっていた。

33人の男たちは全員、取りあえず何とかこの大きな落盤からは生き残った。打撲や出血はしていても、骨折した者はおらず、一人も行方不明にはなっていなかった。

シェルターの中では、坑内で職位が一番上のルイス・ウルスアが男たちをコントロールしようとしていた。シフトの現場監督として、ウルスアは肉体労働に加わるのではなく、彼の指揮の下、男たちを指導し、叱咤し、モチベーションを与えることを求められていた。チリ鉱山の階級社会では、現場監督は絶対的なリーダーであり、その指示は軍規並みに順守される。シフト監督の命令に疑問を呈することは、懲戒処分や解雇の十分な理由だった。「この環境では、自然淘汰の世界が実に強力に機能することになる。シフト監督の地位にたどり着くには、さまざまな試験をパスしなければならない」と、保健相のハイメ・マニャリク博士は説明した。

ウルスアはがっしりした体格のやさしい目をした男で、強引に押し切るのではなく、たいていは公正さを旨とするタイプのリーダーシップをとれる男だった。鉱山で20年以上の経験があり、部隊の指揮経験もあるが、サンホセには最近来たばかりだった。ここでは3カ月足らずしか働いていないことが、避難所の緊張と汚れた空気の中で今、重くのしかかっていた。部下たちは災害への対応を差配する彼の能力を疑った。なぜ彼がリーダーなのか？彼はそもそも鉱山を分かっているのか？ウルスアは救出作業が自分たちを救ってくれると確信して、避難所にとどまるよう提案したが、その時でも支持を集めるために何かしようとはしなかった。落盤後の最初の数時間、猛烈な口論が起こった。鬱憤が爆発した。ウルスアは統制を失おうとしていた。

シェルターに閉じ込められて、セプルベダは黙って歩き回っていた。彼は実際には、この落盤を予期していた。コピアポで労働安全検査官たちと何度議論したことだろう。何日もかけて、彼らにサンホセ鉱山の安全規則違反を調査するよう促し、熱弁を振るい、強く迫った。セプルベダは仲間たちと労働組合をつくろうとしたが、全国的な労組連合である統一労働本部（CUT）の代表たちが、自分たちの利益ばかり考えていることに気付いて失望し、結成を断念した。セプルベダや他の鉱山労働者たちは、自分たちの側に立って闘ってくれるという組合への信頼を失ってしまった。

セプルベダは背が低くて髪の薄い八重歯のむき出た男で、彼は肉体労働への愛着と不屈の精神を併せ持つ仕事中毒者だった。同僚にとって彼は「エルペリー（とんでもないやつ）」か「エルロコ（お調子者）」で、いわば非公式の鉱山お抱え道化師のようなものだった。彼はしょっちゅう鉱山の経営陣をからかったが、そこにはいつも天然のユーモアがあるため、ターゲットになった相手まで一緒に笑ってしまうほどだった。通常、一日のシフト勤務の終わりには、労働者たちを乗せたトラックが鉱山の最深部から時速15キロほどで、25分かけて螺旋状に地上へと上っていく。その時、セプルベダはいつでも疲れ果てた同僚たちを無理やりに聴衆にしていた。彼が即興で一人芝居や寸劇を始めると、彼らは驚いたり、拍手喝采したりしたものだ。鉱山労働者が仕事から帰るバスの中で、エルペリーのセプルベダ以外のいったい誰がポールダンスなどやるだろうか？生粋のものまね師でカリスマ的性格のセプルベダは、超行動的な性格が抑圧され、封じ込められた状況にいた。彼は打開策を見つけようと必死だった。

セプルベダとマリオ・ゴメスは労働者たちを任務ごとに三つに分けた。山は鳴りやまず、粉塵が周りで渦巻いていたが、彼らは脱出路を求めて坑内を探し回った。食料、空気、きれいな水は全て限られていたが、鉱山のごう音は続き、巨大な落盤再発の兆候を示し続けていた。迅速な行動なしには、全滅することは明らかだった。

鉱山の主要シャフトはでこぼこした壁の不規則なトンネルで、車両のヘッドライトが当たると影が弾んで見えた。まるで幽界の内部のようだった。付随的な坑道、洞穴や貯蔵庫は見たところ無造作に作られていた。巨大な貯水タンクは鉱山の至る所に設置されていた。各15キロリットルほどの水は、坑内での掘削機械の操作に使われていた。もし男たちが鉱山の断面図を見ることができたなら、穴だらけの蟻塚を思い起こしただろう。

鉱山の高度は海抜メートルで測定される。この鉱山の入り口は、おおよそ海抜８００メートルであり、最深部はレベル（高度）45と呼ばれた。男たちが集まった避難シェルターはレベル90だった。33人は広大な鉱山の地底近くに閉じ込められていた。

男たちは救出チームが既に動員されたと信じ、自分たちがまだ生きているというメッセージを送ろうと必死だった。何人かはトラックのタイヤと汚れたオイルフィルターを集め始めた。鉱山の下請けとして働いていた整備士リチャルド・ビジャロエル(27)は、ピックアップを運転して坑道を上の方まで上るよう指示を受けた。彼は岩の塊で坑道がふさがれていたレベル３５０に到着し、岩の裂け目を探してその穴にゴムタイヤやオイルフィルターを詰め込み、点火した。黒くて濃い煙が坑道に充満した。自分たちの居場所を救出チームに伝えるに十分な量の煙が地上に浸み出していくよう、ビジャロエルは期待した。

第2のグループは、ダイナマイトのスティックを集めた。それを爆発させて、短いがそれとはっきり分かる爆発音が救出作業員に聞こえることを期待したのだ。また他の男たちは、通気口を見つけるために、鉱山が新たにどんな形状になったのか徹底的に調べ始めた。

経験豊かな地形学者であるウルスアは一枚の地図を描き始めた。自分が新たにどういう現実に置かれているのか、その全体像を把握するための初歩的な試みだ。彼は自分のオフィスとして白いピックアップを使うことにし、熱心に作図を始めた。

ウルスアのリーダーシップを依然尊重している男たちもいたが、目立った例外もあった。下請け業者のフアン・イジャネス(52)は、パタゴニアで2年近く兵士として狭い塹壕で過ごした経験から大胆になっており、自分はウルスアの指揮系統からは除外されると考えていた。鉱山内の車両の整備や操作のために雇われていたイジャネスと他の4人の労働者は、鉱山の従業員ではなかった。これはチリ鉱山の基準でいうと、イジャネスと彼のグループは二級市民であることを意味した。別個の種族なのだ。


光がないので、昼も夜もなかった。あらゆる日常的な習慣が破壊され、取り除かれ、根本的に変わった。ヘッドランプは電池がなくなり始めたため、節約して使った。彼らは感覚を遮断された不安定な世界に入り込んだ。いわば臨死体験からくる感情への過重な負荷も含めると、鉱山労働者たちが時間の観念を全く失ったことは理解できた。ベテランの労働者たちは、強固な岩を何百メートルも掘削することが、いかに技術的に難しい問題であるかを瞬時に理解していた。彼らにとって救出は、たとえ来るとしても、複雑で不確実な作業といえた。

このような状況下では、個人の生存本能が共通利益に勝ることを心理学者らは理解している。

アドレナリンが脳に注入され、生存に駆り立てる化学物質が身体中に溢れ、驚くべき肉体的な離れ業を可能にする。しかし、一心不乱であるがゆえに、労働者たちに少し立ち止まって、計画を立てることの重要性を見失わせる。そうした最初の数時間が経つと、33人の労働者たちは腹をすかせてうろつき回る動物の群れのように行動し始め、縮小された彼らの世界の至る所でやみくもに大便や小便をしたりした。団結の呼び掛けなどは無視し、坑道の思い思いの隅をそれぞれの縄張りにした。その最初の夜、男たちのうちで眠ることができた者はほとんどいなかった。

【1日目】 8月6日 金曜日

鉱山労働者たちは、濡れるのを避け、ごつごつした岩肌を和らげるため、細長い段ボール紙の上で夜通しうずくまって過ごしたが、不安な気持ちで目覚めると、すっかり濡れていた。ホセ・エンリケスは新たな一日を一つの希望を持つことで始めようとした。それはみんな一緒に礼拝することだった。丸顔で陽気な54歳は、鉱山で最も報酬の高い職種の一つである「フンベロ」（重機のオペレーター）として働いていた。しかし、それは彼の昼間の仕事だった。エンリケスは、チリ南部の町タルカの信徒たちにイエス・キリストの奇跡的な力を伝道することに情熱をかけていた。

みんなを避難所に集め、エンリケスは短い祈りを捧げた。それは男たちの気持ちを十分にリラックスさせたし、ウルスアとセプルベダが活動を組織するのに役立ったようだ。クラウディオ・ジャニェスがカシオの腕時計を持っていたので、男たちは予定や日程を再び把握できるようになった。「俺には時計は要らなかった」とセプルベダは言う。「何が時計の役をするか知ってるか？ 胃袋だ。何を食べたいかで何時か分かるんだ。誰の体だって朝7時に、夜7時と同じようにステーキが食いたいっていう反応はしないだろう」

男たちの多くは、シェルターにとどまり、救出を待つべきだと確信していた。セプルベダはその方策に対する自分の考えを、みんなの前で大声で簡潔にまとめた。それは自殺行為だ、と。セプルベダは行動を欲し、必要とし、そして要求した。彼の性格は、まさにエネルギーと、常に先を見越して生存を図る行動力の旋風といえた。幼年期から、彼の人生は生き残るための戦いだった。母親は彼が生まれた時に亡くなり、父親には見捨てられた。幼いマリオは6人の兄弟姉妹たちと一つの寝床を分け合って成長した。たまには納屋で家畜と並んで眠ったり、生きるために家畜の餌を食べることさえあった。「俺はうんと貧しく、動物よりもひどく扱われていた」とセプルベダは言う。妻と十代の子を2人持つ、今や中流階級の39歳にとって、鉱山から脱出することはまさに使命であり、これまでの人生はそのための準備だったとさえ感じられた。

男たちは別々のグループに分けられた。第1のグループは、重機類を使用して大きな騒音を立てて、地上に連絡しようとした。大規模な落盤だったにもかかわらず、彼らの元には、ピックアップから「ジャンボ」と呼ばれる大型車両に至るまで一群の車両が残されていた。ジャンボはその前部に、坑道の天井を掘ったり、ダイナマイトを仕掛ける穴を開けるのに使われる掘削用プラットホームを備えた全長9メートルの大型トラックだ。男たちは車両を全部、坑道の一番高い地点まで移動させた。彼らはいったん遮蔽する岩の前に広がり、さまざまな騒音を立て始めた。警笛を鳴らし、ダイナマイトを爆発させ、ブルドーザーに巨大な金属板をぶつけた。短いダイナマイトの破裂音と反響する金属音が坑道に響き渡った。だが、首尾よく聞こえただろうか？ 救出チームの少なくとも一人でも気付いただろうか？ 男たちはジャンボで坑道の天井を攻撃し続けた。機械は狂ったキツツキのように激しくつつき、恐ろしい騒音を立てた。

「俺たちはトラックを壁に激突させた。トラックの警笛は、上に聞こえるように地上に通じるパイプにつないだ。代わる代わるパイプの中に向けて大声で叫んだ。必死だったんだ」とサムエル・アバロスは語った。

アレックス・ベガは、鉱山内にできた一連の裂け目をたどってよじ登れば、地上までたどり着けるのではないかと見当をつけた。脱出路はあり得ると彼は信じていたが、男たちには、ヘッドランプ用の電池が限られていた上に、1日がかりになるかもしれないこの遠征に十分な水を携えていくすべがなかった。「落ちてくる岩の下敷きになるのも怖かったし、閉じ込められる可能性もあった」と語った。

セプルベダとラウル・ブストスが率いる第2グループは、1本の換気ダクト（煙突＝シャフト）を通じた脱出路を探った。このダクトは坑内の空気をほぼ呼吸可能な状態にする十数本の換気ダクトの一つで、約25メートル垂直にそびえていた。「俺たちは別の方法を探し始めた。垂直のつりはしごを30メートル上ってレベル２１０に到達したが、ここもふさがれていた。別の煙突もあったが、はしごが付いていなかった」とブストスは後に、妻への手紙に書いている。

チリの多くの鉱山では、換気用シャフトはどれも完全な円形で、天窓のように鉱山の次の層まで真っすぐ突き抜けており、はしごから避難用灯火に及ぶまで安全装備を備えているはずだった。シャフトは鉱山内部に空気を循環させる通気口である以外にも、坑道が崩壊した場合、二次的な避難ルートとして十分使えるよう設計されている。サンホセ鉱山では、第2シャフトは灯火がなく、はしごは老朽化していた。その上、シャフトが主坑道にまたがっており、一つの事故が両方の避難ルートを同時に閉ざしてしまう可能性があった。これはハビエル・カスティジョが率いる鉱山労働組合が長年訴えてきた基本的欠陥だった。閉じ込められた労働者たちは、今になって彼の主張を理解した。

セプルベダはシャフトを偵察し、上るのは危険だが可能性はあると判断した。岩石が続けざまにチューブを跳ねながら落ちてきたが、彼にはヘルメットがあった。ヘルメットのヘッドランプを上に向け、ゆっくり前進し始めた。はしごは、まさにこのような脱出のために備え付けられていたが、何十年もの絶え間ない湿気が横木部分を腐食させていた。セプルベダは上がろうとした時、横木が折れるのを感じた。一部の金属の横木は失われていた。捨て身のロッククライマーのように、セプルベダは行き当たりばったりで、はしごなしで上り始めた。シャフトは幅約1・2メートルで、両側に脚を突っ張るには大きすぎた。シャフトに通っているプラスチックのチューブにつかまり、滑りやすい石にある出っ張りや足掛かりを探そうとした。その間も、小石のあられが頭の上でカランコロンと音を立てていた。

山は依然泣きやまず、はがれ落ち続けた。少しずつはい上がる決意をし、セプルベダは自分の筋肉を動員した。手を上に伸ばし、体を引き上げ始めた時、滑った。石が1個顔に当たって唇を切り、歯を1本折った。テニスボールくらいの別の石がピューとかすめていく。数センチの差で死を免れた。さらに別の石が跳ねながらすり抜けていくと、セプルベダはこれを退却のお告げであり合図でもあると受け止めた。

「まるで12歳の時のように、力強く、活力に溢れているように感じた。疲れは全く感じなかった。とにかく外に出たい一心だったんだ。煙突の真ん中で、これは神の導きだと感じた。髪が逆立った。何かが俺にささやいたんだ。『私はお前とともにいる』と、セプルベダは神秘的な時間の経験をこう表現した。

セプルベダはシャフトを下りながら、圧倒的な喜びと自信を感じた。「戻るとみんなに言ったんだ。ここでは誰も死なない、信じるか信じないかは自由だが、信じるなら、神と自分と一緒に手を取り合い、ここから脱出しよう」と。

人生が変わるようなトラウマへの反応は、各個人の、つまり鉱山労働者の一人一人の個性に応じ、それぞれに独特な方法で変化していった。心理学者らが「極限的拘禁状態」と定義する、サンホセ鉱山の落盤のような強烈な体験では、意気消沈する被害者もいれば、逆に意気軒高になる者もいる。マリオ・セプルベダにとっては、これまでの彼の全ての人生がまさにこうした挑戦に向けての準備のようだった。

彼は新たに出現した役割、「一団のリーダー」という役割を享受した。

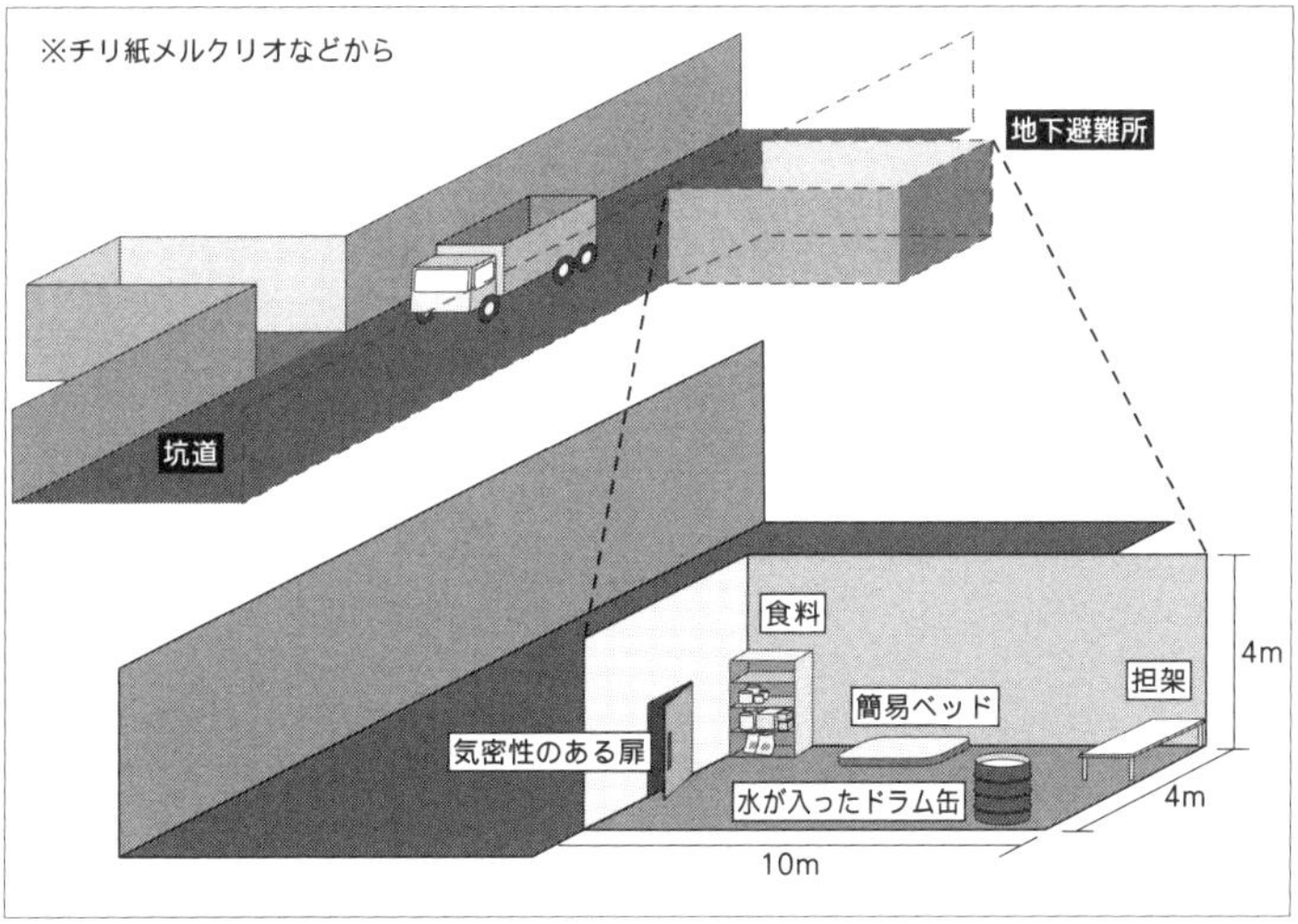

避難所の概要

【2日目】8月7日土曜日

どの救出チームからもまだ何の連絡もなく、男たちは眠れない不安なもう一夜を過ごした。翌朝、再びエンリケスと一緒に祈ることになった。少なくとも一緒に祈るために集まることで、日常的な外観が形づくられ始めた。しかし、絶望感が根を下ろし始めてもいた。食料は足りなくなってきた。10リットルのボトル入りの水ではとても足りず、通常は掘削機用に蓄えてある5000リットルの巨大な貯水タンクの水を飲み始めた。タンクの水は何カ月も前のもので、ほこりやごみがたまっていた。「飲んだが、油みたいな味がした」とリチャルド・ビジャロエルが言う。

クラウディオ・ジャニェスは、多いときは一日に7リットルも汚い水を飲みまくった。味はディーゼル燃料と砂ぼこりを思わせた。

鉱物の残留物が多く、半年近く替えていないことを知っていたが、喉の渇きは容赦がなく、結局飲み続けた。

10年近く整備士として働き、鉱山をよく知っているアレックス・ベガは「グループ内の序列はほとんどすぐになくなった。俺たち33人は一体となり、民主的なやり方を始めた。最も道理にかなった一番いいアイデアが採用され、その考えが支配することになった」と後に語った。

男たちはほとんど全ての重要な決定について、投票で採決し始めた。ニューイングランドのタウンミーティングの民主的討議に、英国議会のユーモアを交えたようなグループミーティングを、正午に開いた。アイデアが提起されると、直ちに笑いものになって消滅するか、率直な討議になるかのどちらかだ。男たち全員に平等の発言権があった。意見は、その本質的な価値で評価され、シフト監督が言ったか、一番下っ端の助手が言ったかは関係なかった。

地下では既にまる2日近くたっていた。カンテラの電池はなくなりつつあり、携帯電話は機能しなくなった。シェルターはもともと携帯電話の送受信範囲ではなかったので、彼らは携帯電話を、明かりや時計のほか、深い静寂の苦痛を紛らわせるために音楽を聴くスピーカーとして使っていた。

若い経験不足の鉱山労働者の何人かは、パニックになり始めた。最も若い19歳のジミー・サンチェスは幻覚を起こしだした。母親が鉱山の深くまで彼を訪ねて、出来立てのエンパナダ（オニオン風味で黒オリーブを添えたチリのミートパイ）を持ってきてくれる夢を見た。ファストフードとして、エンパナダはチリのほとんどの食べ物と同じように、特筆すべきものではない。だがこの地下の深みでは、ジミーとその仲間たちにとって、エンパナダの新鮮な記憶はすばらしいごちそうだった。

　他の男たちは感情的な衝撃の試練に対応できず、ただ凍りついていた。「彼らは一日中、ベッドにいて、起き上がらなかった」とビジャロエルは言う。時間は彼らには耐えがたいほどゆっくり過ぎていった。深い沈黙がその隙間を満たした。掘削の音もダイナマイトの音もなかった。上からは一つの物音もしない。ただ水と、落下する岩石の拷問のようなドラムビートの音だけが続いていた。

　男たちは繰り返し、傾斜し、曲がりくねった坑道を数百メートル歩き、ショックを抑えつつ巨大な岩石を見つめた。上では救出チームが捜索しているに違いないとは思っていたが、静寂の音は恐ろしく、気弱な考えが頭をもたげ始めた。果たして自分たちはここから出られるのか？

　彼らは岩石を「ピエドラ・マルディータ（くそったれ）」とののしり、他の連中は「ビバ・チレ（チリ万歳）」の歓呼で勇気を奮い起こそうとした。しかし、やがていつもと同じメッセージを持って避難所にとぼとぼと戻るのだった——何もなかったと。

　男たちには奇跡が、そして何よりも食料が必要だった。ちょうどまる2日後には、彼らの体がしぼみ、活力が衰え始めるにつれて顔のやつれが目立ってきた。頬ひげの影が顔を覆いだし、汚れた髪は突き立ち、硬い塊になった。顔を突き合わせて話すので、礼節が廃れるのは明らかだった。汗の臭いと湿った人いきれがひどくなったので、彼らはシェルターを出て岩だらけの坑道の床で眠るようになった。

男らは複数のグループに分かれ始めた。段ボール紙の取り合いでけんかが起こった。親族や古くからの友人たちがサバイバルの本能で結びつき、派閥ができた。セプルベダやウルスアを含むリーダーたちは、海抜105メートルの坑道の曲がり角に落ち着き、すぐに「105グループ」とか単に「105」と命名された。彼らには最高の空気とそれほど湿っていない床、他の二つのグループから離れて息をつく空間があった。下の方では、安全避難所に入ったグループが「レフヒオ」（避難所の意味）を自称した。ここは硬いセラミックの床で、中で眠るのは難しいが、天井はボルトと落石を受け止める金属製のネットで強化されていた。

第3のグループは本質的に自活を強いられた。エステバン・ロハスとパブロ・ロハスのいとこ同士に、婚姻関係で親族になったアリエル・ティコナが、最も危険な睡眠場所で小集団となった。鉱山の主坑道に位置し、避難所のすぐ外側のこの場所は「ランプ（坂道）」または「ランパ」と呼ばれるようになった。この睡眠区域は、坑道を通じて空気が静かに流れており、閉所恐怖症になる恐れは小さかったが、欠点は著しかった。この辺りは濡れているので眠るのがやっとで、時には流れる水を遮るため、カヌーのような遮蔽物を作る必要があった。

段ボールはほとんど湿気防止には役立たず、常に濡れており、乾いた状態で眠ったり、そこに居たりすることはできなかった。一部はトラックのベッドで眠り始めた。「迅速な救出はあまり望めなくなっていた。静寂の中で、何が自分たちの身に起こるか分からないという最もつらい待ち時間が始まった」とアレックス・ベガは言った。

【3日目】8月8日 日曜日

３日目、午前6時30分までに男たちは目覚め、祈りの準備をした。エンリケスは明るく、神は自分たちの祈りに応えてくれるだろうと断言した。過ぎ行く日々の中で、彼の説教と祈りが命綱であり、しっかりつかんでいられる唯一のよりどころのように感じられた。救出が近づこうが近づくまいが、信仰が労働者たちを支えるのに役立った。彼らはイエスを「34人目の鉱山労働者」と呼び始めた。

祈りの後、マリオ・セプルベダが彼らをグループミーティングに駆り集めた。セプルベダの態度は、鉱山労働者の序列に背くことなく、彼のトレードマークである熱情を男たちに注ぐものだった。彼はウルスアに敬意を払うようみんなに説いた。もしウルスアが指揮することを望まなかったならば、セプルベダは男たちをなだめ、脅し、そして前向きな方向へと誘導できる人間として、喜んで指揮を執っただろう。

元気は衰えたものの、個人の技能は力を発揮し始めた。巨大地震の生き残りであるラウル・ブストスは、彼らのキャンプを流れる水を排出する水路作りを、若いボリビア人のカルロス・ママニに手伝わせていた。エディソン・ペニャは車両、特に車台に２２０ボルトのコンセントが付いているブルドーザーのようなトラック（「スクープ」と呼ばれる）の電池を利用して、照明設備を取り付けた。断続的に消える薄暗いカンテラに代わって、ペニャの考案は、男たちに常時安定した照明の使用を可能にした。イジャネスもまた、ヘッドランプを車両の電池につないで充電するシステムを考案した。男たちは熱いお茶を飲むため、排気管の周りに水の500ミリリットル容器を取り付けてトラックを走らせ、湯を沸かした。プラスチック容器は熱くて触れないほどだったが溶けることはなく、避難所で見つけたティーバッグと湯で作った温かいお茶は、ホッとするひとときをもたらした。彼らはまた、エンジンの上に濡れた靴や衣服を載せ、乾燥機としても利用した。

即席の風呂は近くの泥の穴だった。せっけん、シャンプー、歯磨きなど基本的な衛生品はなかった。トイレには空の石油缶を使った。満タンに近くなると土砂を放り込み、居住キャンプより下流の区域に捨て、さらに土砂をかぶせた。それでも吐き気を催す臭いが立ち上ってきた。ビクトル・サモラは異臭を我慢できずにシェルターを出て、眠るためにランパに移った。サモラにとって、閉じ込められたのは「悪夢だった。俺たちは脱出できるかどうか分からなかった」。日々の恐怖から逃れるため、彼は日記をつけ始めた。彼が経験したことの記録だ。楽観主義とサバイバルについての短い詩を書き始めて、文学的興味が盛り上がったが、インクが切れて突然終わりとなった。

シェルターの食料は今や厳重な監視下にあった。近づけるのはルイス・ウルスアとマリオ・セプルベダだけだった。2人は完全な配給制を提案し、単純な民主主義を実行した結果、すぐに同意を得た。つまり投票だ。「16プラス1が過半数だった。われわれは、あらゆることで投票した」とウルスアは説明した。男たちは1日に1回、ほんの少しを食べることで合意した。リチャルド・ビジャロエルは「スプーン1杯、たぶん瓶のキャップ半分くらいのツナを食べたりした。それが俺たちの食事だった。体が消耗し始めた」と語った。

シェルターにほんの少し残っていた食料も、すぐになくなり始めた。カートン入りの牛乳の半分はとっくに期限切れだった。中身が熱で凝固し、バナナ味の塊に変質していた。すえた嫌な臭いがした。

クラウディオ・アクニャはカートンの臭いを嗅いだ。「臭いは大丈夫だ」と思い、ためらいなくかみつき、まるまる1リットルの牛乳の塊を飲み下した。

サムエル・アバロスは食料のくずを求めて山を探し回った。「ごみ箱をひっくり返して探したが、鉱山関係の報告書など紙ばっかりだった」。コカ・コーラの瓶６本の底には香り高い一滴の液体が残っていた。オレンジの皮を見つけ、喜んで食べた。

ベテラン鉱山労働者で元商船員のマリオ・ゴメスは、希望を捨てないよう、みんなを元気付けた。ブラジルの貨物船にひそかにもぐり込んで旅をした若いころの話をした。ゴメスは密航者として、救命いかだの中で11日間過ごし、雨水などで生き延びた。「俺たちは生き延びるんだ」とゴメスは仲間たちに強く説いた。彼は文句をつけようのない年功者だった。サンホセ鉱山で初めて働いたのは１９６４年で、同僚の何人かがまだ生まれる前だった。鉱山が小規模なつるはしと手押し車の時代から、現在の規模に大きくなるまでを見てきた。失った指は語り草の一部であり、恥じることはなかった。彼にとっては、悪魔のような鉱山との何年もの闘いの傷痕のようなものだった。切り株のような傷痕を献身の証しと見なしていた。「勲章みたいなものさ」と言うのだった。

「モラルは衰え、時々ののしり合うようになった。ただ出たかった」とパブロ・ロハス。口数の少ない働き者として知られる第三世代の鉱山労働者だ。「みんなそれぞれに個性があった」。男たちの多くはそれぞれの嗜癖があった。たばこのほか、大方は大変なアルコール依存症だった。閉じ込められたことは彼らにとって、いきなり強制された禁断状態をも意味し、それは気分の変動と自暴自棄を伴って、彼らの試練を一段と厳しいものにした。

今や、まる3日が過ぎた。男たちが閉じ込められて72時間たったのだ。彼らの誰もが、これまでに地中で過ごした時間よりはるかに長かった。注意を引こうという努力も空しく、いまだにどの救出チームとも連絡が取れなかった。食料は欠乏し、水もひどい。亀裂が入り、ずれ動く岩盤の不気味な響きの後に沈黙がやってくる。それは、けものの腹の奥深くに呑み込まれ、文明のはるか下に閉じ込められていることを思い起こさせた。

鉱山労働者は絶望感を深めた。彼らはこの問題に触れまいとしているが、一つの現実が全員の脳裏を離れなくなった。

果たして、生きてここを出られるのだろうか？

第4章 速さVS正確さ

救出現場の入り口はチリ警察によってガードされていた（©Ronald Patrick）

チリのコピアポは、手つかずのままの海辺と広大な砂漠、不毛の山々に囲まれた都市だが、周囲の山には数百万ドル、数十億ドルもの金や銀、銅の豊かな資源が埋蔵されている。隠れた宝庫が最初に開発されたのは、コピアポの人口が990人にすぎなかった1707年のことだった。人口は今日でも、周辺地域を含め12万5000人と小規模な都市だが、地元の空港は文字通り、うなりを上げるほど賑わっている。サンティアゴとの往復航空便は一日に14便。コピアポに殺到する鉱山技術者や地質学者、測量関係者で満席になることも多い。到着した技術者たちは、飛行機から急勾配の金属製階段で滑走路に降り立ち、案内もなく迷いながら駐機場を横切って空港ビルに向かうが、時には手荷物引き渡し所に迷い込んでしまうこともある。小さな空港ビルでは、地元の海で採れたカキやカニの爪、身が締まってロブスターのような味がするロコス（アワビ）などの売り子たちに迎えられる。

最近の銅ブームは2002年に始まり、2010年8月になっても崩壊の兆しさえなかった。コピアポを訪れる技術者たちは、銅ブームから利益を得ようとする多くの起業家たちの先遣部隊だ。中国の製造業は銅や鉱物資源に対する飽くなき欲求を維持し、これを受けてチリでも鉱業分野の好調が続いている。チリは毎日、約7000万ドルに値する銅鉱石を輸出し、数カ月おきに数百万ドル規模の鉱山開発計画が発表される。チリ北部には、世界でも最多のハイテク鉱山機器が集中しており、これらは硬い岩盤をたたき、穴を開け、削り取って数千メートルの深さまで掘削することができる。

サンホセ鉱山の落盤から4日後、ピニェラ大統領は、まるでならず者軍隊を率いる将軍のように、膨大な数の鉱山機器を動員した。慎重に進めるべきだとの側近のアドバイスを無視し、閉じ込められた鉱山労働者たちの救出のために、あらゆる賭に出る覚悟を固めた。大統領が救出作戦の成功を個人的に保証することに対して、側近たちは、労働者自身がカミカゼと自称するような仕事場でのカミカゼ的な任務に、大統領が手を挙げてしまったと、パニックに陥った。

ピニェラ大統領の最初の任務の一つは、救出作戦の総責任者を見つけることだった。大統領は多言語を操りＭＢＡ（経営学修士号）を持つ若い優秀な人材を側近に登用するのを以前から好んでいたが、鉱業の世界は勝手が違った。２０１０年3月の大統領就任時に鉱業相に任命したラウレンセ・ゴルボルネも、鉱業分野では門外漢だった。彼がチリ鉱業の最高責任者に任命されたのは、年間１１０億ドルの売り上げを出す小売りチェーン・南米の高級スーパーマーケットのセンコスドのＣＥＯ（最高経営責任者）時代の手腕を評価されたからだった。ｉＰｈｏｎｅで若者のロック・ミュージックを大音量で流すのが好みのスマートな経営者に対するチリ鉱山業界トップたちの印象は、好ましいものではなかった。鉱業部門での経験不足をどのように克服するつもりかとの質問に「学ぶのは速いんだ」と皮肉を言ったが、彼の軽率な答えは、経営者たちの懸念の払拭にはほとんど役立たなかった。

ピニェラとゴルボルネの２人合わせても、地下の鉱山採掘システムについての理解は、表面的なものにすぎなかった。さらに、地下に閉じ込められた鉱山労働者の救出作戦をどのように組織するかについての知識に至っては、最低限にとどまった。このため2人は、世界の銅供給の11パーセントを占める国営鉱業複合体のコデルコに助力を求めることにした。8月9日、コデルコ最高経営陣と政府の間で洪水のような電話のやり取りや緊急会議が行われた末に、ピニェラは救出作戦の総責任者を見つけ出した。ただ、そんなことは知らない総責任者候補に、大統領の決定を知らせる労を取ろうとした者はいなかった。

8月9日夜遅くに電話があった時、アンドレ・ソウガレット(46)はベッドで眠りにつこうとしていた。電話をかけてきたコデルコの上司は「取締役会の決定だ。救出担当者を手伝って、必要なチームをまとめろ」と指示した。ソウガレットは落ち着いた、いつも微笑を絶やさない技術者だった。彼は注意深く指示を聞いたが、だからといって特に心を動かされたわけではなかった。妻に電話の内容を話すと、ランカグアにある自宅で、そのまま眠ってしまった。

ソウガレットは20歳代半ばから鉱業に従事し、友人を増やしながらチリの鉱業産業界で順調に出世の階段を上ってきた。地下採鉱の専門家であり、世界最大の地下鉱山エルテニエンテの支配人を務めている。鉱山には、総延長2400キロにも及ぶ地下坑道が広がり、1万5000人が働く。2009年の銅鉱石生産量は40万トンだった。もし、エルテニエンテ鉱山が独立企業だったら、世界の銅鉱産出量では12位に位置づけられていただろう。

ソウガレットはサンホセ鉱山の落盤事故を知っていたが、それが自分の勤務先の巨大国営鉱山に関係すると考えたことはなかった。北に約970キロ離れた民営鉱山で事故が起きたのは、大惨事であるのは確かだが、それは、他人にとっての大惨事だった。

【4日目】8月9日 月曜日

午前10時、ソウガレットはもう一本の電話を受けたが、こちらは緊急用件で、直ちに大統領宮殿に来るようにという命令だった。「何かの間違いではないかと思った」とソウガレットは振り返る。「なぜ、この自分をモネダ（大統領府）に呼び付けるのか？」。小型のナップザックを荷造りし、鉱山用のヘルメットを抱えて、90分かけてモネダまで車を運転した。建物の前は何百回も通ったことがあるものの、中に入ったことは一度もなかった。大統領と戦略担当補佐官らが執務する2階に案内されたが、ソウガレットには何の説明もなく、ただ待つように言われただけだった。

モネダの内部には歴史を語る銃痕が残っている。ソウガレットは、壁に現在は埋められている数百の弾丸の痕跡があるのに気付いた。1973年9月11日、当時のサルバドル・アジェンデ大統領を権力の座から追放した軍事クーデターの証しがいまだに残っているのだった。貴族的な医師でもあったアジェンデは、最後まで社会革命への忠誠を誓い、軍の攻撃に抵抗。自ら機関銃を取って大統領宮殿の2階の窓から応射した。機関銃はキューバのフィデル・カストロから贈られたものだと伝えられていた。大統領宮殿包囲作戦の終了後、頭部に1発の銃弾が撃ち込まれたアジェンデの遺体が発見された。歴史家のほとんどは、自殺だとの見解で一致している。その後の17年間、アウグスト・ピノチェト将軍が、スペインの異端審問時代のような拷問技術と極めて近代的な経済改革の組み合わせによって、チリを支配した。約3000人の人民が軍の手により殺害されたものの、着実な経済成長によって、チリは中南米で最も経済的に安定した国となった。ピノチェト時代の弾圧と経済成長の並列状態は、その後の何十年間にもわたり、今は亡きピノチェト将軍に対する強い怒りと狂信的な支持を生むことになった。

当時の拷問と処刑の血塗られた記憶によって、ピノチェト後の世代のチリ国民は、右派政治家を排除し続けた。1990年から2009年までにチリを統治した進歩的大統領たちは、貧困と闘い、インフラに投資し、個人的自由を増強する一方で、数十の国々と自由貿易協定（FTA）を結んだ。だが、2010年の大統領選で、右派政党「国民改進党」を率いる中道のピニェラが当選したことで、ピノチェトの亡霊は埋葬され、新たな形の政府が誕生した。テクノクラートを主体とする新政府は、自分たちが何かを実現できることを示す必要があった。ピニェラの側近たちは、チリで右派と見なされるのは、恒常的に保護観察下に置かれる状態を意味することを知っていた。自分たちがチリを率いるのに失敗すれば、右派が2度目の機会を得るのには、もう一世代はかかるだろう。

モネダでは、ソウガレットが居心地の悪さを感じていた。服はカジュアルなブルージーンズだし、鉱山用のヘルメットとナップザックは、颯爽と行き交う男たちのスーツとネクタイ姿とは対照的だった。ホールには多数のジャーナリストたちがたむろし、緊急事態が起きていることは明らかだった。だが、ソウガレットは一層混乱してきた。2時間がたつというのに、誰も話しかけてこなかったからだ。

「レッツ・ゴー！」。やっとのことでメッセージが届けられた。ソウガレットは地下のガレージに案内され、大統領の車列の中の1台に乗り込んだ。ウジ軽機関銃を携えたボディーガードが乗る車に両側を挟まれたソウガレットの車は、交通規制されたサンティアゴ市内を疾走した。空港に到着した車列は、一般用の入り口を無視してエアフォース・グループ10、つまり大統領専用機の基地に向かった。それでもソウガレットは、自分の任務や行き先について一言の説明も受けていなかった。専用機の中で、ピニェラはプライベート・キャビンにソウガレットを呼び、スケッチ用紙に鉱山や安全シェルターの大まかな絵を描いた後に、指示を出した。

「連中を救い出すんだ」

驚きのあまり黙り込んだ技術者に、大統領は可能な限り最善の救出計画を立てるよう命じた。その上で、救出作戦は政府が全面的に支援し、政府のあらゆる資源を提供すると強調した。

この時になって初めて、ソウガレットは自分が救出作戦の責任者として徴用されたのを理解した。誰からも、彼の都合も、意思も、可能性があると思うか、とも尋ねられないまま、33人の命が自分の手に委ねられたのだ。ソウガレットは後になって、この経験を誘拐されたようなものだったと話している。

暗闇の中で現場に到着したソウガレットはさらに混乱した。サンホセ鉱山に来たことは一度もないというのに、何の警告もなしに、彼の責任は増していった。ピニェラ大統領は集まったメディアに対し、救出作戦の責任を負う「専門家」を連れてきたと発表した。

ソウガレットは「ＯＫ。これはややこしくなってきたぞ、と考えた」という。

「次にわたしたちは家族がいるキャンプ場に向かって歩いた。彼らの苦痛に満ちた顔に心を打たれた。50人ほどいたと思う。心配そうな顔が多かったが、中には絶望の表情も見られた。そして不安……。大統領が最初にマスコミに発表して、それから家族に説明したことについて、大統領を非難したものたちもいたのを覚えている。このためわたしたちは、今後は、まず家族に話し、ジャーナリストにはそれからという約束をし、これは常に守った。ずっと心に留めておいた」

「それから大統領は、事態解決を図るために専門家たちを連れてきて、あらゆる可能な資源を使わせると家族らに説明した。わたしにとっては、これが決定的瞬間、全ての始まりとなった。救出作戦を任されたことは分かったが、大統領は立ち去り、わたしだけが残された」。ソウガレットはチリの新聞メルクリオとのインタビューで、こう語っている。

ソウガレットは家族たちの苦しみを目の当たりにしなくても、鉱山事故の結果がどのようなものか分かっていた。ソウガレットがトップ経営陣の一員となっているエルテニエンテ鉱山も、チリで最も多くの犠牲者を出した鉱山事故の現場となっていたからだ。1945年の事故は「トラヘディア・デル・ウモ（煙の悲劇）」と呼ばれる。事故は倉庫内の火災で始まった。何バレルもの燃料油が燃え、千人以上の鉱山労働者が濃い煙で生じた突破できそうにない雲の向こう側に閉じ込められた。煙は番号Cのトンネルの裂け目や隅々に充満し、労働者らは水で湿らせた布で、何時間も自分たちの顔を覆った。だが、このような単純な対策では効果はなく、男たちは次々と倒れていった。鉱山の安全システムは基準を満たしておらず、緊急脱出口の方向は明示されていなかった。

鉱山から真っ黒な雲が上空に巻き上がる中で、勇気ある救出努力が展開された。労働者たちは炎の中に飛び込み、灼熱の地獄をかいくぐり、ほとんど失神状態の仲間たちを地表に運び上げた。この結果、６００人が救い出されたものの、３５５人が非業の死を遂げた。

「煙の悲劇」は鉱山の安全確保についての全国的な論議を呼び起こし、鉱山安全省の設立に結びついた。経営上の決定を行う際には、危険防止というコンセプトを導入することになり、安全対策が十分に実行されたため、エルテニエンテ鉱山は14年間連続で国際安全賞を受賞した。ピニェラ大統領の側近らが、サンホセ鉱山の所有者には高度な救出作戦の準備がないことに気付き、チリで最も安全対策を重視し、最高の専門技術を持つエルテニエンテのチームを動員したのは偶然の一致ではなかった。そして、そのチームを率いていたのがソウガレットだった。


ソウガレットが最初に直面したのは、救援用の掘削の調整だった。落盤からまる4日がたつ間に、チリの鉱山業界は現場に大型機器を積んだ車列を次々と送り込んだ。大型ブルドーザーや給水タンク車、クレーンや掘削機器などで、掘削機は数百メートルの厚さの岩盤をくり抜いて「ボアホール（試掘孔）」と呼ばれるシャフトを掘ることが可能だった。現場の技術者たちは、鉱山入り口からの救出活動は非常に危険であり、地下に閉じ込められた労働者らと接触するにはボアホールが最も信頼できる選択肢であるとの結論に速やかに達した。

ボアホール掘削のための機器が集められ、油田掘削に見られるような蒸気を噴き上げ、シューシューという音を出すタワー群が立てられた。周りにはチリ国旗が取り付けられている。これらの移動式掘削装置は別に新しいものではなかった。１９５０年以来、地球上のさまざまな場所に運ばれ、地殻の一番外側の層に穴をうがち続けてきた。

これらの機械が、帯水層から亜鉛鉱の埋蔵に至るまで、半世紀にわたる猛烈な工業化を支えてきた鉱物資源の探査に役立ってきた。そうした掘削機が現在、共同の探査ミッション、つまり捜索・救出作戦のために集められたのだ。ドリルのビット（錐＝刃先）は幅90ミリで、地表からほぼ1キロ下にある螺旋状の坑道の一つを目指す。メーン・シャフトを探し求める700メートルの旅の羅針だった。

ソウトが到着するまでに、急きょ6カ所の異なった地点で掘削作業が試みられていたものの、現場は大混乱だった。ソウガレットは引き継いだ掘削計画について「幾つもの穴が開けられていたが、そこには方策がなかった。そこでわれわれは、三つの掘削技術を用いることを決めた。それぞれコンセプトの異なる三つの作業を同時並行的に進める。一部はスピードを、その他は正確さを重視する。時間との闘いだった。正確さを重視すれば、掘削の進展は遅くなる。反対に、掘削を速めようとすれば、狙いがそれるかもしれない」と語った。

ソウガレットは、1日当たりのボアホールの掘削進展を約100メートルと計算した。つまり、閉じ込められた男たちの近くまで達する穴を正確に掘り進むには、少なくともまる1週間かかることになる。

掘削担当者らは鉱山の大まかな地図を頼りに、生き残っている労働者たちが逃げ込んでいると思われる地下の安全シェルターの正確な位置を突き止める作業を強いられた。彼らは果たしてシェルターまでたどり着けたのだろうか？　坑内作業車の整備所はどうだろうか？　それとも、がれきの下に埋まってしまったのだろうか？　シャフトを手作業で捜索した救出隊員と同じように、正確な指示に慣れている技術者にとって、さまざまな作業を推測で行うのは恐ろしいものだった。

通常の掘削作業は、大規模な油田層や地下の帯水層の発見が目的だ。だが、ここでの目標は非常に小さい。鉱山の安全シェルターは裏庭のプールほどの大きさだ。技術者たちがボアホール掘削の狙いをたった5センチ外せば、安全シェルターが位置する地下700メートルのレベルでは、数百メートルの誤差になってしまう。チリの掘削専門会社、テラセルビセの掘削監督者であるエドゥアルド・ウルタドは「鉱山に到着した時、避難所の真上にドリルを設置するよう指示を受けた」という。「掘削リグの基盤を据えるために、ブルドーザーが土地を平らにならし始め、地形学者も測量に取りかかった。そうしているうちに、エルサルバドル鉱山の地質学者、ホセ・トロが到着した。彼はこの辺りをよく知っており、機器を移動させろと言った。彼らは山全体が崩壊する危険がまだ残っていると心配していた」

【5日目】　8月10日　火曜日

閉じ込められた男たちを発見するという大きな課題にもかかわらず、掘削の音は「キャンプ・ホープ」［家族の待機するテント村などのある一帯］の全員にとって前向きな兆しだと受け止められた。もし、地下の労働者の中に生存者がいれば、遠くから聞こえてくる音によって救出作業が始まったことが分かるだろう。

ピニェラ大統領は「地下の労働者たちは岩に穴を開けるドリルの振動を感じていたはずだ。彼らは掘削によって生存にとって最も欠かせない、酸素、食料と水が届けられるのを分かっていただろう」と語った。「六つのボアホール掘削機が休むことなく稼働し続ければ、ハッピーエンドがもたらされると期待した。だが、それは容易ではないことも周知したかった。状況は極めて複雑で、鉱山では落盤が続いていたし、地質学的な断層の問題もあった。鉱山労働者が言うように、鉱山は生き物であり、それが救出を非常に難しくしていた」

大統領とそのチームが込み入った救出作戦を検討している間にも、数百人の地元住民が鉱山に押し寄せた。

チリでは8月10日は「ディア・デル・ミネロ（鉱山労働者の日）」に当たる。閉じ込められた労働者たちの家族や友人、同僚らはサンホセ鉱山の周辺に集まって、暗い気持ちで儀式の準備を始めた。例年なら、鉱山労働者の日は、地域のアサドス（焼き肉の塊を持って楽しむピクニック）やダンス、宗教的な祝福、そしてチリを世界経済の中に押し上げ、比較的裕福な国家であり続けるのに貢献した職業への感謝を表す祭りとして祝われる。

しかし2010年、全てのパーティーは取りやめになった。サンホセ鉱山では陰鬱な行進が行われ、推定2000人の人々が、短時間の苦痛に満ちた巡礼に参加した。チリ国営テレビTVNはこの様子を現地からの生中継で伝え、国民は家族たちが涙を流しながらゆっくりと行進するのを目にした。何人かの男たちは、鉱山労働者の守護聖人である聖ロレンソの像を担いでいた。救出作戦名はこの聖人の名前をとったものだ。別の男たちは、近くのカンデラリア鉱山の聖堂に祭

閉じ込められた男たちの家族や友人の数百人が彼らの無事を祈ってミサに集まった＝2010年8月10日(REUTERS/Landov)

られ、守り神となっているカンデラリアの聖処女の像を肩に担いで歩いた。サンホセ鉱山労働者の家族たちがじかに願って、聖処女像のカンデラリア鉱山への帰路の旅はキャンセルとなった。ここでこそ、彼女の力が必要とされたためだ。ガスパル・キンタナ司教がトラックの荷台に急造された祭壇から家族らに心を強く持つよう呼び掛け、標準レベル以下の仕事場の安全性について政府当局者らを非難した。また、閉じ込められた男たちについての良い知らせをもたらしてくれるよう神に懇願し、「シグナルを送ってください、すぐに」と祈った。

地元のヒメナ・マタス知事は、まず家族たちが直面する悲しみを理解し、次にその悲しみを地方政府の役人がかき集めた心理学者チームに対応させようとした。彼女のチームは、家族たちのカウンセリングのために、地元の麻薬取締事務所の心理学部門や、サンティアゴからも心理学者を呼び集めた。

マタス知事は「あなた方にとって、つらい日夜が続いているのは疑いない。このような生活を送るのがいかに難しいかも理解できる。でも、愛する人たちの生還を待つために、あなた方が示した力と互いの助け合いも目にすることができた」と家族たちに語りかけ、政府が呼び寄せたメンタルヘルスの専門家らと、そうした感情を共有することが重要だと説明した。

【6日目】8月11日 水曜日

200人ほどの家族たちは、新たな砂漠の驚異に気付かされた。激しい雨だ。季節外れの嵐がアタカマ地方を襲い、ほこりまみれのテント村は厳しい寒さと滑りやすい泥地に一変した。その日一日、窓を閉め切り、暖房をつけっぱなしにした車の中で過ごした家族もいた。

「兄弟のアレックスが閉じ込められているヘアネッテ・ベガは「兄弟を見捨てることなんてしないわ。雨が降ろうと寒かろうと、日差しが暑かろうと、彼が救出されない限り、誰もこの場からは動かない」と話した。

家族たちは一日中、寝袋の中にもぐり込み、魔法瓶からお茶やコーヒーを飲み、透明な防水布を使ってテントを雨から守った。軍の部隊も到着し、さらに多くのテントを張れるように整地に取りかかった。そうすれば家族たちは、間断なくやってくるトラックや車両から離れた場所で生活できるようになる。夕方までには、気温は氷点下2度にまで下がり、家族たちはたき火の周りに集まった。地元のブドウ栽培農家が寄付した古いブドウの茎は、堅くてゆっくりと燃えるために暖かく、おき火は夜明けまで燃え続けた。しかし、家族らにとって、睡眠はもはや日々の生活の一部ではなくなっていた。

【7日目】8月12日 木曜日

閉じ込められた鉱山労働者の消息が知れないまま、1週間が経過した。鉱山は振動し続け、換気シャフトを押しつぶし、速やかな救出は望み薄になってきた。救出作業員たちの選択肢も狭められてきた。チリの鉱山業界は争って救出チームやハイテク捜索機器、必要なだけの掘削機を現場に送り込んだ。しかし、行方不明の男たちからは、何の声も地上には届かなかった。

サンホセ鉱山の労働者で、落盤のあった同じ鉱山で5週間前に落石により片脚を失ったヒノ・コルテスは「意気消沈している場合じゃない。掘削の音はきっと聞こえていて、あいつらを勇気づけているさ」と言った。「連中は屈強な鉱山労働者だ。俺たちは自分たちがさらされる危険は承知の上だ。だからある程度、覚悟しているんだ」

午後2時（1週間前の落盤発生の推定時刻）にサイレンや警笛が鳴り響き、教会では鐘が打ち鳴らされたが、直後に続いた沈黙の方が人々の感情をより表していた。1週間たっても何の知らせもない。家族たちは山腹に上り、丘を写真で飾り、安否の分からない愛する者たちの名前を岩に

鉱山へ至る道路にロウソクをともす家族たち。愛する者たちが必ず助かるという希望を決して捨てなかった。
＝2010年8月17日(Ariel Marinkovic/AFP/Getty Images)

書き付けた。それから元の場所に戻ってテントを張り直し、救出作業員たちに閉じ込められた男たちを見捨てないよう懇願した。キャンプ・ホープは大勢が暮らし、生きる聖堂となった。

キャンプではたちまちコミュニティー意識が生まれたが、それは、驚くに当たらなかった。閉じ込められた鉱山労働者の大半は地元の住民であり、隣人であり、いとこであり、そしてレナンとフロレンシオ・アバロスの場合は実の兄弟だった。鉱山労働者は開拓時代の家族のように大家族の出身で、そうした家族は6人、8人、10人の子どもを持ち、何世代もが同居していることが多い。閉じ込められているホルヘ・ガジェギジョスとダリオ・セゴビアの家族は、それぞれ13人兄弟だ。鉱山労働者の兄弟、姉妹の平均人数は8人で、チリの平均的家族の2倍から3倍となっている。これがキャンプに駆けつけた人々の多さを物語る事実だ。

キャンプ・ホープの人口急増に対応するために、チリ陸軍は部隊を動員して移動式トイレや食料を運び込んだ。野外調理所も設置され、日に４回の食事を提供した。４回目は、英国のティータイムのチリ版である「オンセ」で、午後６時に振る舞われる。キャンプで勤務することになった警官のイバン・ビベロス・アラナスは、続々と支援物資が届くのに元気づけられた。「宗教や社会階級とは関係なく、チリ国民は団結を示した」と言う彼は、キャンプのパトロールをやめ、ほとんどの時間を家族らとの会話や、ますます増える子どもたちとのサッカー遊びに振り向けた。「多くの人々がただボランティアのためだけにやってくる。しかも、彼らは閉じ込められた労働者たちとは何の関係もないんだ」

ソウガレットの救出作戦が拡大するにつれて、サンホセ鉱山の入り口近くの丘には、急ごしらえの施設が立ち並んだ。海運コンテナが事務所用に改造され、砂漠の日差しによる火膨れから技術者たちを守るために粗い天幕が張られた。２台のトレーラーハウスは増え続ける現地取材のジャーナリストを収容した。ヘルメットをかぶり、反射素材の付いたジャンプスーツ姿の数十人の要員が指示を待っている。消防車やブルドーザー、救急車のキャラバンも現場に到着した。最後のコーナーをゆっくりと上ってくるトレーラーには、さまざまな技術者チームが大急ぎで考案した解決策に必要なハイテク機器が積み込まれている。救出の見通しは厳しかったものの、キャンプは閉じ込められた人々が生きているとの確信で活気づき、数時間おきに聞こえてくるクラクションは、新たな支援物資や救援機器の到着を知らせた。

ガラガラという低音がカンパメント・エスペランサ（キャンプ・ホープ）の生活音の一部となった。大都市での交通の騒音のように、ディーゼルエンジンの機械的なうなり声が、風や波の音のように自然に聞こえ始めた。キャンプの上空の夜空には数千もの星々が輝き、南米のこの一角に、世界最高の天文学者たちが数十億をつぎ込んで観測所を建設する理由をはっきりと示していた。天文学者たちは地球外の世界を探査するには、アタカマ地方が地球上で最良のレンズだと考えている。キャンプ・ホープの住人たちの祈りは上空に上って行くが、彼らの関心は地下深くに向けられていた。

ラウレンセ・ゴルボルネ鉱業相は、寝つけなくなっていた。政治家としては新米のゴルボルネは、妻と6人の子どものことも忘れて、ピニェラ大統領からの矢継ぎ早の指令に対応していた。彼が気にかけたのは唯一、33人の男たちの運命だけだった。しかし、救援活動が1週間も続いた現在、ゴルボルネは動揺していた。政府が委嘱した委員会の内部調査の結果は悲観的で、調査の一つは、労働者らの生存の可能性は2パーセントにすぎないと結論づけていたためだ。絶望に取りつかれたゴルボルネはこっそり霊能者の元を訪ねた。女性霊能者は「男たちの16人が生きており、1人が足に重傷を負っているのが見える」と答えた。この後でもゴルボルネは、男たちが生きている可能性と、政府の閣僚が霊能者の言葉に耳を傾けたことの、どちらがより信じがたいか分からなかった。

ゴルボルネの執務室には、アイデアや寄付金などの他に、さまざまな提案が殺到した。ある企業はボアホールを利用して千匹のネズミを坑道に送り込む提案を寄せてきた。全てのネズミの背中にパニックボタンをくくりつける。放たれたネズミたちは鉱山の内部に散らばって駆け回る。閉じ込められた労働者らは、まずネズミを捕まえ、それから背中のボタンを押す。ネズミの背中から発信された信号を聞けば、生存者がいるのが確認できるというわけだ。

ゴルボルネは8月12日、自らの疑念を公表した。「彼らを生きて見つける可能性は低い」。この発言の後、彼は批判の嵐に圧倒された。家族たちは打ちのめされてしまった。生きていると信じ続けるのが、家族らの精神的安定の基盤だったからだ。それを疑問視したのは、裏切りに等しい。ピニェラ大統領は翌日、論争に介入せざるを得なくなった。「政府はこれまで以上に彼らが生存していると期待している」。大統領が楽観的だったのは、内部情報を得ていたからだった。掘削作業は予定の2倍の速さで進み、ドリルの一つは2日間もかからずに地下約300メートルに達した。この調子で掘り進めれば、48時間後の8月14日には地下の労働者らと接触できるかもしれなかった。しかし、ボアホールが、作業場か、トンネルか、避難所まで届いたとしても、その直径はリンゴ程度の大きさしかない。では、どうするのか？

【8日目】　8月13日　金曜日

コデルコの技術者たちは、世界中で掘削の改良技術を探し回った。地下の労働者の生存が分かった場合、遠く離れたところにいる彼らに食料や医薬品を届けなければならない。解決策は、地元コピアポにある海洋大学のミゲル・フォルト物理学教授によって提案された。教授はチリの国内外で起きた12件の鉱山事故で、生死を分ける救出作戦に前線で立ち会っていた。元鉱山労働者でもあるフォルト教授は、鉱山内の実態についての実践的知識と、さまざまな救出作戦で得た技術的経験を結びつけた。ポリ塩化ビニール（ＰＶＣ）製の３メートルのパイプに瓶入りの水と食料を詰め込み、ロープでボアホール内部に下ろす仕組みを考案した。これは大胆かつ希望の持てる計画だった。直ちに実験が始まった。この発明は「パロマ・メンサヘロ（伝書鳩）」と名付けられ、後には短く「パロマ」と呼ばれるようになる。フォルトの発明の才は間もなく、世界中に示されることになった。

政府は複雑な救出作戦に必要な資材や専門家集めに奔走したが、そうした中で二つの声の不在がとりわけ注目を引いた。鉱山の所有者だ。落盤の日から、家族に速やかに連絡を取らず、正確な地図も提供できなかったマルセロ・ケメニとアレハンドロ・ボーンの態度は広く批判された。

ケメニとボーンが事故について家族に連絡する責務を果たそうとしなかったのは、家族にとっては犯罪行為だった。２人への懲罰は禁錮刑では不十分だと考えられた。キャンプ・ホープの家族たちによると、危険な鉱山の所有者を罰する本当の方法は「鉱山内の禁錮刑」だという。中国では（安全管理を怠った）過失の罪が認められた鉱山所有者は、鉱山の地下で服役し、労働者の死を招いた安全上の問題を改善せよという判決を受けるとのうわさ話も広がった。

サンホセ鉱山の所有者らは事故前にも、政府に対して２００万ドル以上の税金を滞納していた。オーナー企業は財政的に不安定で債務の山を重ねる一方、安全に関する記録も同様にお粗末だった。銅生産量は日量２・７トン（金額にして2万２０００ドル）と推定され、金の埋蔵量も60万オンス（２０１０年の価格で約10億ドル）とみられるにもかかわらず、２人の所有者は絶望的な状況にあった。同社の２００９年の年次報告書は結論のページに太字で次のように記載している。

状況
採掘継続には課題あり
鉱山閉鎖
売却

チリにおける司法手続きは一般的に時間がかかり、被告側弁護人の手続き上の異議申し立てでさらに遅れるのが普通だ。しかし、サンホセ鉱山の落盤事故がメディアに大きく報じられたために、少なくとも三つの個別の捜査が始まった。チリ議会、政府の検察官、そして家族を代表する弁護団による調査だ。ピニェラ大統領も、責任ある者が「罰を逃れることはない」と通告した。続いて、政府の鉱山安全監督機関セルナヘオミンのトップ３人を更迭した。サンホセ鉱山を所有するサンエステバン・プリメラ社から押収された文書や政府の調査により、何度も事故で死者を出した鉱山の再開がなぜ認められたかという疑問が直ちに生じた。検察当局は、今回の事故でも少なくとも数人が死亡したとの想定の下、殺人罪を含む訴追戦略を策定した。

ソウガレットは、死者数を確認する結果になるような「救出」活動の責任を負わされるのを恐れ、技術的な変更を命令した。最も進んでいた二つの掘削作業が中断され、地中を掘り進んでいたドリル全体が地表に引き上げられた。ソウガレットが懸念したように、スピードの敵は正確さであり、急いで掘削した穴は予定のコースを外れていた。米国とオーストラリアからドリルの新しい部品を空輸で取り寄せたソウガレットは、今度は予定したコース通りに掘削することに自信を持ったが、スピードははるかに遅くなった。再測定を行い、新たな技術を用いて設定し直されたドリルは直ちに作業に投入された。

九つの異なった掘削チームの間では、良い意味のライバル関係が生じていた。掘削技術者たちはチリ北部を渡り歩いてアングロ・アメリカンやコデルコなどの数十億ドル規模のプロジェクトに参加した同じグループのベテランたちだった。サンホセ鉱山の状況は現代の鉱業の基準から見ると、工業化以前といえた。彼らは一緒に食事を取っていたので、食堂テントは起業家の情報交換の場のような様相を呈していた。彼らのミッションが歴史的かつ、これまでなかったものであることは、誰にも明らかだった。原油や天然ガス、地下水の探査の経験で得た技術は、地下に閉じ込められた男たちを探すには、ほんの部分的にしか役立たなかった。テラセルビセの技術者、エドゥアルド・ウルタドは「鉱物資源探査のために穴を掘るときは、最大で7パーセントドリルが目的からそれるとされている。これが普通で、この程度の誤差は織り込み済みといったところだ」と話した。掘削会社のテラセルビセは、鉱山労働者らの救出のために機器や要員を提供していた。

【12日目】8月17日 火曜日

掘削はこの日初めて、約610メートルに達した。ただ、機器の油漏れのため、パワーは低下した。ゴルボルネ鉱業相はメディアに対して「この掘削は修正が利かない。狙いは三つの坑道だ」と説明した。「坑道にぶち当たることもあるが、坑道と坑道の間を通過してしまうかもしれない。坑道に当たるチャンスは三つあるが、それでも、当たるか外れるかのどちらかだ」。ゴルフのロングショットと同じように、掘削はスムーズな放物線を描くように進められた。目的は、掘削途中で坑道の一つを貫通することにある。鉱山所有者たちの責任について質問を受けたゴルボルネは「ここでは、最も重大なゴール、つまり地下の労働者との接触に集中している。われわれの優先課題は、彼らを見つけることだ。多くの人々が自発的に参加し、熱心に働いている。前向きな面に集中しよう。費用と責任の問題は、後でいい。地下にいるコンパニェロス（仲間たち）に、その後はない」と語り、当面、責任問題は後回しにする考えを示した。

【13日目】8月18日 水曜日

ゴルボルネの警告には、先見の明があった。男たちの居場所に最も近いところを掘り進んでいると考えられていたドリルのシャフトは、三つの坑道の間を通過し、どの坑道にもぶち当たらなかった。地下の空間にドリルの先端が届けば、ドリルの回転はスムーズになるはずだが、不安げな技術者の目の前で、ドリルの先端は地下の岩盤を削り続けた。地下約730メートルに達した時点で、作業は中断され、大いに期待された労働者たちとの接触計画は放棄された。ソウガレットがこのことを家族らに告げると、絶望的な空気が辺りに漂った。「この鉱山は、われわれが技術的作業を行える基準を満たしていない。通常、鉱山は毎月情報を更新し、全ての作業エリアの青写真を作らねばならない。ここでは、そんなものは存在しない。昔の青写真が現状と一致していないのはそのためで、地形的な情報は正確でない」とソウガレットは言った。

ソウガレットにとって、途方に暮れた妻たちと対面するのは、胸を締めつけられるような思いだった。彼には、解決を懇願した女性たちが、未亡人になる寸前であることが分かっていた。700メートルの地下に閉じ込められた33人の男たちを救出するのは前代未聞の作業だ。これまで、そんな救出作戦が実施されたことはない。作戦のためには、日々、新たなやり方を考案し、実施し、状況に応じて即座に対応しなければならなかった。鉱山労働者の多くはドリルによる掘削は必要ないと考えて、既に何度も繰り返され、効果を挙げている伝統的な技術を使うべきだと提案した。つまり、落盤でブロックされた坑道を掘り、ダイナマイトで広げ、しゃにむに進むべきだというのだ。政府はパワーポイントを使って、坑道をふさいでいる岩の大きさと厚さを説明したが、彼らは納得しなかった。

当初の救出計画は坑道の中のがれきを掘り進んで男たちを発見するというものだったが、相次ぐ崩落により鉱山の外で待つことを余儀なくされた救出関係者にはフラストレーションがたまった＝2010年8月7日（Martin Bernetti/AFP/Getty Images）

しびれを切らした家族のメンバーの呼び掛けに応じた一部の鉱山労働者たちは、ドリルによるボアホール掘削に反対し「俺たちにやらせてくれ」と言いだした。彼らは、一日中、つるはしを振るうのもいとわない屈強な男たちだった。家族たちは彼らの新提案を支持した。作業の遅延、ドリルと坑道のニアミス、強まる絶望感……。こうした中では、十分に検討されていないアイデアでもやってみる価値はあった。しかし、ゴルボルネは同意しなかった。このため、労働者たちは一団となって鉱山の入り口に向かったが、警官隊が行く手を遮った。トラブルを懸念して、さらに30人の警官が急いで加わった。応援のために催涙ガス発射装置や高圧水噴射装置を備えた装甲トラック1台も動員された。砂漠に棲み、つばを吐くことで知られるリャマに似た動物にちなんで「エルグアナコ」と呼ばれる装甲トラックは、チリ国民なら誰もが知っている。高圧水は大人の男性をなぎ倒すだけの威力があり、催涙ガスは子どもを窒息させるほどだ。トラックの側面には、これまでの闘いを物語るへこみや傷があった。

政府当局者らは、反乱グループの秘密の企てを公認、あるいは黙認するようソウガレットに圧力をかけたが、彼は譲らなかった。救出に向かった作業員が閉じ込められたり、死亡したりする可能性のある選択肢が使われるのならば、自分は直ちに手を引くと言った。年配の労働者がソウガレットに近寄り、そして告げた。自分の息子が地下に閉じ込められている。息子を救うために自分の命を危険にさらすなら問題はないだろう、と。

「彼は、閉じ込められているのがあんたの息子だったらどうした、とわたしを問い詰めた。これには、こたえた。あの質問を頭から振り払うことはできなかった」とソウガレットは語った。

第5章 17日間の沈黙

救出を待ちわびる家族／2010年10月12日（REUTERS=共同）

軍の小隊指揮官なら誰でもそうだが、マリオ・セプルベダも、部隊の忠誠心は胃袋から始まり、食欲が満たされてはじめて脳に移動し、意識の一部となるのを承知していた。ところが、彼のコンパニェロスたちは死にそうに飢えて、ストレスにさらされ、団結は失われつつあったので、セプルベダは食料あさりに出かけた。オイルフィルターのふたをはがしてひっくり返すと、ほら！ たちまち鍋ができた。缶詰のツナに水を加えると水っぽいスープのできあがりだ。とても食事といえるものではなかったが、それでも魚の味はしたし、食べ物を思い出すこともできた。男たちは一緒に食べ、神に祈り、ホセ・エンリケスの携帯電話（まだ唯一機能していた）で写真を撮った後、休息した。そうしたおかげで、一時的ではあれ気が狂いそうな状況から免れられた。鉱山労働者の何人かは、あれがセプルベダをボスに押し上げたカギとなる瞬間だったと後に語っている。

落盤から4日後には坑内のほこりが収まってきたので、混乱していた労働者たちは坑道のあらゆる隅々や割れ目を調べ始めた。まず、脱出シャフトを探し、続いて坑内に蓄えられていた水を調べた。しかし、タンクの水はためられてから何カ月も経過していた。丸々として頭がはげ上がり、糖尿病合併症のあるホセ・オヘダは、汚染された水に抵抗を覚え、別の選択肢を選んだ。自分の尿を飲むことだった。「自分の小便を飲んだんだ。他の連中にそう話したら、お前は気が狂っていると言われた。だが、『ウルグアジョス（ウルグアイ人たち）』が同じようなことをしたのを知っていた」

労働者たちが「ウルグアイ人たち」と引き合いに出すのは、心の奥底にある恐怖と直接的に向き合うのを避けるための隠喩だった。それは間もなく、共食いをする羽目になるのではないかということだ。１９７２年にラグビーの試合のため、ウルグアイのモンテビデオからチリのサンティアゴに向かった航空機が、両国の国境であるアンデス山脈の奥深くに墜落した。乗客のうち、ウルグアイの若者の一団が奇跡的に生き延びた。だが、数日間の飢えが続いた後、生存者たちはさらに生きるために、墜落やその後に起きた雪崩で死んだ仲間を食べた。初めは硬直した肉塊にかじりつき、後には、凍った死体を解凍して、機体からはがした金属片の上で調理した。生存者のうちナンド・パラドとロベルト・カネサの２人がアンデス山中を10日間も歩き、チリ側で牧場主に発見された。この話は世界中に衝撃を与えることになった。チリ国民にとって「ウルグアイ人」事件は、単に歴史的な異常事態ではなく、自国国境で起きた身の毛のよだつような現実だったのだ。鉱山の中で飢餓状態が始まった日以来、常にカニバリズム（食人）の不安が労働者たちにつきまとった。

ぼさぼさ髪の頭にはボブ・マーリーを、腕にはマリファナの葉のタトゥーを入れたビクトル・サモラは、閉じ込められた瞬間から地獄に落ちたに違いないと思っていた。これまで宗教的な人間ではなかったが、サモラは運命を神に委ねることで、新たな世界に順応した。彼はいつも冗談を言い、ここで終わりを迎えるのなら、平和な終焉となることだけを願っていた。「唯一の選択肢は、救助を待つか、死ぬかだけだった」

シフトの監督だったウルスアは、坑内での日々の役割をまとめるのに長い時間をかけたが、サモラと同様に、受動的に運命を受け入れた。彼は労働者たちに「救出隊がわれわれを見つければ、結構なことだ。見つけられなかったら、それまでのことだ」と話し掛けた。ウルスアの穏健な動作や柔らかな声は、彼の職位を示すものではなかったし、現場指揮官に特徴的なものでもなかった。ウルスアのスタイルは、やる気に溢れた極めて積極的なセプルベダのリーダーシップとは極めて対照的だった。

セプルベダとウルスアは間もなく、坑内で最高の権限、つまり急速に減ってゆく食料の管理権を委ねられた。数日間は閉じ込められるだろうと見込んだ労働者たちは当初、12時間ごとにほんの少しの分け前を食べた。しかし、1週間もたたないうちに、セプルベダとウルスアは食事回数を24時間に1回に減らした。保存してある緊急食料は最小限の割り当て分に分配されたが、それはスプーン1杯のツナ、コップ半分の牛乳かジュース、クラッカー1枚というものだった。食事の際には、33人全員に食べ物が行き渡ったのを確認してから、一斉にわずかばかりの「食事」を取った。

これらの決定はセプルベダやウルスアが命じたものでもないし、分別あるアドバイスや鉱山での長い経験から尊敬を集めていたマリオ・ゴメスが指示したものでもなかった。時がたっても労働者たちは、それぞれの意見を聞いて、解決策を模索した後に、討論や投票で物事の決定をし、意見をまとめて合意に達するということを続けた。セプルベダは非公式の司会者となって、意見をはっきりと忠実に代弁する役割も果たしていた。彼は個々人とも、グループ全体とも良い関係を保っていた。「他人の前では強い気持ちを保っていた。だが、彼らが寝てしまうと、独りで泣いた。一振りでベッドや食べ物を出せる魔法の杖がどれほど欲しかったことか」とセプルベダは振り返っている。

民主的な決定システムが生まれると、労働者たちは基本的な秩序感覚を取り戻し、日常の決まった仕事や課題に取り組んだ。セプルベダは各人に個別の役割を割り当て始めた。彼らの中には、機械技術者や電気技師、技術士、重機のオペレーターなどがおり、セプルベダは彼らの豊富な知識をいかに活用するかをよく分かっていた。「アリエル・ティコナとペドロ・コルテスには『テクノロジーを担当してくれ』と言った。みんなにも何かやるべきことを与えた。これは俺のアイデアだった」

セプルベダのリーダーシップにもかかわらず、労働者たちは上司としてのウルスアへの敬意は失わず、常にシフト監督として接し続けた。これは、坑内で秩序が維持されていたことを意味する。チリ海軍の当局者であるアンドレス・ジャレナ博士は「鉱山労働者にとってシフトの監督は崇拝するべき神聖な存在だ。彼に取って代わろうとする者はいない。これは、鉱山労働者にとっては石版に刻み込まれた十戒のようなものだ。ウルスアはこの分野では長い間、リーダーを続けてきた。その事実は同僚からも認められていたのだ」と語った。

労働者たちは、祈りや集会など日々の活動メニューを厳格に守り、どうしても必要でない限り、身体の活動を最小限にとどめて生き延びた。必要不可欠な活動は「アクナル」と呼ばれた。何人かのグループになって天井の緩くなった岩をてこではがし、床に落とす作業で、これにより、誰かが突然落ちてきた岩によって「ペシャンコ」になる不慮の事態が回避された。男たちが共に働けば働くほど社会的なルールが育ち、男たちはチームとなっていった。エディソン・ペニャの工夫によって、必要最低限の天井照明がつるされ、ヘッドランプの充電が可能になったため、12時間おきに照明を切ったり入れたりして、昼と夜をつくり出せるようになった。この世のものとは思えない環境の中で、光は最低限の日常性を取り戻すのに役立った。また、照明のおかげで、共同採決のための午後1時の集会など、グループとして集まることができた。

午後1時の「タウンホール・ミーティング」に続き、男たちは礼拝した。カトリック教徒や福音派、無神論者が、希望という一点でまとまった。祈りを主導したホセ・エンリケスはたちまち「牧師」と呼ばれるようになる。福音派のエンリケスの説教は、男たちの日々の仕事や大変な課題を記録するために「年代記作者」に任命されたビクトル・セゴビアが書き留めた。セゴビアは「俺はブルドーザーのオペレーターだった。運転席には紙とペンが入っていたし、紙は乾いたままだったので、自分が記録者になったわけだ」と説明した。彼は数年前、岩の落下で危うく押しつぶされそうになり、数週間もギプスで身動きができなかったことがある。セゴビアのノートは船の航海日誌のように、労働者の日々の活動を記録した日誌となった。

ジャレナ博士は「彼らはいわば自分たちの『オフィス』に閉じ込められたわけで、洞窟見学に訪れた観光客とは違う。彼らはドリルというものを分かっており、どこに何があるかを知っていた。普段でも熱と湿気の中で10時間から12時間の仕事をしていたが、閉じ込められた後も、状況は同じだった。確かに極めて長いものとなったが、シフトであったことに変わりはない」と語った。

ミゲル・フォルト博士は、労働者たちが落盤前からチームとして組織されていた事実を強調する。「状況は船の難破と似通っている。労働者たちは最多数の人間が生き延びられるように、自分たちを組織しなければならなかった。それは、われわれの遺伝子に刻み込まれていることだ。生存への本能は信じられないほど強い」

水は大量に保管されており、限られてはいたものの空気も十分だったので、労働者たちの主な懸念は食料だった。一日の最低割り当てのカロリー量は大体、ツナが25キロカロリー、ミルクが75キロカロリーだったと推定される。だがこれは、継続不能なほどのダイエットを意味した。それでも、水の供給に制限がないため、4週間から6週間は生き延びられるはずだった。もっとも、身体が弱っているときには病気に感染しやすくなり、生存期間はこれより短くなる。高温状態が続くので、体を冷やすためにカロリーが燃焼し、絶え間なく噴き出す汗によって電解質が失われていく。

鉱山労働者たちの多くは太りすぎだったが、3600キロカロリーのエネルギーを得るには1ポンドの脂肪が必要なため、これは生き延びるのには有利になった。ずんぐりした男たちは、獲物の少ない時期のアザラシのようなもので、体の中にたっぷり蓄えた脂肪から栄養を補った。しかし、落盤直後の数日間に胃袋が訴える飢餓感にはつらいものがあった。一方、痩せた男たちの場合、体内の脂肪をカロリーに換える段階はすぐに終わり、筋肉量をエネルギー源とする段階へと移行した。

筋肉がやせ細るにつれて、男たちは体毛が異常に伸び、胸や足の皮膚にシミが浮いてくるようになったのに気付いた。うだるような暑さと絶え間ない湿気は、カビの繁殖にとって理想的な環境だ。カビが彼らの体に取りつき、広がっていった。口内炎ができ、口の内部は化膿し始め、人間にとっては耐えがたい環境が、こうした感染症の拡大には理想的であることを証明した。

ジョニ・バリオス（通称チコ・ジョニ）は、グループの事実上の医師となった。小柄でひ弱な見かけの男は、何年もの間、インターネットで医学文献を見たり、水彩画を描くのを続けていた。バリオスは落盤当日に坑内にいるはずではなかった。7日間のシフト勤務を終えた彼は、当日、休みを取る予定だったが、働き続ければ日当を2倍にするというオファーを受けて、予定を変更した。鉱山の中で、バリオスには自分の運命を嘆く時間がほとんどなかった。いつも病気の相談を受けていたからだ。

妻のマルタ・サリナスは言う。「彼はいつも医者になりたがっていたの。医学書をたくさん読んだから、本当に医学については何でも知っていたわ。母親にも自分で注射していたもの」。彼は仲間を診察し、適切なアドバイスを与え、元気を出させようとしていたので、労働者たちはバリオスに新しいニックネームをつけた。鉱山の中で、彼は「かかりつけ医師」と呼ばれた。

男たちがみな恒常的な仕事に就けたわけではない。閉じ込められてからの最初の日をひどい二日酔いからの回復で過ごしたパブロ・ロハスは、頭の中の悪魔と必死で闘っていた。丸顔でおおらかな態度の、穏やかそうなロハスは、父親が死んだ落盤の1週間前まで、10年間にわたってアルコール依存症の父親の面倒を見ていた。一生を鉱山労働者として過ごした父親の死をまだ嘆いていたし、死後の事務処理も済んでいなかった。頭の中から父親の影を振り払うことはできなかった。ロハスにとって坑内に閉じ込められるのは拷問に等しかった。

何か食べるものはないかとロハスは坑内の隅々を探し回った。「鉱山の中には虫もネズミもいなかった。いたとしたら、間違いなく食べてしまっただろう」

ロハスは坑内で安全だと考えたことは一度もなかった。いつも悲劇が差し迫っているように感じていた。こうした思いに耐えきれなくなった2005年に、いったんはサンホセ鉱山を辞めたものの、高い賃金が魅力で2010年に舞い戻った。そして今は、腹を立てていた。鉱山のオーナーに、鉱山そのものに、そして自分に……。どうしてこんなことが起こったんだ？　前からこんな事故が起きるのを見越していながら、その時に鉱山内にいた自分は何という馬鹿者なのだろう？

【5日目】8月10日 火曜日

閉じ込められて5日目に、かすかな音が男たちに振動を伝えてきた。

遠くから反響するのは、鉱山労働者なら誰もが知っている間違いようもない音だった。ドリルが自分たちの方に近づいているのだ。救出後、何人かは音を聞いたのが、落盤から3日目の8月8日だったとしているが、8月9日だったという者もいる。約800メートルもの厚さの岩盤によって、太陽や星といった一日の基準になるものから隔てられている男たちにとって、時間の記

冷たい冬の夜も続く掘削作業。ドリルの音は救出作業進行中のシンボルとして閉じ込められた男たちにも家族たちにもなぐさめになった＝2010年8月17日（Ariel Mankovic/AFP/Getty Images）

憶は曖昧だった。それに、遠くから聞こえるドリルの音で呼び起こされた希望と比べれば、時間などはどうでもよかった。

アレックス・ベガは竹の筒を壁に押しつけ、音を増幅させた。確かに、ドリルが自分たちに向かって真っすぐに進んでいた。しかし、約2キロの坑道の壁のどこに竹筒を押し当てても、同じようにドリルが近づいている感じがするのが分かったので、ベガの希望はしぼんでしまった。ボアホール掘削機を使った作業経験があったのは2人だけだし、2人とも作業には失敗がつきものなのを承知していた。ホセ・オヘダと共に長距離掘削の実際の経験があるホルヘ・ガジェギジョスは「最初の50メートルの作業は速いが、それからが遅くなるとみんなに話した」と語った。

ガジェギジョスの警告は、ドリルの音と同じような大きさで男たちの頭にこだました。

この結果、ドリルの音は希望と同時に恐れも呼ぶものとなった。救出作戦が始まったのは確かだが、音はあまりにも小さく、あまりにも遠かった。男たちは、７００メートルを掘り進むには数週間を要し、それも極めて正確に掘らねばならないことが分かった。軟らかい岩盤が相手でも、掘削の進行はせいぜい１日当たり75メートルを上回らない。しかも、労働者たちにとって、この山には彼らが今まで出会った中でも最も硬い、花崗岩の２倍もの硬さの岩盤がたくさんあるのは周知の事実だった。男たちは束の間、熱狂したが、それによって飢餓感と恐怖が和らげられることはなかった。しかも実際問題として、ドリルの音はまだ別の惑星から聞こえているようなものだった。

夜になると男たちの何人かはベッドから飛び起き、「やい、この野郎。いつ貫通するんだ！　くそったれ！」などとドリルに向かって叫び始めた。その後、眠りについたものの、２時間後にはまた起き上がり、壁に悪態をつくのだった。

９日目になると、食料の割り当ては、さらに減った。食事はそれまで24時間おきだったが、今後は36時間おきにすることが決まった。食べ物の量はあまりに少なく、体は食料を摂取していることを理解できないでいるようだった。飢えと疲労で、労働者たちの活動は最小限になった。体内に残っているエネルギーを温存するために、一日を段ボール紙の上で寝て過ごした。食べ物はあまりにも乏しく、男たちの小さな腸はしぼみきった。

ラウル・ブストスは、後に妻のカロリナに宛てた手紙の中で「俺たちが苦しんでいる不安や飢えと闘う力を神からもらった。地下では、ほとんど失神状態だった。俺はみんなのために、どうせ死ななきゃならないなら、うまく死ねますように、と祈った」と書いた。

11日目には、セプルベダが倒れた。自らに課した大きな責任のプレッシャーとストレスに耐えきれなかったのだ。彼は泣き叫び、ベッドに崩れ落ちた。生き残り作戦のキャプテン自身が打ち砕かれたのだった。

他の男たちは助けに駆けつけた。セプルベダを立ち直らせるのが、全員の生存のカギだったからだ。

「いっちゃだめだ。マリオ、あんたがいなければ、俺たちは助からないよ」とビクトル・サモラが呼び掛けた。

「俺たちは家族だった」とサムエル・アバロスは救出後に語った。「誰かが倒れれば助け起こす。だが、彼はあきらめようとしていた。本当にダウンしてしまい、タオルを投げたんだ。俺たちはグループだから、彼がさらされているプレッシャーの大きさを知っていた。でも、彼に船を見捨てるわけにはいかないことも分からせた。俺たちが彼にこのリーダーシップを与えたんだから」

仲間たちはセプルベダをよみがえらせた。サモラは彼に冗談を言った。アバロスはセプルベダと長い散歩を始め、「俺たちを見捨てるな、ペリー。ここから出なきゃならないんだ」と語ったという。

セプルベダが元気を取り戻すと、グループの団結が強まった。彼らは以前よりも自分たちのエキセントリックなリーダーを高く評価した。アレックス・ベガは「マリオは気が狂っているが、それでも、俺たちを救ってくれた」と語っている。

落盤によって鉱山内に閉じ込められた33人の鉱山労働者らは、自らの意思に反して残酷な試練に直面した。それは、人間がほとんど経験したことのない心理学的挑戦だった。外界から遮断され、彼らが暮らしたのは自然光もなく、ゴボゴボという水音を除けば、自然の音もないトンネルの中だ。その代わりに聞こえてくるのは、叫び声やうめき声、そして岩が砕ける音だけだ。鉱山そのものと同じように、男たちにもとてつもないストレスがかかっていた。

マインドコントロールと尋問技術について詳しく研究した「洗脳」の著者であるドミニク・ストリートフィールドは「鉱山の中で起きたことは、全体とすれば拷問に等しい。まず第一に地下に閉じ込められた。しかも、暗黒の中だ。これが二番目。三番目に食料はなく、水は飲用に適さない。これらの一つ一つは大きな意味を持たないが、それが組み合わされば、心理的崩壊の方程式となる」と語った。「尋問者にとっての黄金律とは、不安、迫り来る死への恐怖、時間間隔の喪失、感覚のマヒ、日常性の欠如だ。こうしたものが人間を混乱させ、信念をはぎ取るのだが、鉱山の中にはそうした要素が数多く存在していた」

若いジミー・サンチェスは幻覚が続き、悪夢に悩まされていた。以前に死んだ鉱山労働者の幽霊が坑内に出没すると思い込んだ。幻覚は単独航海者や迷った探検家、独りぼっちの漁師の間にしばしば現れ、伝説や神話となっている。官能的な人魚の幻は、深い欲望の空想上の解決策だ。死んだ鉱山労働者の幽霊は同じように、もろい精神の一部だったのかもしれない。暑さにより体から水分とエネルギーが奪われると、男たちの多くは神を探し求め始めた。

マリオ・セプルベダは悪魔と会話した。「みんなから遠く離れたところで祈りを捧げることにしていた。ヒノ・コルテスが足をなくした場所だ。そんな祈りの時だった。俺が大声で祈っていると、大きな石がすぐ近くに落ちてきた。これは神の御業ではなく、悪魔の仕業なのが分かった。悪魔は俺を捕らえにやってきたんだ。体中の毛が逆立った」。セプルベダは岩に向かって叫びだした。「いつになったら分かるんだ。お前もまた、神の息子なんだ。謙虚になれ」。この対決後、悪魔はセプルベダの心の平和を乱そうとはしなくなった。

男たちは坑内の至る所に、影や人の姿を見たが、それらは、いつの間にか消え去った。彼らはこうした幻影を「ミネロス・チコス（小さな鉱山労働者）」と呼んだ。神を心から信じているセプルベダは「鉱山では超常現象がよく起きる」と語った。男たちは自分たちを「33人」ではなく、「34人」と呼び始めた。神は彼らと共にあり、34人目の鉱山労働者だった。無信心者でさえ祈りだした。

一方、ビクトル・サモラは空想の中だけで食べられる美味な食事について語り始めた。トマトを添えたステーキにビールだ。静かに座っていたのはアレックス・ベガだけだった。彼はトラックのシートを取り外し、坑内では最も安楽なベッドに作り替えていた。別の男は車の1台から見つけた事故警告用の三角形の安全標識をカットして、ドミノのセットを作った。労働者たちは小

ティコナが地下にいる間に生まれた娘はキャンプ名にちなんでエスペランサ（希望）と名付けられた＝2010年9月14日(REUTERS＝共同)

さなグループに分かれて集まり、恐れを打ち明け、夢を分かち合い、まるで男女のカップルであるかのように暗闇の中へ、そろって長い散歩をした。

アリエル・ティコナは個人的な苦しみを抱えていた。彼は間もなく、父親になる。最初の娘となるカロリナはもうすぐ生まれるはずだ。それとも、もう生まれたのだろうか？無事な出産だったのだろうか？母親はどうなんだろう？男たちの多くは救出隊によって助け出される日のために生きていたが、アリエル・ティコナは違った。彼のカレンダーには娘のカロリナの出生予定日である9月20日の日付しかなかった。「15日間、食料がなくても大丈夫だった。十分な水さえあれば腹を満たすことはできる。何ならもう1カ月いても平気だった」と後に語った。

ティコナと同じように1カ月たたないうちに初めて父親となる予定のリチャルド・ビジャロエルは「死を覚悟した。12キロも痩せ、子どもの顔を見られないんじゃないかと恐れた。俺たちは骨と皮になり、コンパニェロスたちのとんでもなくひどい姿を見ると、自分もそうなんだろうと思って怖かった」

それでも、ビジャロエルは友人たちを救うために闘った。「どこから力を得たのかは分からない。頭ははっきりしていたが、ベッドから起き上がると体が揺れた。激しいめまいがして、体は前後に振れ動いた。それでもレベル90まで下りてチューブのくずを見つけた。そこで、他のレベルまで上り、チューブくずに油をかけて燃やし、煙で地上に信号を送ろうとしたんだ」

坑道の最上部で、ビジャロエルは壁に「ロス33（33人）」とオレンジ色の矢印付きの「避難所」という文字を見つけた。落盤があった最初の日に、男たちは救出作業員がやってくると思い込み、避難先を示すためにスプレー塗料でこれらの文字を吹き付けたのだった。しかし今では、古代の象形文字のように思われた。

男たちは床に横たわり、絶え間なくしゃべりながら、ゆっくりと死に向かいつつあった。セプルベダは、男たちが共通の夢の中で生きていることに気がついた。神と掘削工が協力した結果、第二の人生の機会が与えられたなら、どう生きるかについての空想だ。ドリルの音はますます近づいていたが、彼らの精神錯乱状態は男たちから夢を見る能力さえ奪いつつあった。

セプルベダは「楽しい時はたくさんあったし、冗談も言い合い、喜びもあった。ある時、『ここから出られれば、飛行機旅行に招待されるだろう。飛行機は墜落するが、俺たちは全員が生き残る。33人の鉱山労働者は再び生き延びるわけだ』と、そんなことをいつも笑っていた」と語った。

サッカー選手だったフランクリン・ロボスは、ひどい不公平の犠牲者という共通点で、他の労働者らと連帯感を深め、稼ぎを出資し合って、地球上の全ての労働者のために、世間並みの賃金と適正な労働条件を推進させるという概念を、共通のビジョンとして形あるものにするための非営利基金の設立について話し始めた。彼らが夢見たのは、三銃士の永遠の誓いである「一人は全員のために、全員は一人のために」という結びつきであり、自分たちが「三十三銃士」になることだった。

自らの意志で断食を行ったことのある宗教的な修行者たちはずっと前から、極限的な状況が、それまでの人生を変えてしまうようなポジティブさを引き出すことがあるのを認めている。閉じ込められた労働者らが平和と団結の集団的な夢を見るのは容易なことだったが、現実ははるかにもろいものだった。おじ、いとこ、兄弟という血縁や家族的関係が幾つかのグループを結びつけていた。33人中25人は、鉱山から2時間以内のところに住んでいたために、同じ砂漠地方の言葉を共有した。それはたくましく生き延びてきた人々の言葉であり、その語彙やアクセントや価値観において、彼らと外部の者の間に容易に越えられない文化的な溝をつくり出していた。

物事を決定するときや祈り、食事などには33人全員が集まったが、鉱山所有者による直接契約ではなく、下請け雇用だった5人は脇に追いやられていた。政府当局者の一人によると、5人は「二級市民のような扱いを受けた」という。また、ベテランの鉱山労働者らは文化的にも言葉の面でも、最近やってきた若者たちとの間にほとんど共通点を持たなかった。

避難所は安全に眠れる空間だったが、焼けつくように暑く、汚いタオルが何週間も前からぶら下がっているロッカールームのような臭いがした。あまりにひどい臭いだったため、オマル・レイガダスは大型の土石運搬機でメーンのドアを破壊し始めた。当初、男たちをほこりと泥から守ってくれたドアは、もう必要がなくなっていた。レイガダスは前面の壁全体を押し倒して、がれきをトンネルのずっと向こうに運んでいった。避難所はそれでも、10人の汚れた汗まみれの男たちの臭いで圧倒されそうだったが、時折、空気の流れができたため、何とか住み続けられるようになった。フランクリン・ロボスにとっては、空気が甘い香水になったように感じられた。

【14日目】 8月19日 木曜日

それぞれの睡眠エリアは独自の自治的ルールを作り上げ、共同生活のルールも定めるようになった。だが、危機的な状況になったことで、こうした差異は、より強力な生存本能によって克服された。14日目までに、鉱山労働者たちはドリルが開ける穴が自分たちのところまで達することは確信していた。問題はどれくらい早く届くのかだ。男たちは込み入った対応計画を立てた。ドリルが天井を突き破りそうになったら、全員が手書きのメッセージとはっきりした説明書きを持ってトンネルの隅々に散り、手紙をドリルのビットに取り付ける手はずが決まった。全員が、普通は地質学者らが使っているオレンジ色のスプレー缶を持ち、天井から突き出したドリルのシャフトに塗料を吹き付けることも決めた。そうすれば、地下深くに、まるで動物のように閉じ込められた男たちのうち、少なくとも1人が生存している事実を救出隊に知らせられるだろう。さらに、重機の準備も整えた。必要ならば、「フンボ」と呼ばれる掘削機で、ドリルのシャフトが届きやすいようにトンネルを広げる手はずだった。「スクープ」と名付けられているブルドーザーのような車両はがれきの片付けに投入される。

ドリルのビットはますます近づき、坑内では熱気が高まった。

男たちはドリルの音を聞くのが好きだった。24時間にわたって、救出隊に生存を知らせるための手書きメッセージや計画についての話し合いが興奮気味に続いた。ちょうど彼らの頭上で、ドリルを打ち込む振動さえ感じられ始めた。救いが到着したのだ。それから、神経を参らせてしまうような現実が、グループに襲いかかった。

ドリルによる掘削は続いていたが、今やそれは彼らより下の方に向かっていた。ドリルは男たちに向かって真っすぐに700メートルの穴を掘り続けながら、彼らの横を通り抜けていったのだ。男たちは下の層へと走り下り、期待と絶望で見守った。しかし、彼らから25メートル下の地点で、ドリルは停止した。地表と地下で、沈黙は耐えられないほどだった。大きな音を立てていたドリルが突然停止すると、男たちはパニックに陥った。沈黙は恐怖を呼んだ。エディソン・ペニャが自分たちは全員死ぬんだと絶叫し始めた。ホセ・エンリケスはみなに神を信じるように語り掛けた。

サムエル・アバロスは「みんな時間の感覚を失い始め、絶望感に支配された。クラウディオ・ジャニェスのように、ただただ眠り続けるだけだった。70パーセントの男たちには、こんな絶望的な気持ちがうつったと思う。俺は泣きまくったが、そんな姿は彼らには見せなかった。輪は閉じられようとしていた。死という輪だ」と話した。「リチャルド・ビジャロエルを見ると心が張り裂けそうになった。彼の妻は妊娠中だ。オスマン・アラジャには小さい子どもたちがいる。俺にも小さな子どもがいるが、少なくとも他の子どもたちは年長になっている。二度と地上を見られないとも思ったが、自分自身より仲間の方が心配だった。彼らは、小さな赤ん坊や妊娠中の妻を抱えている。コンパニェロスが泣きじゃくっているのを見るのもつらかった。耐えがたいものだった。誰だって、あんな光景を見れば、参ってしまうだろう」

アレックス・ベガも「みんなが鉱山の最下層に集まって、ドリルが通り過ぎたのを感じた時、あれが最も暗い瞬間だったと思う。多くの者が死を決意し、別れの手紙を書き始めた。ビクトル・サモラが最初で、ビクトル・セゴビアやマリオ・セプルベダが続いた」と語っている。

「俺たちは、死の待合室にいた。死が訪れるのを待っていたが、心は平静だった。光が消えれば、それが尊厳ある死の瞬間となるのは分かっていた。ヘルメットや身の回りのものを準備し、ベルトをつけ、ブーツも整えた。鉱山労働者として死にたかったからだ。俺が死んでいるのを見つけたやつらは、尊厳を保ち、頭を高く上げて死んだことが分かるだろう」とマリオ・セプルベダも語った。

だが、クラウディオ・ジャニェスにとっては、死が近いと考えても、そんな心の平和は訪れなかった。仲間たちは何日もの間、鉱山で働き始めてたった3日目に落盤事故に遭遇した痩せっぽちの新人、ジャニェスを食べるという思い切った手段をとる時がきたとほのめかしていた。ジャニェスは彼らが冗談を言っているのだろうと思ったものの、真実から目をそらすわけにはいかなかった。最初に死んだ者は、ゆっくりと調理され、生き残った人間たちの食料になってしまうのは確実だった。

サンホセ鉱山で働く若手のダニエル・サンデルソンは、あの運命のシフトには加わっていなかった。彼は救出後に何人かから打ち明け話を書いた手紙を受け取った。手紙には餓死の可能性が触れられており、「彼らはお互いに食い合うことになると考えていた」と語っている。

15日目には、食料が底をついた。「牧師」のホセ・エンリケスはみなに手をつなぎ、二つのツナ缶が倍に増えるように祈ろうと促した。全員が従って食料箱の上にそろって手を置いた。失うものはほとんどなかったし、誰もがエンリケスは救いの主であり、みんなをまとめる力があることでは一致していた。神にツナ缶を出してくれるよう祈ろうじゃないかと、笑って冗談を言う者もいた。

16日目の8月21日、マリオ・セプルベダは自分が死ぬことを確信した。

もう2日間、何も食べておらず、汚染した水は、飲んでも戻してしまうありさまだった。彼は最後の手紙をしたため、13歳の息子のフランシスコに助言を与えた。「自分の一族を守った『ブレイブハート』[スコットランド独立のために戦った英雄を描いた映画]を思い出せ。お前がやらなければならないことは、母親と姉の面倒を見て守ることだ。今やお前が家長なのだから」

ESTEBAN

【16日目】 8月21日 土曜日

サンホセ鉱山の入り口から約800メートル上部、岩だらけの荒廃した傾斜地で、エドゥアルド・ウルタド(53)と6人のチームが不眠不休で掘削作業を続けていた。作業現場からは放棄された鉱山の事務所が見えた。2棟の木造の小屋はまるで、住民が突然、姿を消したゴーストタウンのようだった。机の引き出しは開けっぱなしで、机上には書類が残っていた。落盤事故のあった日から、床は砂漠の砂で覆われ、開いたままの窓の木製シャッターは風であおられて物憂げにはためいた。もっとも、砂漠の炎天下で必死に作業するウルタドたちにとって、時おり吹く風は気休めにもならなかった。夜にはすがすがしい風が吹く。きらめく星で空が明るくなるころには、気温は氷点下にまで下がるのだ。夜明けには太平洋から押し寄せてきた濃霧が谷間を覆い、さらに寒気の層を積み上げる。だが、不満を言う者は誰もいなかった。700メートル地下のターゲットにドリルのビットのアングルを向けている彼らに、天候を気にする余裕はなかった。

掘削チームは24時間作業で、午前8時と午後8時にだけメンテナンスのため、つまりオイルの補給と油圧チェックのために作業を中断した。彼らが受け持つのは、アンドレ・ソウガレットの調整下で、閉じ込められた鉱山労働者に向けて九つの異なるボアホールを掘るために9カ所で進められている掘削現場の一つだった。どの現場にも7人のチームが配置されていたが、そのアプローチと掘削の方法はそれぞれ違っていた。ソウガレットは異なった掘削技術を試すという賭けに出ていた。ボアホール10Bには「リバースエア」と呼ばれる工法が用いられた。これだと1日に最高240メートル掘り進むのが可能だが、コースを外れた場合には修正が難しい。進捗は遅いものの、より正確な「ダイヤモンド掘削」工法なら、途中で軌道修正ができる。

九つのボアホールは、太陽の光のように地上から斜め下へ向かって打ち込む長いシャフトで、坑道や作業場、あるいは避難所そのものへの到達を目指していた。技術者たちは何度も何度も、鉱山の地図に欺かれた。地図は実在しない地下構造物を示す一方で、金属製強化棒の存在を記していなかった。トンネルの構造を支える強化棒に当たったドリルの先端は一瞬にして破壊され、1週間の作業が水の泡となった。スピードを問わない通常の掘削作業の場合、700メートル進んだ際の誤差は7パーセントで、目標から80メートル以内に到達する。この任務では、ターゲットは全体で長さ10メートルもなく、面積は合わせてちょうど50平方メートルの避難シェルターだった。

食事に費やす時間さえほとんどないので、下の食堂に行って仕事を中断する必要もなかった。このため、近くのサンタフェ鉄鉱山のオーナーが無償提供した百食のサンドイッチとミネラルウオーターが、数日おきにヘリコプターから投下された。救出作業員たちは、岩の間に棲む青と緑のトカゲにパンくずを与えたりした。

ウルタドは「いつもだったら、グリルを作って牛肉や鶏肉を料理するんだが、今はバーベキューをしている場合じゃない。そんな精神的余裕もなかった」と語った。

20年近い掘削経験を持つウルタドは時間に取りつかれていた。掘削作業を続けるために奮闘している間に、日々はあっという間に過ぎた。この一番最近の穴に取りかかったのは5日前だったのか？　あるいは7日前か？　地下の鉱山労働者は、まだ生きているとすれば、時限爆弾のタイマーのように、1秒が経過するごとに、それだけ死に近づいていた。丘を削っている多くの救出作業員らにとって、７００メートルもの穴を掘削するメカニズムは、気が遠くなるような理解不能な概念だった。だが、ウルタドのチームはこの課題を正確に理解していた。彼らは落盤から48時間以内に現場に到着し、その後の数週間はほとんど眠っていなかった。ウルタドは救出成功後に「われわれみんなが時間にとらわれ、ほとんど暴力的な関係にあったといってよかった。もし、落盤の翌日か、翌々日に到着していなかったら、彼らが死んでいるのを発見することになっただろう」と語った。

【16日目】坑内

ツナ缶が残り2個となったので、鉱山労働者たちは、また苦しい決定を行った。2日ごとに食料を一口食べるのではなく、一口分の割り当てを3日ごとに延長した。疲労困憊した彼らにとっては、斜面の30メートルほど上にあるトイレに行くのでさえ大仕事となった。12時間のシフト勤務で汗を流し、たばこを吸い、山を削り続けていた屈強な労働者たちも今ではぐったりとし、何事にも無関心になっていた。飢えとあきらめの気持ちが、彼らから生存本能を奪った。エネルギーの温存は体の基本的な機能の一つだ。アレックス・ベガは湿った岩だらけの斜面に横たわって、周りを眺めた。彼のコンパニェロスたちも横になり、話はしていたものの、立ち上がることはめったになかった。「俺たちは、ただ寝ていた。歩くのはあまりにも重労働だった」

男たちの健康状態は急速に悪化していた。彼らの肉体的状況と栄養状態のチェックに当たったチリ人医師のジャン・ロマニョリによると、「デス・スパイラル（死の螺旋）」と呼ばれる、死に至る自由降下状態の直前にあったという。ロマニョリ医師は「こうした健康状況にあれば、彼らは2日間以内にこんなふうに落ちていただろう」と語り、まるでギロチンのように上げた手をパタンと下ろした。単純な感染症でさえ下痢を引き起こし、死刑宣告になりかねなかった。ビクトル・サモラは8月21日に「もう長くは持たない。妻と子どもたちに言えるのは、すまないということだけだ」との遺書を書いた。

自分たちに向かって進んでいる複数の掘削作業の音は、常に聞こえていた。しかし、反響と鉱山による音響のトリックで、こちらに向かっているシャフトがどこにあるのかを正確に知ることはできなかった。自分たちに向けて真っすぐに進んできているように思える音も、実際には数十メートル離れているかもしれない。最近、目標をとらえたかのような音がしていたドリルが結局、到達しなかったので、男たちの楽観主義は弱まった。それでも、彼らは警戒を怠らなかった。ドリルが岩盤から突き出てきたとき、何を行うべきかは分かっていた。何度も練習しては計画を練り上げていた。これまでに2回ほど実施態勢についた。今では、果たして最後のチャンスはあるのだろうかと思いをめぐらせていた。

【16日目】救出作戦

8月21日、土曜日の午後までに、「ボアホール10B」は地下約640メートルに達した。目標まで残すところは約50メートル以下だ。この50メートルを掘削要員らがじれったいほど近いと感じたのは、作戦規模の大きさを示すものだった。多くの救出作戦では、50メートルの硬い岩盤を掘り進むのは極めて困難だが、ここでは、最後の段階にすぎないと受け止められた。ウルタドと彼のチームは、あと12時間作業を進めれば、ボアホール10Bは目標と同じ深度に到達するのが分かっていた。だが、彼らは穴がわずかに目標からそれているのも知っていた。

掘削機器の主任オペレーターだったネルソン・フロレスは、ドリルの方向をGPS座標に合わせて正確に設定しようと悪戦苦闘していた。データは、正確なデジタル地図にドリルの軌道を重ね合わせて表示できる「バルカン」と呼ばれる世界第一級のソフトから取得したものだった。バルカンは、ドリルが描くべき放物線を投影し、技術者らはそれに基づいてボアホールを最終目標に導くのが可能となる。フロレスは、神にも助けを求めた。毎日、掘削現場に到着すると、ポケットからロザリオを取り出し、そっと運転席の操縦装置にぶら下げた。ロザリオは1年前に16歳で死んだ娘のものだった。彼が掘削作業に取りかかると、ロザリオがわずかに揺れた。

ここに至って、ソウガレットはいろいろな要素を掛け合わせた奇跡を必要としていた。ウルタドが率いるチームは順調に掘削を続け、方向もほぼ間違ってはいなかった。誤差はわずかだったが、残る数十メートルを考えると、目標座標を逃す恐れもあった。「目標に当たることにあまり信頼性を置いていなかった。穴の方向をもっと垂直方向に変える必要があった。最終段階にきているだけに、これが一番難しかった」とソウガレットは語った。

【17日目】 8月22日 日曜日　地上

660メートルに達した時点で、フロレスはドリルの回転数を減らした。通常の1分間20回転ではなく、5回転への減速だ。ゴールは、坑道の壁を突き破るのではなく、そっときれいな穴を開けることだった。最大回転だと、突き抜けたドリルは岩の破片をあらゆる方向に飛び散らせ、内部の労働者たちに石つぶての連射を浴びせて傷つけたり死なせたりする結果になりかねない。

午前4時までに、ボアホール10Bの周りには小さな人だかりができていた。いつもの風や霧もなく、夜は静かで心地よかった。このところ、他の掘削でニアミスが続いたものの、期待感は高まっていた。映画のセットのように、投光照明のライトが周囲の積み重なった岩に長い影を投影した。作業はしばしば中断され、ドリルのエンジン音が止まった。

地下水脈を探す占い棒のように、最後の数メートルで掘削の角度はわずかに変化し続けた。過去2週間、ありとあらゆる努力を自然に裏切られていたソウガレットとウルタドは、うれしい驚きに報いられた。ドリルのコースがどういうわけか修正されたのだ。

土壇場でドリルが正しい方向に向かった理由についてソウガレットは「掘削作業中には、エンジニアリングの論理ではあり得ないことが起きるものだ。何かが起きたのだと信じている」と説明した。だが、それは奇跡なのかとの問いには「運が良かった、あるいは何かに助けられた」とだけ慎重に答えた。

午前5時50分に、ドリルは地下688メートルを通過した。フロレスは、シャフト全体が空間に突き出たのを感じた。もはや抵抗はなく、ドリルは深さ3・8メートルの何もない空間に飛び出した。

【17日目】坑内

ほとんどエネルギーを使い果たした鉱山労働者たちは、夜通し起きてドリルの到着を待つという考えを、とうに放棄していた。眠りが容易だったことはなかった。湿った空気と濡れた床、緊張続きの環境がいつも一緒になって熟睡を妨げた。徹夜で行われるドミノ・ゲームが不眠を緩和し、餓死の恐怖と闘うのに役立った。

午前5時50分、ドリルの回転音と岩が砕ける音、きしむような騒音が、濡れて滑りやすい坑道の静けさを破った。トンネル深部の避難所にいたリチャルド・ビジャロエルは「その時は、起きてドミノをやってたんだ。ドリルが突き抜けてきた時は、全員にとって最もすばらしい瞬間だった。俺たちはドリルを見つめて、うれしさに気が動転した。起こっていることの重要さが分かるまで時間がかかったくらいだ。その時になってようやく抱き合って祝った。現実が理解できたんだ。誰かが助けに来てくれる」と振り返っている。それから大騒ぎとなった。「俺はまともじゃなかったし、みんな至る所を走り回っていた。俺は何かチューブ（パイプ）をたたくものはないかと探した」

【17日目】救出作戦

地上の掘削現場では、作業員たちが明け方の光の中で、跳びはね、抱き合い、叫び声を上げていた。彼らはウルタドの指示を待ち、フロレスは直ちにドリルを停止した。

掘削作戦の副主任のガブリエル・ディアスは黙ってシャフトの周りに歩み寄り、7キロ強のハンマーを構えて待機した。ディアスが3度、チューブをたたくと、ウルタドはチューブに耳を押し当てた。地下でかすかにリズミカルな音がするのが聞こえた。「誰かがシャフトをスプーンでたたいているようだった」とウルタドは言う。その直後、地下からはドンドンという深い金属音が続いた。生きているという間違いのない証拠だった。

地下からの響きは明らかだった。地中深くで誰かがチューブをたたいていることに疑問の余地はない。

それでもウルタドと彼のチームは迷った。1週間前に掘ったボアホールも、今回と同じような経緯をたどっていた。500メートル下の地下トンネルにドリルが届いた時、彼らはリズミカルな打撃音を聞いた。だが、穴からビデオカメラが下ろされると、信じられない光景を目にした。生存の兆しはなく、労働者たちもいなかった。地下に生存者がいるというのは、想像にすぎなかったのだろうか？　鉱山が彼らを嘲っているのだろうか？

　ゴルボルネ鉱業相とソウガレットが、ボアホールに駆けつけた。ソウガレットは患者の脈を診る医師のように、聴診器で遠くから聞こえるゴツン、ゴツンという音を増幅させた。誰かが強くたたいているのだ。ゴルボルネは救出作業員たちに抱きつき、それからはっとしたように、ヘルメットを脱いで、丘を下りていった。家族に情報をもたらす最初の人間になるつもりだったのだ。鉱業相はテントからテントへと歩きながら、慎重なメッセージを伝えて回った。「今日はニュースがあるだろう。注意するように」と。キャンプ全体が期待に包まれた。ジャーナリストらは鉱業相に次々と質問を浴びせたが、大統領が間もなく到着するということ以外は明かさなかった。無気力状態から立ち直った家族たちは、チリ国旗を振り、「ビバ・チレ！」を叫び始めた。

【17日目】坑内

　坑内の労働者たちは、あらゆる方向からドリルを見に殺到した。彼らはそれぞれ塗料のスプレー缶を手にし、ドリルに吹き付けようとした。

「俺たちは、ドリルが引き抜かれて、消え去ってしまうのが怖かった。急いで行動しなきゃならなかった」とアレックス・ベガは話した。男たちは、長い間かけてリハーサルした手はずを完全に忘れていたという。「まず、天井の緩んだ石を払い落としてそのエリアの安全を確保し、それからドリルにメッセージを取り付けることになっていた。ところが、事態の展開があまりに早かったため、全員が逆のことをやってしまった。みんながドリルに向かい、天井は危険なまま放っておかれた」

　ビジャロエルは野球のバットほどの大きさの重いレンチでチューブをたたき始めた。坑道内にはバンバンという音がこだました。だが、こだまは地上に届いたのだろうか？　彼はレンチを捨てて、鉱山機器から外した鉄のチューブでたたき始めた。鉄と鉄が打ち合って出す音は、まるでゴングのように聞こえた。男たちは交代で、ドリルの回転軸をたたき続けた。

　頭上には岩の塊が揺れていたが、男たちは危険にお構いなくドリルの回転軸に手紙やメモを結びつけた。マリオ・ゴメスとホセ・オヘダは、妻と救出担当者に宛てたメッセージを取り付けた。他の男たちも、今は回転を止めたドリルにぎごちなく手書きのメモを結びつけた。マリオ・セプルベダは下着を破いて取り出したゴムで、全員のメッセージをドリルの回転軸に巻き付けた。

　男たちは約1時間、チューブをたたき続け、塗料がなくなるまでスプレーを吹き付けた。やがてドリルはゆっくりと上がっていき、男たちは再び地下に取り残された。それでも今やトンネル内の雰囲気は、自分たちは復活するのだという奇跡の感覚に満たされていた。餓死とカニバリズムに怯え、拷問のようなゆっくりとした死の瀬戸際から、男たちは突然、彼らの祈りへの回答、すなわち食料の到着までほんの数時間という状態に置かれた。

ボアホール10Bでは、ウルタドと彼のチームが、つなぐと約700メートルになる金属製の114本のチューブを地上に引き上げるという骨の折れる作業に着手した。各チューブの長さは6メートルで、重さは約180キロ。これを1本ずつ取り外すには6時間かかるだろう。

ピニェラ大統領は午前中ずっと、側近たちから現場の最新情報を受け続けていたが、他の問題でも消耗していた。義父で87歳のエドゥアルド・モレル・チャイニョが死にかかっていた。大統領は妻のセシリア・モレルと共にチャイニョの枕元に行き、死にゆく義父に、鉱山労働者らが生存のサインを送ってきていることを告げた。空軍は大統領専用機の離陸準備を整えていた。正午にチャイニョは息を引き取った。それから1時間後に大統領はサンティアゴ空港に急行、内相のロドリゴ・インスペテルと共に小型機でコピアポに飛んだ。

ピニェラ大統領の到着前に、ドリルの最後の部分が取り除かれた。エドゥアルド・ウルタドは泥だらけのパイプに目をやり、ビット上部の回転軸にオレンジ色の斑点があるのに気付いた。メッセージなのか？ ウルタドは泥をぬぐい、大型のボトルをつかみ上げて、その部分に水をかけた。水はゴルボルネにもかかった。ウルタドは「すみません、大臣」と言いながら、シャフトをきれいにし、オレンジ色の斑点がよく見えるようにした。

「このマークは私たちが付けたものではありません。大臣、これは生存者がいるというサインです」

午後2時、ゴルボルネもチューブを調べた。鉱業相は地下遠くからのカンカン鳴る音に勇気づけられてはいたが、彼が見たものは生存者がいることを示す手書きの証拠だった。その直後、ドリルのビットが完全に地上に姿を現し、男たちはドリルの先に黄色いプラスチックの袋が取り付けられているのを発見した。袋はケーブルとセプルベダの下着のゴムで結びつけられていた。作業員たちはケーブルを外し、ずぶ濡れの袋から泥だらけのプラスチックの層をはがし取った。ゴルボルネは小さなちぎれた紙きれをまるで壊れやすい贈り物でもあるかのように広げた。彼はノートの切れ端を大声で読み始めた。地下深くからのメッセージだ。

「ドリルはレベル44に達した……天井の右隅だ……少し水も落ちてきた。われわれはシェルターにいる……神があなた方に光をもたらすように。マリオ・ゴメス」

紙の裏面には、さらに書き付けがあった。ゴルボルネは、静まり返った男たちに向かって再び大声で読み上げた。

「いとしいリリー、辛抱だ。すぐにでもここから出たい……」

黙って読み続けてから、「これは個人的なメッセージだ」と言うと、慎重に紙片を集めて、ソウガレットと一緒に丘の下に向かうためにピックアップに乗り込もうとした。手順の順守は２人に重くのしかかっていた。ニュースが漏れる前に家族たちに説明すると決められていたのだ。

掘削リグの技術者であるフランシスコ・ポジャンコは、穴から引き上げられてくる金属パイプを重ねていた。ゴルボルネがメモを見つけた最後のパイプの下部からは、泥と土が落下していた。ポジャンコはゴメスのメッセージが入っていたプラスチックの袋と、それを留めていたケーブルを集め始めた。すると、ごみの中に半ば埋まって、テープの塊が突き出していた。彼が拾ってみると、それはしっかりとくるまれた小さな別の袋で、生き埋めの男たちからのもう一つのメッセージだった。ポジャンコはスリルを覚え、土産に家に持ち帰ってやろうと考えた。だが、紙を広げると鳥肌が立った。

「エスタモス・ビエン・エン・エル・レフヒオ・ロス・33（われわれは元気で避難所にいる。33

ニュースを聞いて抱き合う家族＝2010年8月22日（AFP/Getty Images）

人)」。はっきりとした赤い文字で、冷静に書かれた手紙は救出の証しだった。男たち全員が生きている。

ポジャンコは泥の中から見つけた紙きれを手にゴルボルネに駆け寄り「全員が生きてるぞ」と叫び始めた。ウルタドもこの叫び声を聞いた。ゴルボルネは立ち止まり、ポジャンコがメモを手にしているのを見て、大声で読み上げるよう言った。

30歳の掘削助手は、紙を広げて七つの単語を読み上げた。「エスタモス・ビエン・エン・エル・レフヒオ・ロス・33」。掘削現場は湧き上がった。まるですばらしいゴールを目撃した後のサッカーファンらのように、ヘルメット姿の技術者たちは腕を天に突き上げ、跳んだりはねたりして、互いに抱き合った。

サンホセ鉱山で父親のために働いていた鉱山技術者、クリスティアン・ゴンサレス(22)は瞬間的に「彼らは生きている！　彼らは生きている！　みんな無事だっていうメッセージを送ってきたけど、あとは何も言えないんだ！」と叫びながらキャンプ・ホープを目指して駆け下りた。これは手順違反だったが、ゴンサレスは後になって「閉じ込められた労働者たちを知っているんだ。俺は７カ月間、同じ鉱山で働いて、クラウディオ・アクニャとホセ・オヘダとは親友だ。２人の家族には、何か分かったら、すぐに知らせると約束していたんだ」と言い訳した。

【17日目】坑内

ドリルの姿が見えなくなると、サモラが天井強化の指揮を執った。彼は8月5日にも、もうすぐ落盤が起きそうだと感じたが、それでも作業を続けるよう命じられた。今やっている仕事は、落盤までの数時間にはらはらしながら続けていた仕事と全く同じだった。だが、サモラは新たな情熱で天井から破片を取り除いた。彼らの救出は、このたった一つの穴が完全な状態であり続けることにかかっていたためだ。地震が起きれば、再び閉じ込められるかもしれない。坑道内の全員と地上の救出隊の全員が、鉱山労働者たちは救出からはほど遠いところにいるのを承知していた。現在の緊急任務は、栄養になるものと医薬品を鉱山の地底に届けることだった。

【17日目】救出作戦

午後2時30分、ピニェラ大統領がキャンプ・ホープに到着し、既に狂乱状態になっていた現場では切迫感と期待感がさらに高まった。家族たちとの短い会談の後、ピニェラは集まっていた記者団に歩み寄った。家族らとサルバドル・アジェンデ元大統領の娘イサベル・アジェンデ上院議員に囲まれて、閉じ込められている労働者、ホセ・オヘダの手紙が入った透明プラスチック袋を掲げ、大声でメッセージを読み上げた。「エスタモス・ビエン・エン・エル・レフヒオ・ロス・33」。「これは今日、山のはらわた、この鉱山の最深部から出てきた」。砂漠の強い日差しのため

鉱山の斜面には33人の名前が書かれた国旗が並ぶ=2010年10月16日(共同)

にほとんど目を開けていられなかった大統領は続けた。「われわれの鉱山労働者からの、生きているというメッセージだ。彼らは団結しており、日の光を見て、家族を抱きしめるのを待っている」

17日間を、閉じ込められている父親の黒と白のナイキのTシャツと眠って過ごしたカロリナ・ロボスは「彼らが大丈夫だと聞いて、泣いたわ。誰もが『生きている！』『生きている！』と叫んでいた。ショック状態で、母に電話しても『ママ、みんな生きていたわ！じゃあね』と伝えただけ。泣いたのは幸せだったからよ。クリスティア・ハーン（心理学者らを統率していた政府の役人）に抱きついたの。彼は涙を拭くハンカチ代わりになってくれたわ」と語った。

キャンプ・ホープは、人々の涙と笑顔、抱擁、振られる旗で狂乱状態になった。数百人の家族たちは一斉に丘に向かって走りだし、地下の家族を思い続ける気持ちの象徴として立てられていた33本の旗の下に自然と集まった。旗のそれぞれには鉱山労働者の名前が手書きされていた。また、それぞれの旗竿を溶けたロウソクの輪が取り囲んでいた。彼らが大声でチリ国歌を歌い始めると、群衆の中にいたピニェラ大統領も加わった。

全員生存のメッセージは数分間でチリ全土に広がった。見知らぬ者同士が地下鉄の中や通りで抱き合った。鉱山労働者たちは生きてる！　全員だ！　車を運転していた者はクラクションを鳴らした。サンティアゴでは数千人が通りに溢れ、いつもサッカーの勝利を祝うプラサ・イタリア（イタリア広場）に向かった。まるでチリがサッカーのワールドカップで勝利したかのような、喜びと愛国心の盛り上がりだった。

国中が祝福する中で、救出チームは長期的な優先順位の素案の策定を急いだ。地下の労働者たちにたった1本のパロマのチューブが届いたことで満足する者はいなかった。必要なのは三つの、あるいはそれ以上の、別々のボアホールだ。地震や落盤が起きれば、現在のもろいリンクはあっという間に崩壊してしまうだろう。災害は救出作戦を振り出しに戻し、食料の蓄えを失った労働者たちの死は確実だ。「パロマ1」はすぐに食料と水の供給シュートに充てられた。第2の穴は濃縮酸素と水、電気を供給する。酸素の供給は、窒息しそうに暑い坑内を冷やすために、冷たい空気を送り込む方法が採用された。また、坑内の労働者らが愛する家族らと面と向かって連絡を取り合えるよう光ファイバーケーブルも通す。

第3の穴は労働者たちの居住空間から遠く離れたところに掘られ、最終的には脱出口とする。

どうやって男たちを地上に引き出すかは明らかになっていなかったものの、一つのセオリーでは、救出隊がまずボアホールを掘削し、人間が通り抜けられる大きさまで広げるというものだった。この穴は日々の生活に必要な二つの穴からは故意に離して掘られる。救出チームは、この救出シャフトを男たちの居住区から約３６０メートル上方の車両整備所の天井に通す考えだった。整備所は大きな目標であるため掘削の狙いがつけやすいし、そこをベースにして最終的な救出作戦を展開できるだろう。こうした長期的計画が立てられたものの、誰もがすばらしい瞬間はまだまだ遠いことを承知していた。当面、地下の男たちが必要とするのは医薬品と食料、そしてサバイバル計画だった。

鉱山労働者らが閉じ込められたのが一世代前だったら、彼らと地上との連絡手段は手書きの手紙と電話に限られていただろう。しかし、今日の技術者たちは、男たちの状態に関する情報を収集するためにビデオカメラを慎重にシャフトの最下部に送り込んだ。

【17日目】坑内

地上からのサインを待ちながら、シャフトの内部をのぞき込んだ。ランタンは濡れたシャフトの内部を照らし出したが、すぐに光を呑み込んだ。９メートルより上になると何も見えない状況だ。穴の周りに集まった彼らの上には水がぽたぽた落ちてきたが、それでもひっきりなしに上部をのぞき込んだ。穴からは冷たい空気の流れが下りてきた。地上からの二つ目の歓迎すべき到来物だった。男たちの全員が団結を固めた。抱き合ったり、汗をぬぐったりしている彼らにとって、それ以前のパニックや恐怖に怯えた日々は既に過去のものになっていた。食料はまだ届いていないが、飢餓感はとっくに消えていた。男たちは楽しい期待感に満ち、祈りがかなえられたことをかみしめ、第二の人生への確信を新たにした。

男たちはあれこれ推測を始めた。最初に何が送られてくるだろうか？　温かい食事か？　せっけんとシャンプーか？　新しい歯ブラシか？　あるいはサバイバル用のマニュアルか？　それぞれが想像を自由に膨らませ始めた。単純な娯楽、ちょっとしたおやつなど地上から送られてくるものを空想する力さえもが、男たちの集団精神を育んだ。

3時間後、小さな光が現れ、ちっぽけな物体が下りてきた。男たちは穴の周りに集まって、この歴史的配達物は何なのかと頭をひねった。

片方に球根のような仕掛けがあるチューブを見たパブロ・ロハスは「最初はシャワーだと思った」という。物体が天井からすっかり出てくると、それがハイテク電子機器であるのは明らかになったが、誰も今までそんなものを見たことがなかった。実際にはミニ・ビデオカメラで、すぐに床まで下りてきた。昆虫ロボットのようにレンズキャップが自動的に開き、カメラは回転したり、伸び上がったりした。遠隔操作のビデオカメラだが、音声はどうなのだろうか？　この機械は音を聞くことができるのか？

パブロ・ロハスがカメラに近寄った。「いったい、これは何なんだ？」。不思議に思い、床から伸び上がろうとしているカメラに顔を近づけた。シフト監督のルイス・ウルスアが機械に向かって話し始めた。「聞こえるのなら、カメラを引き上げてくれ」

男たちは反応を待ったが、カメラは逆に降りてきた。アドレナリンと興奮が一緒になり、気が軽くなっている男たちは、これには笑った。パブロ・ロハスはカメラは約20分間ほど回転しながら周囲を録画すると、ゆっくりと上昇を始めた。「カメラがシャフトの中に消えていくのを見守った。「あいつにしがみついて、引っ張り上げてもらいたかった。でも、俺には穴が小さすぎた」

【17日目】救出作戦

世界中が目覚めてチリの鉱山労働者の話を知ったが、現場の鉱山では、技術者たちがビデオカメラに音声機能を取り付けようと一生懸命だった。繊細な機器は水に触れてダメージを受け、音声の機能が働かなくなっていた。

通信室に送られてきた男たちの映像は不気味で、何が何だかよく分からなかった。背景には薄暗いライトがあり、カメラの周りに集まった鉱山労働者のヘッドランプであるのは明らかだった。だが、光が少ないため解像度は粗く、救出担当者たちは自分が見ているのは、男たちの顔だろうと推測できるだけだった。音声がないのでフラストレーションが募ったが、男たちが立って、動き回っているように見えた。地下の状況について一つが判明すると、次の疑問が生まれた。けがの状況は？　ひどく押しつぶされた者はいないのか？　17日間にわたって最低限の食料しか取っていない彼らは、致命的な病気にはかかっていないのか？

2時間後、ビデオはキャンプ・ホープに張られたテントの一つの側面に投影され、家族たちに公開された。白黒の画面は、ほとんど見分けがつかなかった。撮影角度が悪かったため、顔の一部だけが見えたり、二つの目だけが映ったこともある。それは、フロレンシオ・アバロスの好奇心に満ち、何かに取りつかれたような目だった。それとも、ルイス・ウルスア、またはエステバン・ロハスの目だったのだろうか？　幾つもの家族が、あの目は自分の家族のものだと言い張った。だが、実際のところ、暗くぼやけたイメージからは何の特徴もつかめず、地下700メートルで撮影された映像で、深層心理を探るための心理学のロールシャッハ・テストを行っているようなものだった。

勇気づけられるようなムードによって、一時的にせよ、人々の苦悶と絶望が和らげられたため、キャンプ・ホープは生きている者たちの聖堂となった。

かがり火がきらめき、音楽が鳴り響き、ダンスは夜遅くまで続いた。午前2時、石ころだらけの地面を踏みつけて祝福する家族たちに、ボランティアが固ゆでの卵とソーセージ、ローストチキンを差し出した。チリ全国に「エルフラコ（やせた男）」として知られるお笑い芸人のパウル・バスケスがパフォーマンスを披露し、近くのテントでは地元のファン・バラサ神父が祈禱会を主宰した。

バラサ神父は、その場の光景に勇気づけられた。「彼らが生きていたと分かったことで、誰もがそれまで抑えつけていた感情の多くを表に出せるようになった。圧力釜のふたが開いたようなものだ。今では誰もが『彼らと一緒でなければ家に戻らない』と言っている」

第7章 生還への緩慢な歩み

地下と通信センターとは鮮明な画像でつながっていた（提供：ミコモ）

最初の接触の興奮が収まると、男たちは、物を食べる構えに入った。肉汁たっぷりのステーキ、フレッシュなエンパナダの幻覚、豪華な晩餐の空想について冗談を言う日々の後だけに、彼らはごちそうが届くのを待ち構えた。ところが代わりに最初に供されたのは、彼らの衰弱した体を健康な状態に養生させるための、ほんの少しの液体だけだった。「連中が俺たちに送ってきたのは、ブドウ糖液の入ったちっぽけなプラスチックのカップ。医者に渡す尿検査のサンプルの量ぐらいだった」とベガが言った。

クラウディオ・ジャニェスのようなもともと痩せていた連中は、17日間にわたる絶食の結果、体はあたかも筋肉の皮でできつくくるんだ骸骨のような状態になり、顔はやつれていた。「俺たちは食べ物を期待していたのに、飲み物だけだった」。クラウディオ・アクニャは、最初の48時間、固形の食べ物が認められなかった驚きを、こう表現した。それでも彼らは指示に従い、決められた時間ごとに薬を飲み、ブドウ糖とボトルの水をゆっくりと摂取した。

セプルベダは、天国と地獄のはざまのアンバランスな世界に生きていた。彼の肉体は今なお壊れつつあり、飢餓がさらにそれを悪化させていた。彼は感情的に繊細で、最初の接触による高揚感、妻カティとの会話への期待、掘削ドリルが到達した時の純然たる驚愕などが、シチューのようにごた混ぜになった状態だった。セプルベダは「泥と人の皮膚の臭いが心地よくなった、今や俺の人生の一部だ」というほど、地下の世界に慣れ親しんでいた。とはいえ、地上からの接触も、坑内の高い湿度を緩和させるのには何ら役に立たなかった。「服は濡れてしまい、俺たちは下着だけで歩き回ったよ」と彼は言った。夜になると、男たちは地面の上にじかに並んで眠った。

男たちは坑道の床で互いに寄り合い、くっついて眠ったことを、あっさり認めた。それが彼らの間に性的行動があったのではないかという疑念を生むことになる。ストレスや苦痛があったにしても、33人の男たちが数週間もセックスなしで生活することはあり得ないと疑う地上の人々にとっては、一緒に寝るという設定が有力な根拠となっていた。セプルベダは、外界から隔絶された17日間に同性愛的行動があったというわさを否定し、自分たちのエネルギーのレベルは、歩いたり、しゃべったりするのがやっとだったと強調した。セックスなんて、俺たち考えたこともなかった、と彼は言った。

「スクープ」と呼ばれる大型重機のオペレーターとして、セプルベダはフットペダルを操作する必要があったので、一般の鉱山労働者とは異なるタイプのブーツを履いていた。彼のブーツは分厚くて、常に足が湿気で包まれており、このため足がひどい真菌感染症にかかっていた。胸や背中にも小さい赤い斑点が現れ、感染症は全身に広がっていた。時には腫れたところに水がたまり、つぶれて小さな傷痕を残した。彼を半狂乱にさせるこのかゆみを伴う真菌にとって、湿度95パーセントはうってつけだった。汚れた水と恒常的な高湿度は、口の中にも同様に感染症を引き起こした。大半の労働者と同様、彼も息が臭かった。地上から隔離されて、できなくなった小さな楽しみはいろいろあったが、今、彼が一番欲しいものは実に単純だった。一本の歯ブラシだ。

【18日目】地上

ペドロ・ガジョは自分の発明品がうまく機能するよう祈っていた。2週間にわたる工夫の末、ワンマン通信会社ベルコムのオーナーであるガジョは、わずか9センチのパロマのチューブ内に収まる極めて小さな電話機を開発した。ゴルボルネや他の救出担当の当局者らは当初、この熱心な企業家のことも、彼が考案した「ガジョ・フォン」も無視していた。しかし、ハイテクプランが次々と失敗に帰すと、ガジョにチャンスが回ってきた。ゴルボルネ鉱業相は地下の労働者らと話を交わす予定になっていた。側近たちは、その際にうまく機能する電話のラインがなかったら、不祥事になるだろうと懸念し始めていた。

無視され、試作品を嘲笑された挙句に、結局、ガジョは当局に呼び出されて、その電話機をすぐに取り寄せて動かすよう指示された。彼は自分のピックアップに急いで戻り、シンプルな作りの発明品を引っ張り出した。「連中は私に2時間しか余裕をくれなかったよ」とガジョは言う。彼が考案した電話機は丁寧にパロマに積み込まれ、日本企業が提供した長さ700メートルほどの光ファイバーケーブルと一緒に、気をもんでいる男たちの元へ下ろされた。

安っぽい黄色のプラスチックで覆われた電話機は、山腹に設置した貧弱なテーブルの上に置かれた。ガジョは電話機に張り付き、周りを取り囲んだ大統領の側近や技術者たちと一緒に、地下でアリエル・ティコナとカルロス・ブゲニョが電話機を日本製ケーブルに接続するのを待った。突然、ガジョは鉱山内部の奥深くから、反響しながら地表にまで送られてきた声を耳にした。わずか10ドルもかからない彼の発明品が、今や地下の鉱山労働者たちとの通信の重要な要となった。ガジョは有頂天だった。

1時間もたたないうちにゴルボルネ鉱業相が到着し、受話器を取り上げた。「ハロー」とゴルボルネは話しかけた。「はい、聞こえますよ！」。救出作業員たちの間から拍手喝采が湧き起こり、そしてすぐにスピーカーからの声を聞き取ろうと静かになった。

明瞭で落ち着いた声が聞こえてきた。

「こちらはシフト監督のルイス・ウルスアです……私たちは救出を待っています」

「われわれはドリルでトンネルを掘り始めました、そして……」。ゴルボルネの声はすぐに新たな歓声でかき消された。今度は閉じ込められた鉱山労働者たちからだった。続く会話で、労働者たちは必死に「グアトン（太っちょ）」のラウル・ビジェガスがどうなったかを尋ねた。彼は落盤が起きた時、トラックを運転して坑道のランプを上っていたところだったからだ。

「彼らはみんな生きている、何とか抜け出したよ」とゴルボルネが応えると、地下の穴蔵は叫び声や熱狂的な声で溢れ、そのこだまは救出隊のところまで上がってきた。何週間もの間、世界中が閉じ込められた労働者たちのことを嘆き悲しんでいた間、何と彼らは「太っちょ」のラウルのことを心配していたのだ。

救出作戦の心理学者として指導的な役割を果たしているアルベルト・イトゥラは、電話の間ずっとゴルボルネの真後ろに立って、熱心に聞き入っていた。作業現場用のグリーンの反射ベストに身を包み、安全ヘルメットをかぶり、きちんと刈り込んだグレーの口ひげに囲まれたストイックな顔つきのイトゥラは、笑いもしなければ喝采もしなかった。医学文献には閉所恐怖症やパニック発作の治療法、狭い場所に数日間閉じ込められた人間の例がたくさん載っている。しかし、数カ月も閉じ込められた例は？　イトゥラはどこに当たればいいか、よく分かっていた。長年、彼は専門家同士が接触できるネットワークを維持してきたが、そこには評判の高い心理学者たちのグループもいた。今こそ、そのサークルを利用する時だ。イトゥラは私的なＳＯＳを発信した。

鉱山労働者たちを危険な崖っぷちから正常な状態に引き戻すのは、細心の注意が必要な仕事だった。飢餓は労働者たちの体の化学的組成を作り替えてしまっていた。人間の体は、蓄えられた脂肪を燃やし、筋肉を消費してエネルギーに換えるだけでなく、食べ物を奪われると、これまで以上に、肺、心臓、脳を優先する化学的優先順位が出来上がってしまう。これを副次的生態維持機能と呼んでいる。

二重あごで、大仰な感じのする保健相のマニャリク博士は、閉じ込められている男たちに1ページの質問書を送った。「鉱山労働者たちは死にかけているか？」「ノー」「飢えに苦しみ、体重が減少しているか？」「その通り」。各人がどれだけ体重を減らしたかはよく分からない。とにかく彼らに最低限の快適さを届けることに大わらわの状態では、体重計を男たちの元に送り届け、彼らが市場の魚のように天秤にかけられ、体重が測れるようになるまでには何日もかかるだろう。質問書への回答が返送されると、閉じ込められた男たちの経験の一端が明らかになってきた。マリオ・セプルベダは煙突（換気シャフト）によじ登った時に歯を失った。ビクトル・セゴビアは爆発のようなピストン効果で耳痛になった。マリオ・ゴメスは呼吸障害であることが分かった。

以前から具合の良くなかった肺を、ほこりがさらに詰まらせたのだった。

ホセ・オヘダの糖尿病など、既往症への懸念が強まってきた。紫外線がないので、感染症や細菌が、時々刻々というほどではないにしても、日を追ってグループの間に広がる可能性があった。ジフテリアや肺炎から労働者たちを守るため、緊急の予防接種計画が作成された。歯の感染症も致命的になり得る。マニャリク博士は、医療の歴史を調べ始めた。「われわれは古い医学の教科書に当たり始めたんだ」とマニャリクは話した。「近代的な外科手術の時代以前には、医者たちは虫垂炎のような体内の感染症を、どうやって治療していたのだろうか？」

ＡＣＨＳの医療部長ホルヘ・ディアス博士は「わたしたちは彼らが生き延びるよう願っていましたが、重傷者や何人かの死者が出る可能性はあると考えていたのです……鉱山労働者が頑強であることは知っていたので、何人かはきっと生き延びるだろうとみていました」と言った。ディアスは高地での負傷や作業現場での事故の専門家として、ロジスティックな問題は扱い慣れていた。ここで彼は生涯の難題に直面した。高地の代わりに、地底深く閉じ込められた者たちのために医療計画案を実行しなければならなかった。幸いなことに、ディアスは32年間にわたって鉱山労働者のために働いてきた。労働者たちのスラングも、習慣も、「33人の男たち」が暮らす荒涼とした世界のこともよく知っている。

鉱山労働者たちは衰弱していた。彼らはそれぞれ平均して9キロほど体重が減少していたし、汚水を飲み、ほとんど食料がない中で生き永らえていた。医療チームは彼らに固形食は与えなかった。完全な食事の提供は死につながる恐れがあったからだ。飢えた人に炭水化物に富んだ大量の食事を与えると、体内である種の化学連鎖反応を引き起こし、心臓から必須のミネラルを流出させ、心停止を起こし、即死させる可能性があるのだ。これは「リフィーディング（再摂取）症候群」として知られていた。

その代わりに、男たちには水溶液が与えられた。フォルト教授が考案した運搬用チューブのパロマにボトル詰めの水を積み込み、ケーブルで地下に下ろした。最初の配達には1時間以上かかった。しかし、オレンジ色のＰＶＣ製チューブが引き上げられると、中は空だった。このシステムは機能したのだ。

パロマは今や、33人の男たちの生命維持装置になった。地下に送り込むものは全て、わずか直径９センチの小さなサイズに合わせなければならなかった。マニャリクは手でレモン大の円を作ってみせ「全世界はこのサイズに縮小されるんだ」と言った。

メディアがこの衝撃的な吉報の詳細を、テレビ・ラジオの電波やインターネットで洪水のように報道したことで、世界はチリという国、そしてチリの鉱山労働者たちを再発見することになった。「パロマ」という言葉や「ロス33（33人の男たち）」というフレーズなど、新たな語彙もメディアに登場した。

チリについて大半の人が抱く印象は、１９７０年代のピノチェト独裁時代の人権侵害か、さもなければ、より現代的かつ表面的な印象、つまり、おいしくて安いワインの生産国のイメージだった。

今や世界の目は、これまで目立たなかったチリ北部の一角に一斉に注がれることになった。航

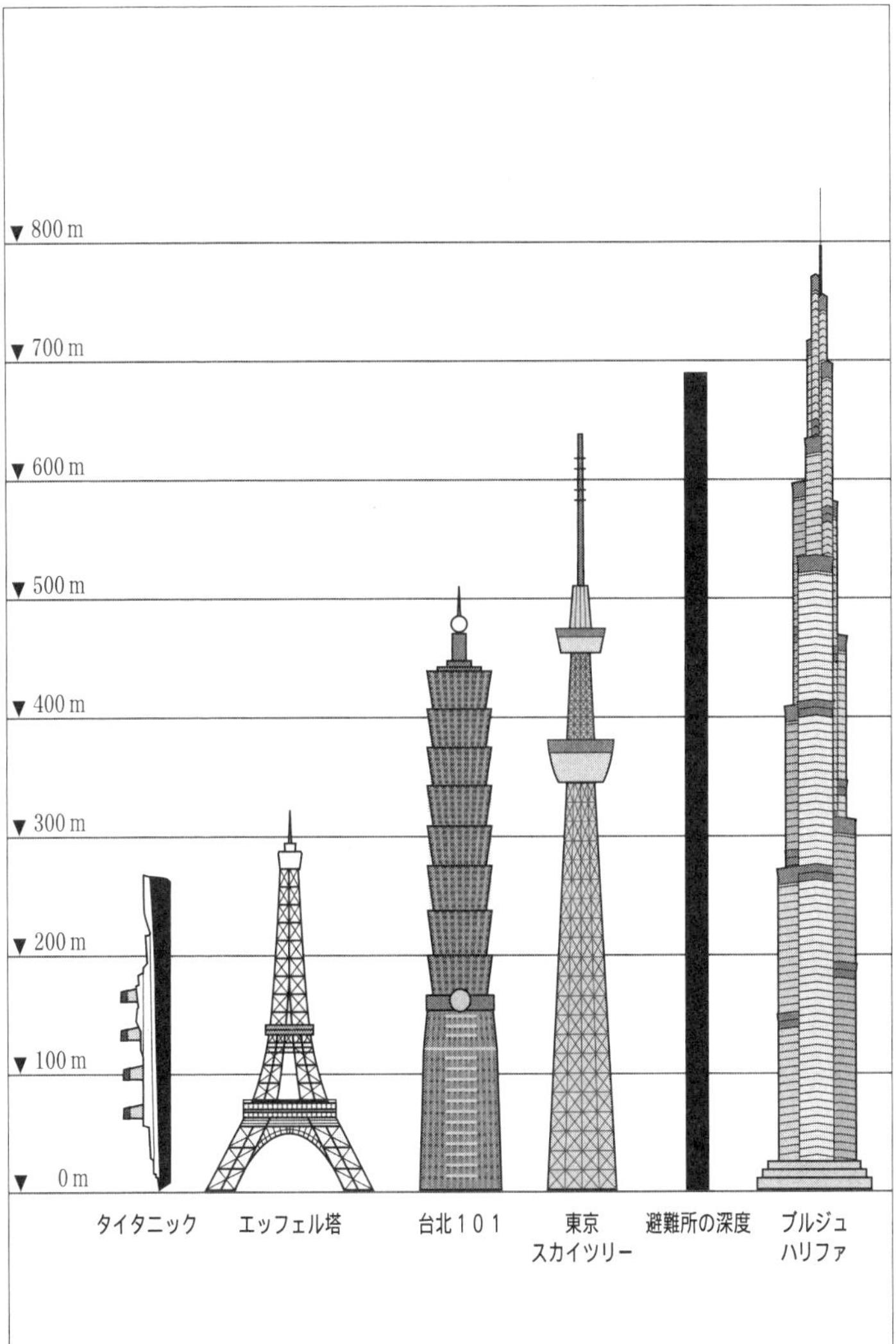

避難所の深度と世界の高層建造物等との比較

空便もホテルの部屋も満杯だった。外国のテレビ・クルーが好む現地宿泊場所であるトレーラーハウスのレンタル料は、300パーセントも値上がりし、この地域周辺の英語通訳は予約でいっぱいとなった。世界のカメラのレンズが、流血の事態も暴力もないストーリーにフォーカスを合わせるこの貴重なチャンスのため、何百人もの記者たちが、現場に殺到した。

チリの人々はまず、エッフェル塔の高さの2倍の深さの地下に男たちを発見したが、今度は第2の「ミッション・インポッシブル（不可能な作戦）」に直面することになった。それはクリスマスまでのさらに4カ月間、男たちを生き延びさせることだった。穴を掘って彼らを地上に引き上げるまでにかかると予測される時間だ。

米ペンシルベニア州バーリンの自分の事務所で、ブランドン・フィッシャーはテレビ画面を見て驚いていた。あごひげを生やした38歳の男は聞いている内容が信じられなかった。3、4カ月だって？ センターロック社の社長として、フィッシャーは最高100万ドルもする掘削システムの設計、製造、搬送を監督している。フィッシャーはドリルで岩を削って穴を開ける必要はないと考えていた。彼の会社は圧縮空気を利用した削岩機（ニューマティック・ハンマー）の製造を専門にしていた。この削岩機は1秒間に20回も岩をたたいて効果的に粉砕する。

2002年、フィッシャーはペンシルベニアのケクリーク炭鉱での救出作業に参加した。5000万ガロンもの出水があり、9人の労働者が78時間も坑内に閉じ込められた。増え続ける水で、閉じ込められた男たちが溺死する恐れがあった。フィッシャーは、浸水して水かさがどんどん増す坑内で、労働者たちを救出した掘削作戦に参加したのだった。彼はこのケクリーク作戦を回想した。鉱山の落盤。閉じ込められた労働者。緊急の掘削作戦。フィッシャーはすぐにセンターロック社の役割に気付き、ボランティアで参加したいと、チリへのフライトを探し始めた。

その日の夕方遅く、一人の富豪が黄色に輝くハマー［ゼネラル・モーターズ社製の大型車］を運転してキャンプ・ホープに乗りつけた。注文仕立てのエルメネジルド・ゼニアのスーツに身を包み、カフスボタンを着け、脱色したブロンドの巻き毛が肩で揺れていた。その姿はレオナルド・ファルカスに間違いなかった。チリの人々にとって、この43歳の鉱山オーナーは模範的な実業家だった。彼は自分の所有する鉱山ではどこでも、こうした事故を決して起こさせまいとしていた。ファルカスの鉱山会社、サンタフェ社とサンタバルバラ社はいずれも露天掘りの鉄鉱山で、従業員の安全確保、公正な賃金、利益分配計画を優先させる経営で広く知られていた。ファルカスのところで働くのは、高い生活水準と退職手当が保証されることを意味した。「そこで働くには、誰かが死ぬのを待つしかないんだ」と、ファルカスの鉱山が募集した2000人の雇用枠の一つに応募したが、だめだったコピアポのタクシー運転手マウリシオは冗談を言う。「あれは大家族みたいなものさ。誰もがそこで働きたがる」

チリでは、ファルカスは率先して慈善事業を行う伝説的な人物だ。チリの障害者のための基金集めの団体テレトンに100万ドルを寄付したし、ある日の午後、大学生でいっぱいのスイミングプールのそばを歩いて通りがかった際には、一番速くプールを泳ぎきった泳者に賞金を出すと申し出た。1等賞は100万ペソ（約2000ドルに相当）の小切手だった。ファルカスは、スポーツは教育の重要な一環だと言い、数分後には、驚いている勝者のエドゥアルド・アレスを受取人に小切手を切った。ファルカスに給仕したレストランのウエーターも、チップとしてよく数千ドルもの金をもらうのだった。

巻き毛をひるがえし、光る白い歯を光らせてハマーから降り立つファルカスは、まるでラスベガスから間違って砂漠に瞬間移動されたラウンジショーの歌手のようだった。ファルカスはそれぞれの家族に1通ずつ無地の白い封筒を手渡した。封筒の中には５００万ペソ（およそ1万ドル）の小切手が入っていた。

「最初の日から、わが社はずっとここで協力してきました」と、ファルカスは短い声明の中で言った。はっきりとは言及しないものの、彼の会社が救出チームのために定期的にサンドイッチの箱を届けてきたことをほのめかしていた。「この寒空に必要なパーカや帽子も買ってきました。自分たちの貢献を全て公表しているわけではないし、メディアに伝えているわけでもありません」。ファルカスは次いで、鉱山労働者たちのそれぞれに１００万ドルずつを集める募金キャンペーン設立を発表した。それは労働者らが二度と働く必要がないよう保証するために、実業家と市民に「義援金」を呼び掛けたものだ。「彼らが地下から出た後、経済的な不安に直面してほしくはないのです」とファルカスは言った。

「私がここにいるのは、彼らに仕事を提供するためではありません。私は彼らに仕事よりも何かもっと良いもの、つまり各家族がそれぞれ１００万ドルを得られるような提案をするために来たんです」。感謝の気持ちでいっぱいの家族たちは、小切手は貯金することを約束した。また小切手をめぐる醜いいさかいを避けるため、ファルカスが小切手の支払先を直接、個々の鉱山労働者自身に指定するという賢明な方法を取っていることを知った。

閉じ込められた労働者たちを支援するために、フィッシャーとファルカスがそれぞれ別のプランを進めていた時、サンホセ鉱山の共同所有所のアレハンドロ・ボーンは新たな批判の嵐を引き起こしていた。ボーンは8月23日、チリのラジオ局コオペラティバとのインタビューに応じ、鉱山事故に伴い法的責任を追及される可能性について、会社は「落ち着いている」と発表したからだ。

「われわれはこの種の大惨事が起きかねないという、事前の警告はまったく受けていない。労働者たちは訓練を受け、安全装備も持っているから、こうした出来事には対応できるはずだし、必要な防護もしている」とボーンは言った。彼はまた、会社が閉じ込められた労働者33人とさらに別の３００人の従業員への給与支払いを停止する可能性を示唆した。「われわれは既に、操業継続問題をどう解決するかに関して、当局側に申し入れている。あいにく今のところ、彼らは、われわれと同様、当社の労働者たちの救出に専念している」

労働者たちやその家族に何らかの謝罪をする用意があるかとの質問に、ボーンは躊躇した。「注意深くやることが必要だ。事故の起きる前に何かやれたのかどうか、調査が進められるべきだ」。鉱山の所有者はまた、チリ議会調査委員会の来るべき公聴会で証言することをも拒否した。

その直後、ゴルボルネ鉱業相がボーンを猛烈に批判した。「信じがたい発言だ。発言を聞いて心底驚いた」。そしてゴルボルネは、サンホセ鉱山の所有者たちが換気シャフトに非常はしごを取り付けていなかったことを強く非難した。「この大惨事は全て回避できたかもしれないのだ」。

ゴルボルネは、今回の事故は鉱山内での「安全確保への注意が著しく欠けていた」ことを浮き彫りにしたと付け加えた。

アルベルト・エスピナ上院議員もボーンを激しく非難、サンエステバン・プリメラ社について「経営管理は悪質で、労働法には違反し、劇的な事態を引き起こし、挙句には事故から距離を置き、われわれには給与を支払う金がないという。全く信じがたい」と糾弾した。

「彼らが調査委員会に出頭して、何が起きたのか事態を説明できたことはほとんどない」とフランク・サウエルバウム下員議員は指摘。鉱山の所有者たちが「責任を引き受けることを意図的に拒否してきた」と言い、「鉱山労働者たちは政府の専門的で着実な仕事のおかげで生存できている。もしあの鉱山を所有する会社が救出作戦を担当したなら、ストーリーは全く違ったものになっただろう」と付け加えた。

【20日目】 8月25日 水曜日

ルイス・ウルスアは、ここ数週間前に比べ、今やはるかに忙しかった。地上の当局者たちは、あらゆる連絡をこのシフト監督を通じて指示していたが、それはウルスアのかなり衰弱した体力と気力を強化するための明らかな戦略でもあった。ピニェラ大統領は、男たちがどうやって生き延びたのかをじかに聞くためにウルスアに電話した。

「この地獄からどうやって抜け出そうとしたか……それは恐ろしい一日でした」。ウルスアは、最初の落盤から自分たちがどうやって脱出しようと闘ったかをピニェラに説明しながら言った。「山全体が私たちの上に崩れ落ちてくるような感じで、何が起こったのか分からなかったのです」。それからウルスアはピニェラにこう嘆願した。「33人が鉱山の奥深く、大量の岩の下に閉じ込められています。チリのみなさんがこの地獄から救出してくれるのを待っています」

ウルスアは政府のためにビデオを撮ることを承諾した。一台のビデオカメラが地下に送り込まれ、男たちが生活状態を撮影することになった。それは彼らのいる驚くべき世界を短時間案内することになるはずだった。地上との対話が繰り返されるにつれて、労働者たちの緊張はほぐれ、会話もよりくだけたものになっていった。彼らは大統領に9月18日の独立200周年記念日のために、特別なもてなしを届けるよう求めた。それは「グラス一杯のワイン」だった。

【21日目】8月26日 木曜日

地下の鉱山労働者たちが眠りにつこうとしているころ、チリ政府は9分間のビデオを、チリ時間金曜日夜のプライムタイムの放映用として公表した。男たちの地下の「文明」への窓が、開かれようとしていた。労働者たちのテレビへの初登場であった。ニュースビデオが世界中に放映されると、反響はとてつもないものだった。世界は驚嘆した。

フロレンシオ・アバロスがカメラを持ち、セプルベダが安全シェルターの小さな洞穴の中をゆっくりと回し撮りした。むき出しのごつごつした岩の壁。錆ついた酸素タンク。一杯の水を汲

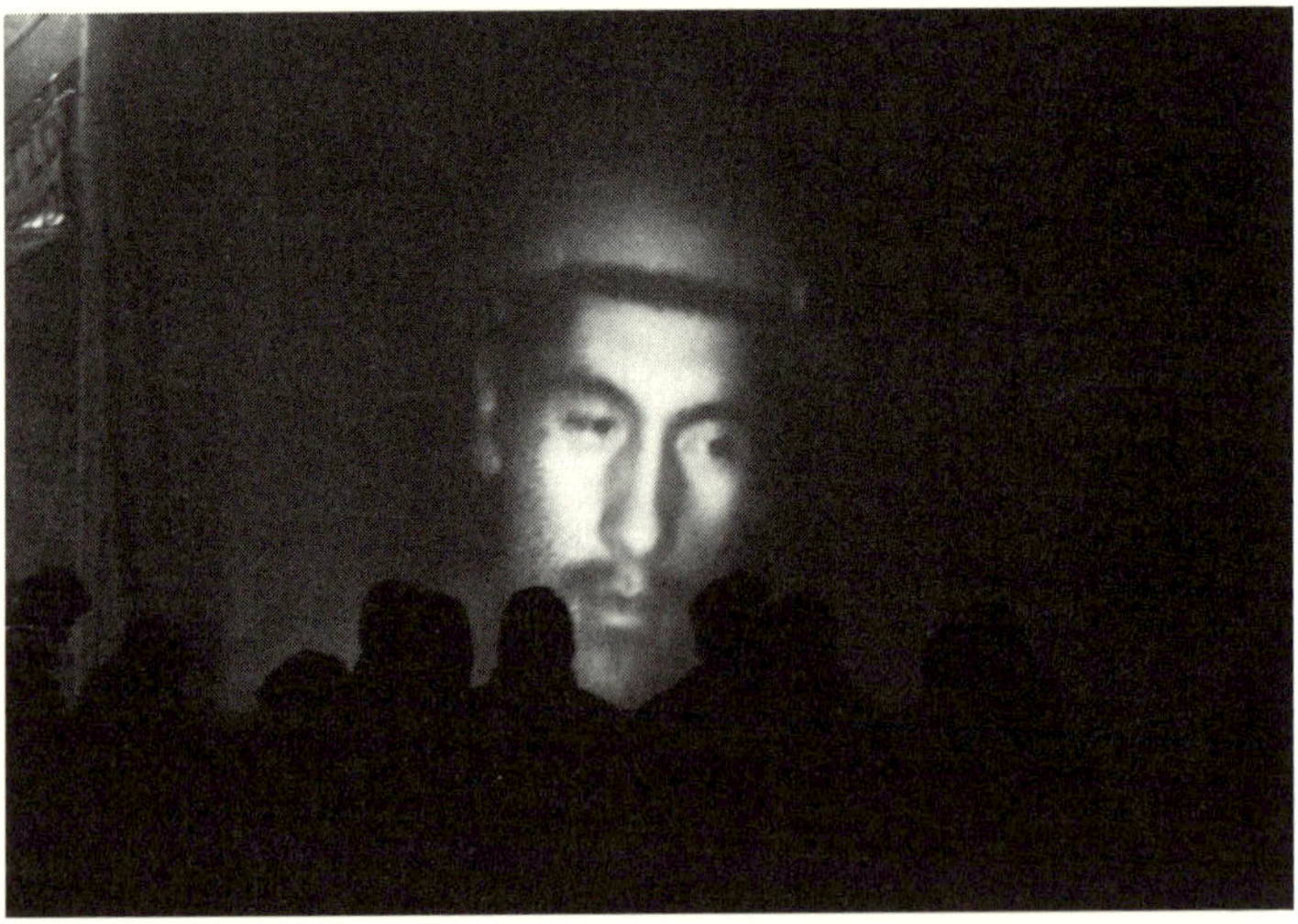

地底から届いた最初のビデオ映像を大画面で見る家族たち＝2010年8月26日(REUTERS/Landov)

む容器として使われた壊れた桶。ナップザックより小さめのぼろぼろになった救急箱と、有効期限をはるかに過ぎた医薬品類。

男たちは怯えた動物のように寄り集まり、カメラの方を見ている者はほとんどいなかった。セプルベダはみんなを元気づけ、グループの気分を盛り立てようとしたが、それに応えた者はほとんどいなかった。パブロ・ロハスはしゃべろうとしたが、言葉に詰まってしまった。他の連中は、床にうつ伏せになり、カメラを避けた。混み合ったシェルターの中で、極度の疲労が重く漂っていた。疲れきった目が、あてどなく見つめていた。まるでトラウマを負った兵士たちの古ぼけたモノクロ写真のようだった。

汚れ、伸び放題となったひげで、男たちは普遍的な苦しみのマントに身を包んでいるかのようだった。クラウディオ・ジャニエスはかろうじて立てるようだったが、胸から浮き出たあばら骨は小さく波打っていた。疲れ果てたゲリラ戦士の小隊のように、男たちは重いトラウマのオーラを放っていた。死、あるいは死が間近にあるという感覚から、ビデオには暗い思いに取りつかれた人間性が漂っていた。

オレンジ色の鉱山用ヘルメットをかぶっている者が何人かいたが、シャツを着ている者はほとんどいなかった。汗が細い流れとなって体をしたたっている。15平方メートルの狭い安全シェルターに詰め込まれた鉱山労働者たちは、錯乱状態にあるように見えた。セプルベダはチアリーダーのパフォーマンスを続け、ある労働者が新しいスプリングとマットレスの入った箱を見つけたと冗談を言ったり、みんなに愛する家族と二言三言、言葉を交わしたりするよう勧めた。サモラは一生懸命、家族への感謝の気持ちを伝えた。「みんなが、俺たちのために、どんなに闘ってくれたか分かってるよ」サモラはちょっと口をつぐんで、涙をぬぐい、言った。「俺たちは全員、みんなに拍手を送りたい」。喝采が起きたが、それは短かった。

ビデオの最後で、鉱山労働者たちはチリ国歌を歌い始めた。明らかに極度の疲労状態にあるにもかかわらず、その声は響き渡った。労働者たちの初の映像から世界の人々が何を読み取ろうとも、彼らが団結しているという事実を疑う者はほとんどいなかっただろう。

このビデオは、鉱山労働者たちの秘密の世界をバーチャルで見て回るのと同じだった。男たちの多くは横たわっており、カメラの前では恥ずかしそうにしていたが、セプルベダは、ユーモアと人に訴える力、そして自信に満ち溢れて一世一代のパフォーマンスを演じていた。彼は男たち一人一人に、それぞれ家族たちに話し掛け、希望と感謝の短い言葉を送るよう促した。ビデオは、労働者たちの存在の危うさと、生き延びることへの誇り高き宣言を恐ろしいほどに前向きにまとめたものだった。

セプルベダがこうした役割を演じたのは思いがけない幸運からではなく、メディアを意識した戦略だった。ピニェラ政権はセプルベダを司会役にするよう、労働者たちに働きかけた。「われわれは鉱山労働者たちに、テレビにはフロレンシオ・アバロスではなく、『アーティスト』（セプルベダ）を使うよう要請しなければならなかった」と保健相のマニャリク博士は説明した。「これは非常に難しい交渉だった」。ピニェラ政府は労働者たちを、大統領の果敢な起業家精神を際立たせるためのヒーロー、人間トロフィーとして、世界中に示したかった。このメディア戦略には、選り抜きの注意深い編集作業が必要だった。ビデオは念入りに検閲され、男たちの真菌感染症の部分はカットされた。労働者たちのすすり泣きのシーンが放映されることは決してなかった。

【22日目】 8月27日 金曜日

大量の手紙が地下から地上に送られてきた。手書きのメモは男たちのいる独特な世界を詳細に記していた。心理学者や家族たちは、このミニチュア社会で行われているさまざまな日課や決まりを、つなぎ合わせることが可能になった。労働者たちは、それぞれ11人で構成する三つの作業グループによる生活支援業務について詳しく述べていた。各グループが8時間シフトで交代しながら、どのように地下で生き延びていくための闘いを続けているかを明らかにしていた。

通信センター利用スケジュール								
		月曜日	火曜日	水曜日	木曜日	金曜日	土曜日	日曜日
朝								
10:00	10:30						健康相談	
10:30	11:30	応急処置トレーニングまたは運動						
11:30	12:00	コデルコ社によるテクニカル・ワークショップ						
12:00	13:00	自由時間、鉱山労働者の内部ミーティング						
昼								
15:00	15:30	健康管理					家族とのビデオ面談	
15:30	16:30	精神科医または安全管理関連						
16:30	17:00	コデルコ社によるワークショップ						
17:00	17:20			サンホセ作業員				
17:20	18:00							

通信センターで行われた地下と地上のやり取りスケジュール＝（資料提供：ミコモ）

「俺たちには三つのグループがある。『レフヒオ（避難所）』、『ランパ（ランプ＝坂道）』、『105（海抜105メートル）』だ」と、オマル・レイガダスは家族への手紙に書いてきた。「俺はその一つ『レフヒオ』のリーダーだ」。各グループには「カパタス（現場監督）」と呼ばれるリーダーが一人いて、彼が直接、全体のリーダーであるウルスアに報告していた。

男たちが体力を回復し始めると、毎日のスケジュールが設定された。食料や水の心配がもはやなくなったため、厳しいスケジュールを地上から課さないと、男たちは一日中のんびりリラックスしてしまう。そして、教科書に出てくる「手持ち無沙汰は悪魔の作業場」の例のように、社会的結束が崩壊してしまうのではないかと、救出作戦の指導者たちが懸念したためだった。カパタスに率いられて、各グループには毎日の仕事が割り当てられた。朝のシフトの場合、一日は午前7時30分の起床で始まり、朝食は8時30分、次いで朝の日課の雑務。一部は地上の鉱山技術者から指示された仕事、その他は単純に常識に従った仕事だった。

チリとNASAの専門家たちが一様に驚いたことに、鉱山労働者たちは日課と任務の分担計画表を作り上げていた。それは極限の17日間の経験を毎日の日常業務にまで拡大したものだった。男たちの多くは、個人個人の役割を放棄してしまうのではなく、自分が持っている機械や電気に関する技能を活用して、生き延びるためのカギとなる新しい発明品を作っていた。こうした日常の仕事を継続することで、彼らは無力感に陥るのを避けられたのだった。「われわれの目標は、労働者たちの自助努力を助けることであって、彼らを病気扱いすることではないのです」とジャレナ博士は語った。

元気が回復すると、鉱山労働者たちはもろい壁を補強したり、がれきを片付けたり、睡眠区域に浸み出してきた水の流れを脇へそらしたりし始めた。男たちと地上を結ぶ輸送用カプセルのパロマは、水を使って滑りやすくしてあった。そのため、べとべとした泥の流れができて、常に彼らの居場所にしたたり落ちてきた。労働者たちからの手紙は、汗のしずくと茶色い泥のシミで汚れていた。それは鉱山内部が湿度90パーセント、気温33度であることを常に思い起こさせた。しかし、今では彼らはシャンプー、せっけん、練り歯磨き、タオルを受け取っていた。ほんの数日前に比べると、五つ星へグレードアップしたわけだ。

男たちは睡眠区域や居住区域周辺部の安全パトロール隊を組織した。恐ろしいほど不安定なサンホセ鉱山が再び崩れ、彼らをさらに狭いスペースに閉じ込めるような兆候がないかを、常時監視するためだった。小さな岩の層が崩壊し、それが雪崩のように広がって、大崩落につながる可能性を労働者たちは恐れていた。彼らは毎日、長い柄のつるはしで坑道の天井から緩んだ大きな岩を取り除く作業「アクナンド」に、数時間を費やした。

「最初の大きな岩の動きで、彼らはネズミのように隠れ、シェルターを探すだろう」。ＡＣＨＳの救出作戦の責任者の一人、アレハンドロ・ピノは言った。「この連中は経験豊富な鉱山労働者だ。大きな動きの最初の兆候があれば、どこに隠れたらいいか知っている」

パロマによる輸送が40分おきに到着するため、パロマは閉じ込められた男たちに恒常的な仕事をつくり出した。６人の労働者が「パロメロス」に任命された。これは「鳩を捕まえる人」を意味するチリの新語だった。パロメロスの仕事は、長さ３メートルの金属チューブを受け取り、キャップを回し開け、中身を振って出し、代わりに最新の手紙やメッセージを中に詰め込み、この魚雷のような形をしたチューブが引き上げられて視界から消えるのを待つことだった。

「短い時間しか余裕を与えない。彼らはこのパロマの操作を90秒で完了しなければならない」とマニャリク博士は言った。「パロマは地下に10分間は置いておけるだろうが、われわれは２分弱しか与えない。彼らは日常の仕事をやり遂げる必要がある。昨日、彼らは私にこう言った。『これまでの人生で、こんなにハードに働いたことはなかったよ』と。これは非常に良い兆候だ。彼らはいかなるときもストップしてはならない。少なくとも一日８時間は働き続けるべきなんだ」

鉱山労働者たちは当番でないときでさえも、パロマステーション（受取場所）で待機し始めるようになった。大事な手紙を受け取るために、あるいはさまざまな器具や物品、果てしなく送られてくる小包に対する全くの好奇心からだった。どんどん効率がアップする配達システムのおかげで、最初の接触から4日後には、労働者たちはプロジェクター、新しいヘッドランプ、保存用の新鮮な飲料水を避難所内に保有するようになった。救出作業員は男たちに2週間分の食料を蓄えるよう求めた。「彼らは戦略的備蓄を始めているんだ」とACHSのピノは言った。

食料の配送と三度の食事には、一日のうちのかなりの時間を要した。昼食の配送は正午に始まり、食事が全部到着するまでにたっぷり1時間半かかった。「昼食が済むと、彼らは全員でミーティングを行い、そこで祈りを始める」とディアス博士は言った。

通常、ホセ・エンリケスが日々の祈りを主宰した。「ドン・ホセ」は、イエスと日々の説教のために生きてきた。当初、ささやかな祈りのグループとして始まったが、そのうち本格的な福音派の集会へと転じていた。いつも20人が彼のミサに出席した。時にはそれ以上が集まった。エンリケスは今や、グループの公式カメラマンとなったフロレンシオ・アバロスに自分の説教の様子を写してもらえるのだった。

ペドロ・コルテスとカルロス・ブゲニョは音声技師に任命された。毎日、午後早い時間に予定されている電話会議のために、電話線を保守、整備する役割を担った。

19歳のジミー・サンチェスは「環境アシスタント」になった。サムエル・アバロスと一緒に、坑道の洞穴を歩き回り、携帯のコンピューター機器で、坑内の酸素、二酸化炭素（CO^2）のレベルや気温を計測した。サンチェスとアバロスは毎日、「ドレーゲル・イグザム５０００」（小型

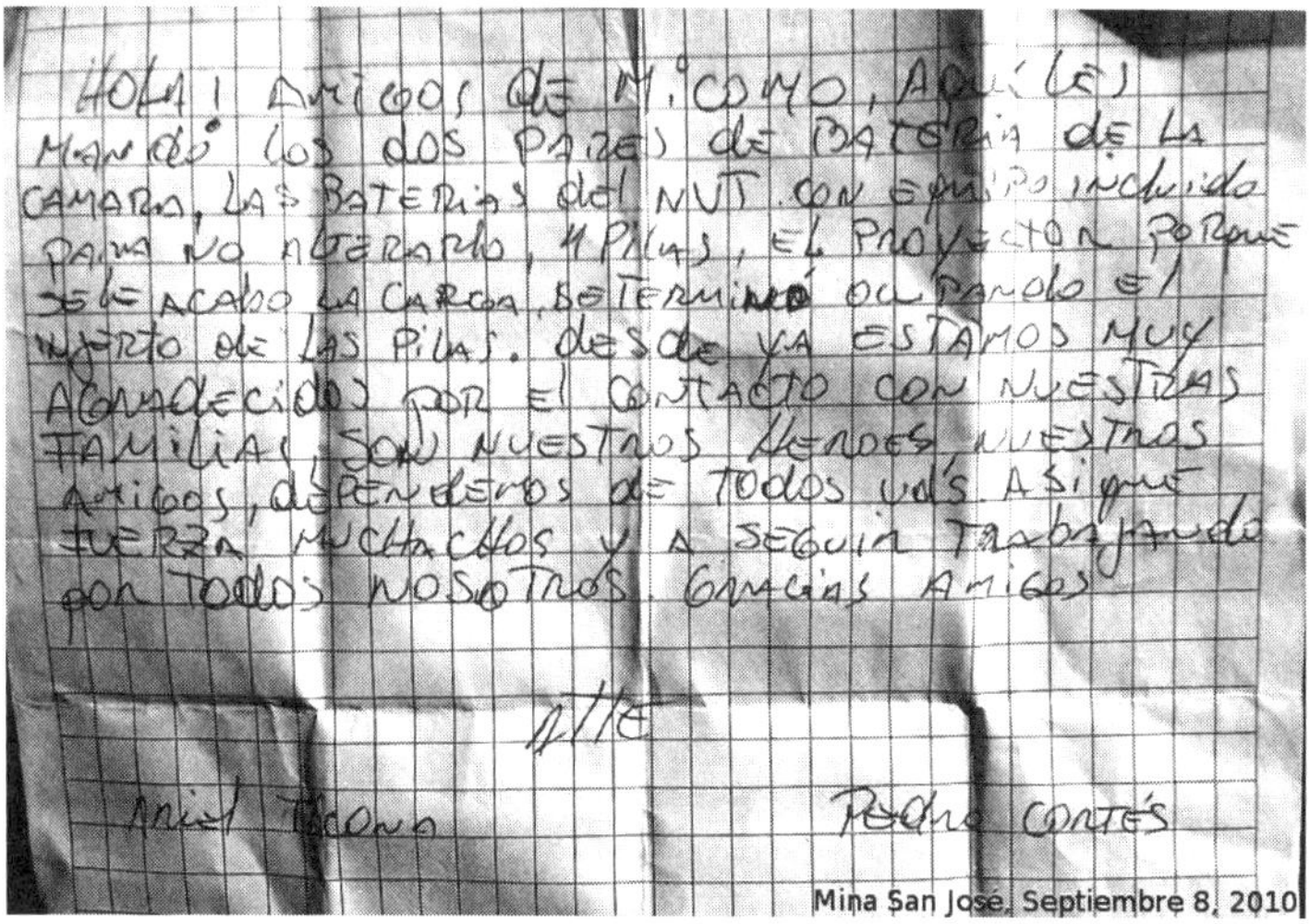
HOLA! AMIGOS DE MICOMO, AQUI LES
MANDO LOS DOS PARES DE BATERIA DE LA
CAMARA, LAS BATERIAS DEL NUT CON EQUIPO INCLUIDO
PARA NO ALTERARLO, 4 PILAS, EL PROYECTOR PORQUE
SE LE ACABO LA CARGA, SE TERMINO OCUPANDO EL
INJERTO DE LAS PILAS. DESDE YA ESTAMOS MUY
AGRADECIDOS POR EL CONTACTO CON NUESTRAS
FAMILIAS, SON NUESTROS HEROES, NUESTROS
AMIGOS, DEPENDEMOS DE TODOS UDS. ASI QUE
FUERZA MUCHACHOS Y A SEGUIR TRABAJANDO
POR TODOS NOSOTROS. GRACIAS AMIGOS

Ariel Ticona　　Pedro Cortés

Mina San José, Septiembre 8, 2010

カメラやバッテリーの様子を伝えるペドロ・コルテスの手紙＝ 2010 年９月８日（提供：ミコモ）

成分ガス検知警報器）の目盛りを読み取り、リポートを地上の医療チームに送った。

食料や睡眠区画の問題など、基本的なニーズが組織化されると、男たちは次にお役所的な仕事や文化的な仕事に取りかかり始めた。地下からの最初のメモの筆者として世界中に知られるようになったホセ・オヘダは、公式の書記に指名された。ビクトル・セゴビアはグループ公認の年代記作者として、進行中の労働者たちの行動記録を毎日、日誌に書き留め続けた。

最初の接触から数日以内に、救出作戦当局者たちはジョニ・バリオスをグループの医師に任命した。最初の17日間に、彼がそうした役割を買って出ていたことを考慮したからだ。彼はすぐにダニエル・エレラを採用し、エレラは「アシスタント・パラメディック（救急救命士補佐)」の肩書を与えられた。

グループの機能維持のため、全ての男たちが仕事を割り当てられたが、最も重要な役割を担ったのはおそらくバリオスだった。彼は全員にジフテリア、破傷風、肺炎の予防注射をした。また、労働者たちが直面している最重要な医療課題である真菌感染症と虫歯に関しては、遠隔医療という前代未聞の試みの中心となった。

日々の回診に加え、バリオスは毎日午後に地上の医療チームと1時間に及ぶ電話会議を持ち、指示を受けた。

「ジョニ、聞こえるか?」700メートルのケーブルに接続された電話機で行われる医療会議で、マニャリク博士が叫んだ。「ジョニ、これまで歯を抜いたことがあるかい?」

はるか下の方からバリオスのビリビリする声が地上に届いた。「ええ……自分のを1本」

医師たちは驚いて顔を見合わせた、この労働者の貧しい現実に衝撃を受けたのだ。「もし君に歯を抜くことを頼んで、消毒用器具を送ったら、やってくれるかい?」とマニャリクは尋ね、感染した臼歯を抜く最善の方法を示した解説ビデオを送ることを約束した。マニャリクはバリオスに親しみの込もった注意を与えた。「ジョニ、忘れないで連中に伝えてくれ。歯磨きを続けないと、すぐに歯を抜かねばならなくなる、とね」

バリオスにはもう一つ重要な仕事があった。「彼には男たちの身体測定をやってもらう必要があった。今、掘削している小さな救出坑に、彼らの身体が収まるかどうかを知るため、連中の胴回りの大きさが必要だった」と、栄養学の先進的研究をしている外科医のデビス・カストロ博士は話した。

バリオスは地上にも、もっと複雑な仕事を抱えていた。それは愛人と妻とを互いに引き離しておくことだった。２人とも彼をめぐって公然と相手を非難し、争っており、それがメディアを熱狂させていた。地下では、労働者たちがこの痴話げんかのことでバリオスをからかい続けた。労働者たちの閉じ込められた世界では、冗談やユーモアはとどまるところを知らない。不可侵なるものは何もない。バリオスの苦しいジレンマを考慮してやるよりも、男たちは悪意などなく、単に日常会話の一部として、それを笑いや冷やかし、嘲笑の種にした。

【24日目】 8月29日 日曜日

今や鉱山労働者たちとの主要な通信手段となったペドロ・ガジョのベーシック的な電話機を通じて最初のコンタクトが取れてから6日間がたつと、地下からの要求が増大した。労働者たちは、それぞれの家族と話すことを望み、要求し、懇願した。救出作戦のリーダーたちは極めて短い声の接触を計画した。心理学者イトゥラの進言に従って、愛する人との通話は各家族それぞれ60秒間だけというものだった。

労働者員たちは憤慨した。ピニェラ大統領やゴルボルネ鉱業相と合わせて1時間以上話し合った結果、家族との通話というこれまでで最も重要な通話に、グループ全体としてちょうど33分間充てることを受け入れることになった。通話が始まると、やはりまた新たな問題が持ち上がった。

「俺が電話で話していると、イトゥラがこう言うんだ。『切って、切って、切って』と。で、俺は『あんたは何を言ってるんだ？ まだ1分たってないじゃないか』って。すると彼がこう言う。『切らなきゃ、こっちで切る』。俺は思った、なんてくそったれだ。あいつのメンタリティーが分かったよ」。サムエル・アバロスは、イトゥラがあまりに厳格で、労働者に対する支配欲が強すぎると非難した。「彼は自分の条件をグループに押しつけようとした。俺たちはそれを絶対受け入れなかった。俺たちはグループだった。良かれ悪しかれ、一つの家族だった」

当初、労働者たちは毎日2時間の電話会議に同意していた。この会議の中でイトゥラや医師たちは彼らにさまざまな質問を浴びせた。これは労働者グループおよび個々のメンバーの心理学的プロフィルを作成するための試みだった。しかし、鉱山労働者たちが体重や体力を回復するに従って、毎日のこの会議に対する反発が高まった。「彼らは、自分たちは病気じゃない、だから医師や心理学者と話したくないと言うんだ」とディアス博士は語った。

新たなレベルのコミュニケーションはまた、さまざまな口論や対立の火種をまき始めた。地上での家族の確執が、手紙や鉱山労働者たちとの対話の中に忍び込む恐れがあった。労働者たちが、あとどれくらい多くの精神的ストレスに耐え得るのか、誰も分からなかった。一人が正気を失えば、グループ全体に波及する可能性があった。救出担当者たちは、パニックの発作や暴力が、労働者たちを理性や秩序が失われた集団状況に陥れる可能性を懸念していた。

毎日、双方から何十という手紙が交わされるようになると、イトゥラが率いる心理学チームは厳格な方針を実施した。労働者からの手紙は全て、家族に渡す前に心理学者チームが読む。同様に、労働者に宛てた手紙も全て事前に読む。心理学チームは、しっかり折りたたまれた手書きの手紙の山を詳しく検討することに、毎日を費やした。

ＮＡＳＡの長年の顧問であるニック・カナスは、この検閲制と権威主義的な態度を酷評した。「私はいかなることも隠しだてするつもりはない。さもないと、不信の元をつくり上げることになる。鉱山労働者たちは、やがてこう尋ね始めるだろう。『他に何か、われわれに隠しているんじゃないのか』と。彼らは自分たちが情報の全部を得ていないことを知り、その理由を知りたがるだろう」

その言葉通りに、緊張は急速に高まった。政府当局者が説明を試みたが、ホセ・オヘダは、手紙が紛失したとか遅れているということを信じなかった。「ここは刑務所のようだ。彼らは全てを検閲している」と手紙に書いた。「俺たちはコミュニケーションが取れるようになる前の方がずっとよかった」。この手紙は彼の家族には見せられず、心理学者らによって隠しておかれた。「時々、彼らは言葉を書き加えたり、書き直したりもしたかもしれない」とカルロス・バリオスが指摘した。「俺はおばあちゃんの筆跡を知っているんだから」。バリオスはストライキの実施を口にし始めた。労働者たちは地上の目に見えない司令官たちに対し、統一戦線を張ろうとした。バリオスにとって、紛争の全ては心理学者イトゥラの恩着せがましい横柄な態度が原因で、それが男たちを団結させた。「彼らは俺たちを無知だと思っていた。全く俺たちのことが分かっていなかった」とバリオスは言った。

第8章 マラソン

プランAに投入された「ストラータ950」ドリル／2010年9月8日（AFP/Getty Images）

【26日目】 8月31日 火曜日

灰色のバンがキャンプ・ホープに集まったカメラマンの群れの間を縫うように進んでくると、閉じ込められている鉱山労働者の家族たちは道の両脇に列をなして歓声を上げた。バンの車内では、NASAの6人の専門家たちが、驚きながら周囲を眺めていた。米宇宙開発計画の、どちらかというと殺風景で極めて組織だった環境の中で訓練を受けた6人にとって、スペイン語で叫ぶ多くの女性たちや、彼らの写真を撮ろうと押し合いへし合いする数百人のカメラマンの姿は、まるで別の惑星に着陸したかのように思われた。

鉱山労働者が地下で17日間も生き延びていたというニュースは、世界を驚愕させた。鉱山機器を総動員して岩盤に穴を開け、閉じ込められた男たちと連絡を取るのに成功したチリ技術者らの専門的能力も、同様に驚きを持って受け止められた。しかし、地下の男たちが食事や医薬品を受け取れるようになると、それまでとは全く異なる新しい難題が浮上した。彼らの心理学的健康の維持だ。救出活動のあらゆるレベルの責任者たちが、人間心理の未知の領域の問題をめぐって悩んでいた。サンホセ鉱山の大惨事には、過去の事故にない特徴があることを認識したピニェラ大統領は、適切な経験を持つ専門のコンサルタントを呼んでくるよう補佐官らに命じた。彼らは大統領に二つの提案を携えて戻ってきた。宇宙飛行士と潜水艦乗組員である。

チリの宇宙計画は、たった一人の人物に限られていた。チリ空軍のクラウス・フォン・ストルクだ。彼は筋金入りの楽天家で、NASAの宇宙飛行士リストに登録されてから諦めるまで、10

年以上も声がかかるのを待っていた。チリのアタカマ砂漠は世界の天文学の最前線だが、チリの国家財政の現実を考えれば、有人宇宙飛行は何光年も先のことだった。このため国内で助力を得るつてはなく、ワシントンのチリ大使館は、結局、ＮＡＳＡ当局者に接触した。ＮＡＳＡは、密閉空間でストレスにさらされた状態の人間行動に関する数十年間の研究結果を、喜んで提供すると答えた。こうしてキャンプ・ホープに派遣されたチームには、宇宙空間でのアポロ計画から南極の凍えるような環境に至るまで、極端な生活条件について幅広い経験を持つアル・ホランド博士が含まれていた。

ＮＡＳＡの専門家たちは早速、心理学者、栄養学者、鉱山技術者、それにチリ潜水艦隊のレナト・ナバロ司令官を含む、設置されたばかりのチリ側チームと協議を開始した。司令官は、密閉環境における人間管理の経験を買われてチームに派遣されたのだった。ナバロ司令官は「潜水艦の外側は水だ。鉱山労働者たちは７００メートルの厚さの岩盤の下にいる。だが、閉塞感は同じだ」と指摘した。

地下の33人の男たちの生存条件は、物資補給や精神的健康に関する非常に多くの問題を提起するだけに、鉱山に結集した支援スタッフの数は物理学教授、地図製作者、雪崩遭難の生存者を含め、全体で３００人にも膨れ上がった。スタッフには地下の鉱山労働者たちへ送られる食事を調理するシェフのエドムンド・ラミレスも加わっていた。ＮＡＳＡから来た大物たちは、既に到着済みの多くの外国人専門家に加わった。だが、閉じ込められた労働者１人当たり10人の専門家という体制になっても、多くの疑問には答えが見つからなかった。

NASAの心理学者のマイケル・ダンカンは、サンホセ鉱山のテントの中で「こうした状況と救出に向けた努力には前例がない。わたしが知る限りでは、これほど多くの人間が、これほど地下深くに閉じ込められたことはなかった。落盤から長時間が経過した後、彼らが生きて発見された事実は驚くべきことだ」と述べた。

NASAの当局者はチリ側の救出努力を称賛し、わずかな修正を提案した。それは、食事にビタミンDを加え、昼と夜のサイクルに対する体の反応を刺激するために、人工照明を改善するという内容だった。彼らはさらに、生活の単調さを回避するには、カード遊びや読書、映画鑑賞など、ちょっとした日常の活動が極めて重要だと指摘した。NASA当局者たちは、チリ側に対する最後の5時間の詳しい説明内容は明らかにしなかったが、会議の参加者らによると、NASAは、地下の鉱山労働者たちの間に会社並みの厳しい上下関係を組織することの重要性を強調したという。投票と集団的決定のやり方は、確かに最初の17日間はうまく機能してきた。しかし、NASAの専門家らの話だと、地下の男たちはこれまでとは異なった段階のレース、NASAの言葉では「マラソン」の準備をする必要があるという。

さらにNASAの当局者たちは、救出作戦指導者たちに、反乱に備えるよう伝えた。ホルヘ・ディアス博士は「彼らは、スカイラブのあるミッションで、宇宙飛行士たちが地上の司令官と口論し、腹立ちのあまり連絡を絶ってしまったことがあったという。宇宙飛行士たちは軌道を周回していたが、誰も彼らとはまる1日コンタクトができなかったという話だった」と振り返った。

チリの精神病理学者のフィゲロア博士も、この意見に同調した。

「発見された直後の強い幸福感の後、疲れとストレスの組み合わさった結果、虚脱状態になるのが通常の心理的反応だ」。フィゲロア博士は、閉じ込められている鉱山労働者とその家族らに施すメンタルヘルスケアについて報告するため、内務省に採用されていた。

「今回の出来事から精神に長期的打撃を受ける労働者は15パーセント程度だろう。このため政府は、こうした長期的な精神的問題が起きるのを防止する活動を強く支援している。最も重要なのは、コミュニケーションのチャンネルを開いておき、鉱山労働者たちがメッセージを送れる時間をあらかじめ定めておくことだ」

手紙の往復が可能になり、家族と労働者らの双方にとって大きな精神的励みとなったことは実証済みだった。閉じ込められた労働者たちが最初に要求したものの中には、ペンと紙があった。次の段階として、彼らと通話できる電話システムが導入され、それにビデオ会議システムが続いた。しかし、オープンなコミュニケーションは、同時にコントロールの喪失を意味した。妻が地下にいる夫に離婚を要求したらどうなるのか？　あるいは、家計のやりくりで夫婦げんかをすべき時なのだろうか？

【27日目】　9月1日 水曜日

サンホセ銅鉱山の救出現場は遠くからだと、めちゃめちゃに散らかった建設現場のように見えた。大型クレーンが24時間、騒音をまき散らし、巨大なクレーンが金属製チューブを船のマストの高さまで軽々と持ち上げている。セメントを積んだトラック、ブルドーザー、穴掘り用のバックホー、ロボット化された鉱山機器が山腹を動き回るさまは、まるで昆虫のようだ。駐車場は、ドリルのビットから炭を積んだ28個のパレットまで、多くの物資で埋まっている。炭はドラム缶に詰めて火をつけ、山腹で歩哨の番に当たる約20人の警察官の夜間の明かりと暖をとるために使われた。

交代で作業を続けるヘルメット姿の男たちの汚れた大きな手と、ほとんど笑いを忘れた顔が、過去4週間に集められた数百人の救出作業員が直面する仕事の困難さを物語っていた。食事用テントの内部では、ブラジル、南アフリカ、米国、カナダから集まった専門家たちが、数百人のチリの熟練技術者らに加わった。家族を置いてアタカマ砂漠に飛んできた救出作業員たちは、子どもの誕生日も祝えなかった。彼らは見ず知らずの、今後も会うことがないかもしれない男たちを救うための12時間シフトに名乗りを上げたのだった。

四輪駆動のピックアップの車列が食料や機械類、寄付された品物などを積んで到着した。ソプロール食品会社の配送監督アドルフォ・ドゥランは、ヨーグルトの缶や牛乳瓶が詰まった箱を指さして「家族と子供たちを支援するためにやってきた。われわれは4、5日おきに、ここにいる180人に牛乳やヨーグルトを運んでくる」と話した。「チリではまず大地震があり、その次にこの事件があったので、国民の間で友愛の気持ちが強まっている。個人的には、わが国は今年、これまでより強くなったように感じる」

山の下部、警察の検問所の下の方では、家族間のいさかいが起き、それを取材するメディアの報道合戦の一部となっていた。警戒線の向こうに閉じ込められた数百人の記者たちは、お互いにインタビューし合ったり、憶測したりする以外は、ほとんどやることがなかった。結婚している鉱山労働者のうち何人に愛人がいるのだろうか？　閉じ込められた男たちはセックスをしているのだろうか？　救出作戦はピニェラ政権が語っている通りに、順調に進んでいるのだろうか？

支援物資が次々と送り込まれてくるものの、キャンプ・ホープは愛の祭典の場とは言えなかった。家族のもめ事が起き、涙ながらに言い争った。ここで働くある医師は「ジョニは鉱山から出てきたくないんだ」と冗談を飛ばした。彼は現在進行中の三角関係のおかげで、２番目の罠に陥れられようとしているジョニ・バリオスをこう表現した。昔から連れ添っている妻と、長くからの愛人は争いを続けていた。どの家族にも同じような話があった。長い間、行方不明だった娘や息子たちが、まともに父親だったことのない男に会うために集まってきたこともあった。彼らの血の絆は、遠い昔に擦り切れてしまっていたが、痛々しくも人の心を動かし、琴線に触れる感情の表現だった。

地方の役人たちは、キャンプ・ホープが拡大し続けていることに気付いた。人口は現時点で５００人。しかも毎週、ジャーナリストの一団が、全世界が注目する話題でひとヤマ当てる機会を求めてキャンプの一角を占める権利を主張し、新たな「隣人」となっていた。２０００年に１１８人が乗り組んだロシアの原子力潜水艦クルスクが海底に沈んだ際、世界のメディアは艦内

キャンプ・ホープ裏手のジャーナリストのキャンプ。おおよそ2000人以上が世紀のドラマを取材しようと集まった＝2010年10月11日(AP)

に閉じ込められた水兵らの苦しみと緩慢な死に執着した。彼らの仕事ぶりは、潜水艦の壁をたたく「トン、トントン」という最後まで続けられたモールス信号の音が、次第に弱まっていく様子を報じた記事によって評価された。それから10年後、ほぼ同じ日に起きたチリの鉱山事故という劇的な事件は、恐らく、これまでで世界最大のマルチメディア的悲劇となった。光ファイバーで地下の男たちと連絡が取れるようになると、連絡用チューブ・パロマを通じてデジタルビデオカメラや、ビデオのプロジェクター、MP3プレーヤーなどの娯楽機器が送り届けられた。33人の鉱山労働者はたちまち、人類史上で最もインターネットやメディアに精通した事故被害者となった。落盤から2カ月後には、グーグルで「チリ人」や「鉱山労働者」を検索するとヒット件数は２１００万件に達した。

チリの鉱山労働者の事件は、すぐに世界中で日々の娯楽番組の定番となった。キャンプ・ホープには、今では子ども用の区域や地域コミュニティーの伝言板が設けられ、近くの町との間を行き来する定期便シャトルバスの運行まで始まった。福音派の説教師のためのステージやアンプ、音質の悪いスピーカーが、国際記者団のテントから3メートルしか離れていない場所に設置された。記者やテレビのプロデューサーたちは、ニュースリポートを送っている間も、信仰の叫び、救済の約束、そして「34人目の鉱山労働者」すなわちイエス・キリストを忘れるなという念押しの言葉のセレナーデを聞かされた。

チリ政府当局者らは、男たちを鉱山から救出するには、技術的あるいは理論上の難問がこれから先も山積していると警告していたが、男たちが生きていることに安心した家族たちは、笑い合い、バーベキューの準備に興じていた。たき火とポジティブなエネルギーに満ちたキャンプは、今では難民キャンプのようではなく、まるでチリの音楽祭の小型版だった。ライブのパフォーマンスが溢れていた。チリの著名なピアニストのロベルト・ブラボーが家族の輪に囲まれて鍵盤をたたき、生涯で一度だけのパフォーマンスを記念してシャンパンのコルク栓を抜いた。

閉じ込められているダリオ・セゴビアの弟で38歳になるペドロ・セゴビアは「やっと楽に息ができる。もう間違いない。昔だったら、機械で７００メートル地下の彼らを本当に見つけられるとは思ってもいなかった」と語った。ペドロはレモンに塩をまんべんなく振りかけてその汁を吸いながら、サンホセ鉱山は「死の罠だ」と語り始めた。「働いたのは1年間だが、いつも危険な労働現場だった。鉱山の中に入った者はみんな、無事に出られるか心配したものだ。一度、天井

閉じ込められた労働者たちの無事を祈る祭壇＝2010年9月6日（AFP/Getty Images）

の一部が崩れて、１００キロの岩が俺の上に落ちかかってきた。幸い防護網に当たって砕け、背中に打撲傷を負っただけで済んだ」

ペドロ・セゴビアは家族や友人らと交代でテントの見張りに立った。テント近くではイエスと聖母マリアの像に囲まれて1本のロウソクの明かりが揺れていた。見張りは強盗を警戒したものではなかった。キャンプ・ホープは、なくした携帯電話が、感謝する持ち主に誠意を持って戻されるような場所だ。セゴビア一家が常にメンバーの一人に寝ずの番をさせていたのは、地下にいるダリオに敬意を払ってだった。ダリオは自分たちの真下の地中に閉じ込められている。どうして、全員が寝ることなどできようか。

セゴビア一家のテントに隣接して、子どもたちの一団が祖父のマリオ・ゴメスのために作られた祭壇のロウソクで遊んでいた。子どもたちは鉛筆やクレヨンで簡単な自動車の絵を描き、神妙な表情でゴメスの写真の脇に置くと、不毛の丘に点在する岩の間で遊ぶために駆け出していった。

キャンプ・ホープは今では一つのコミュニティーになっていた。家族はそれぞれ別のテントを家とし、日常の生活も異なってはいるが、共通の大義と目的によって、混雑した生活条件の中でも礼儀正しさが保たれていた。家族の間では隠し事はほとんどなかった。暇な時間が十分にあり、共通の希望を持っていたため、小さなキャンプ内ではニュースは飛ぶような速さで伝わった。

ラウル・ブストスの妻のカロリナ・ナルバレスは、悲劇には慣れっこになっていた。6カ月前にマグニチュード8・8の地震の震源地にいたナルバレスとブストスは、彼が働いていた造船所が津波で破壊されるのを目撃した。サンホセ鉱山で働くのは、1200キロ南にあるブストスの生まれ故郷のタルカウアノが再建されるまでの一時的なものになるはずだった。

岩に腰かけてたばこを吸っていたナルバレスは「これほど長い間、地下で生きた人間なんていない。彼よりも気丈でいなくちゃ」と話した。彼女の後ろには、ラウルの写真が掲載されたポスターが貼られていた。ラウルは厳しい顔で見つめていた。ナルバレスには、男たちが無傷で試練を乗り切るとの幻想はなかった。「鉱山から出てきた時のラウルが、入った時のラウルとは違った人間になるのは分かっているの」

そこから20メートル離れただけのキャンプサイトでは、ネリー・ブゲニョが息子のビクトル・サモラが閉じ込められたことを喜んでいた。ブゲニョは、息子がいつもせわしなく動き回り、日々ストレスを感じていることに常に批判的だった。閉じ込められたことでビクトルも自分自身の内面を見つめざるを得なくなるだろう、とブゲニョは言った。彼女は、息子からの手紙を驚きながら何度も読み返した。鉱山労働者しかやったことのないビクトルが、これほど大胆で感情的な手紙を書いたことはなかった。これを書いたのは、彼女が育て上げ、生まれつきの鉱山労働者になっていったビクトルとは明らかに違っていた。

「彼は地下で、もう一人の自分を見つけたんだわ。自分が詩人だと気付いたのね。こんな美しい文章がどこから湧いてきたんでしょう。言葉が芽を出したのかしら」。ほほえんだブゲニョの小さな体は、大きな誇りに包まれていた。「ビクトルにはもう鉱山では働いてもらいたくない。彼は歌や詩を書くべきだわ」

ノーベル文学賞を受賞したガブリエラ・ミストラルやパブロ・ネルーダを生んだチリでは、男たちがサモラを鉱山労働者の公式詩人と名付けたのは不思議ではない。サモラの韻を踏んだ詩はしばしば、救出作業員たちにとって一ページの激励の説教となった。希望と感謝、ユーモアが組み合わさって、彼の手紙は地下からのメッセージの中で最も読まれるものとなった。パロマ・ステーション［物資を地下に送り出す場所］に詰める救急医療隊員のペドロ・カンプサーノは、サモラの詩を何度読んでも涙させられた。「最初の手紙が上がってきた時、途中までは読んだが、続けられなかった」カンプサーノの目は涙でかすんだ。「読むたびに、涙がこみ上げてきてしまう」

地下の男たちの生存が確認された時の高揚感とは対照的に、チリの技術者たちが「突入作戦」と呼んでいる、彼らを鉱山内部から引き上げる作業は、気が遠くなるほどの難題だった。閉じ込められた男たちのところに届く700メートルの穴を掘り、避難所から1人ずつ地上に引き上げるシステムを設計するには、3カ月から4カ月を要するだろう。救出作業が前例のない難問であるのを認識したピニェラ政権は、それぞれ異なった技術を用いる複数の救出戦略を構築すること

プランAに設置されたドリル＝(提供：ミコモ)

にした。極めて複雑な掘削計画には、プランAとプランBという驚くほど単純な名前が与えられた。

プランAの主役となるのは、世界最大の掘削機の一つ、オーストラリア製の最新鋭リグ、「ストラータ950」と呼ばれる立坑掘削機だった。立坑掘削機は直径66センチの穴を最高3200メートルの深さまで掘ることができる。費用は1メートル当たり3000ドルから5000ドルだ。この装置は世界に6基しか存在しないが、幸いなことにうち1基がチリにあった。閉じ込められた鉱山労働者の救出のために出動要請を受けた立坑掘削機で真っすぐに掘り下げることになった。最初に直径46センチの穴を掘り、続いてより幅広いビットで穴を拡大すれば、男たちを救出用カプセルで地上に引き上げられる。掘削には時間がかかるが正確だ。4カ月のうちに、つまりクリスマスまでにはトンネルは完成するだろう。専門家たち全員が、ストラータ950なら十分にやれるという点で一致した。しかし、それほど長い期間、閉じ込められている鉱山労働者らは正気を保っていられるだろうか。何よりも、生きているだろうか。

チリ当局には鉱山労働者救出に関する数百件の提案が殺到した。当局者はほとんど考える暇もなく、米ペンシルベニア州のケクリーク鉱山で鉱山労働者救出のために使われた戦略に飛びついた。まずボアホールを掘り、続いて「シュラムT130」と呼ばれる米国製の強力なドリルで穴を拡大する計画だ。プランBと名付けられたこのやり方なら、2カ月以内に救出できる可能性がある。しかし、深さ70メートルでは機能した技術が、その10倍の深さに閉じ込められた鉱山労働者の救出に応用できる保証はなかった。

【29日目】 9月3日 金曜日

キャンプ・ホープに到着したブランドン・フィッシャーの任務はただ一つ。プランBの進行を支援することだ。精力的な技術者は、8年前に米ペンシルベニア州の田舎で鉱山労働者らを救出した時と同じメンバーたちに再会した。彼はもう一度、奇跡を成し遂げることができるだろうか。

米国とチリの合弁企業、ジオテック・ボイルズ・ブラザーズのチリ部門社長ジェームズ・ステファニックは、ケクリークの救出で使われたシュラムT130の1基が、チリ北部のドニャ・イネス・デ・コジャウアシ鉱山にあるのを突き止めた。自重45トンのリグには五つの車軸が付いている。それは運搬が極めて容易で、到着すれば直ちに作業準備が整うことを意味した。リグをサンホセ鉱山に運ぶ手続きが取られた。

プランBの「B」は「ブラインド（盲目）」のBでもあった。ドリルを地下の男たちのところに誘導する仕組みはなかった。フィッシャーがカギだった。ペンシルベニア州バーリンのセンターロック工場で、フィッシャーとその80人の従業員が解決策を見つけることになった。フィッシャーは彼のチームが、ボアホールにぴったり合う先端を持つドリルを設計し、製造する自信があった。そうすれば大きなドリルも正確な方向を維持できるだろう。

それでも、プランBはさまざまな面で、まだ試験的なものだった。例えば、このドリルがこれほど深いところからの救出に使われた例はなかった。プランBの技術者のミハイル・プロエスタキスは「掘削の際に最も重要なのは、ドリルがどれほどの重さになるかを知ることだ。重ければ下に掘り進むのは容易だが、最後には全部を引き上げねばならないことを念頭に置く必要がある」と指摘した。技術者たちは、掘削装置は全体で総重量48トンと推定されるドリルの回転軸の重さに耐えられるだろうと、慎重ながらも楽観的な見方だった。

ワシントンのチリ大使館は、ジョージア州サンディースプリングズに本社を置く貨物輸送大手UPSを説得して、大量かつ緊急運搬の段取りを整えた。12・2トンの掘削機器がペンシルベニアの鉄鉱山地帯から、遠く離れたアタカマ砂漠に空輸された。年間500億ドルもの売り上げを誇る巨大企業UPSの慈善事業部門「UPS財団」が、費用を受け持つことになった。

しかし、プランBの重要な部分がいまだに欠落していた。ドリルの操縦者だった。掘削システムとGPS技術の進歩にもかかわらず、シュラムT130はドリルを導くキャプテンを必要としていた。そして、ステファニックは誰を操縦席に座らせるべきかを確信していた。

米コロラド州デンバー出身のジェフ・ハートは、日焼けした石油労働者で42歳の大男だ。彼は埋もれた財宝発見の専門家で、掘削を指揮するために荒れ果てた世界の隅々まで定期的に飛び回っていた。

ハートはこの時、アフガニスタンで駐留米軍のための掘削作業中だった。鉱物資源、石油、天然ガスがぎっしり埋まっているアフガンでハートが雇われたのは、最も貴重な地下鉱脈、つまり地下水脈を見つけるためだった。新鮮な水はアフガンの新たな金鉱となるだろう。

ハートが受け取った最初のメッセージは素っ気なかった。南米で鉱山が崩落した。33人の鉱山労働者は生存しているが、金と銅の鉱山の地下７００メートルに閉じ込められてしまった。彼らを脱出させるための穴を掘りに来てくれる用意がハートにあるだろうか。彼は同意し、ジェームズ・ボンドの映画のように、アフガン農村部の奥地から「引き抜かれ」、ドバイ、アムステルダムを経由してチリに向かう飛行機に乗り込んだ。なぜハートを選んだのかとの問いに対するステファニックの答えは明白だった。「単純に、彼がベストだからだ」

ハートはプランBの指揮を執ることになった。これにより、二つのチーム間の競争がエスカレートした。現場の技術者たちは、どちらのチームが先に鉱山労働者のところに到達するかを賭け始めた。長身のカナダ人のグレン・ファァロンがプランAの主任オペレーターだった。彼は競争を歓迎してこう語った。「ここから世界に向けてＳＯＳが発信された。ボランティアとして手助けするためにチリに飛びたいという人々から、毎日、ｅメールを受け取っている。私の競争相手でさえ支援を申し出た。ここにはチームは一つしかない」

【35日目】 9月9日 木曜日

シュラムＴ１３０を数千時間にわたって操縦したことのあるジェフ・ハートにとって、操縦席はなじみ深いものだった。彼は立ったままレバーと足踏みペダルを使って操作し、濃いサングラスはめったに外さず、耳は球根のような黄色い防護装置で覆った。ヘルメットの後ろから垂らした布片が、アタカマ砂漠の直射日光から首筋を守ってくれた。地球を半周してやってきたハートは、これまで経験した中で最も価値のある目標、つまり、人間の集団という宝物の発見に向かった。彼は何日もの間、プランBの作業場所からほとんど離れず、一日に10時間も掘り続けた。時間の経過は、彼のジャンプスーツを覆うオイルと泥のはねの多さから計り知れた。そして、作業開始からわずか5日目の9月9日、プランBは立ち往生してしまった。

一方、プランAは山腹をゆっくりと掘り続けていた。巨大な機械が回転し、厚さ150メートルの岩盤をくり抜いた。プランBの掘削の方がはるかに速かったが、まず小さな穴を開け、続いて人間を引き上げるのに十分な大きさにその穴を広げる必要があった。これに対して、プランAはカメのように、ゆっくりと、しかし着実に、男たちを救い出すのに十分なだけの太いシャフトの掘削を続けた。

掘削機の空気圧が急激に低下し、ドリルが回っているものの岩を削っていないのを知って、ハートは狼狽した。

268メートルまで掘り進んだところで、作業は行き詰まった。何が起きたのかを突き止めようと、ハートは地下からのシグナルを読み取ろうとした。技術者たちには、掘削作業を中断し、ドリルの回転軸を1本ずつ引き上げて、先端のハンマーを調べる以外に選択肢はなかった。原因ははっきりしていた。ドリルの先端がぼろぼろになっていたのである。タングステン鋼の回転軸からサッカーのボールほどの固まりが欠け落ちていた。穴からつり下ろしたビデオカメラによって、欠け落ちた固まりが、鉄製の棒に絡みついているのが分かった。鉱山の地図が誤っていたため、技術者たちは鉱山の補強用鉄棒の層の間を通って掘り進む経路を設定してしまったのだ。救助用トンネルは補強棒によって妨害されたのだった。

【36日目】 9月10日 金曜日

技術者たちは巨大な磁石をドリルの穴に下ろし、欠け落ちた部分を引き上げようとしたが、失敗だった。鉄の棒に絡みついたビットの破片を砕く試みも失敗した。湖の底に絡みついた釣りのルアーのように、ハンマーの破片はしっかりと岩に絡みついていた。

チリ人技術者のイゴール・プロエスタキス(24)は、救出作戦全体の主任技術者であるおじのミハイルに連れられて現場に来ていた。現場の技術者の中では最年少の1人だったが、ハンマーの破片が岩に挟まった問題を聞くと、解決策を探し始めた。彼は大学で教わった授業を思い出した。鉱山の地下深くで失ったものを回収する、古くからの技術だった。鋭いぎざぎざ歯が付いた金属製の「あご」をシャフトの底に下ろし、それを回収目標の周りに置く。今回の場合、目標はタングステン鋼の破片だ。次に大きな足でアルミ缶を踏みつけるように、金属製「あご」の上部に極めて強い圧力を加える。上からの圧力によって、尖った歯が徐々に曲がり、「獲物」をくわえ込む仕組みだ。「アラニャ（スパイダー）」と呼ばれるこの技術は、原始的だが、効果は証明済みだった。イゴールは何度もスパイダーの使用を提案したが、無視されてしまった。

プランBが立ち往生し、さらにプランAの掘削も中止されると、救出作戦の指導部はパニックに陥った。油圧ホースの漏れを緊急に何とかする必要があった。二つの掘削装置が運転を止めると、地下の鉱山労働者たちは、鉱山で最も恐ろしい「音」を耳にした。沈黙だ。一つの機械も自分たちのところに向かっていなかった。

【37日目】 9月11日 土曜日

プランAの進行は想定より遅れ、プランBは行き詰まった。しかも、プランBの場合は手の打ちようがないかもしれない。キャンプは恐れと絶望感の波に襲われた。鉱山労働者たちは呪われているのだろうか。これまでの救出努力は、鉱山事故に付きものの労働者の死に向けた前奏曲にすぎなかったのか？　だが、政府は救出努力の継続を決定し、既にサンホセ鉱山に3番目の救出チームを招いていた。プランCだ。

大規模な原油掘削作戦を現場で展開するプランCチームの到着は、キャンプ・ホープで喝采と打ち振られるチリ国旗によって迎えられた。救出作業を直接取材できないためにいら立っていた記者団は、未舗装の道をゆっくりと進んでくる42台のトラックの車列を映像に収めようと殺到した。積み荷はチューブ、やぐら、発電機など多数の機器類で、それらを支えるプラットホームはサッカーのピッチにも匹敵する全長100メートルにも及んだ。

リグは、埋蔵原油の発見を目的とした深部掘削専門のカナダ企業プレシジョン・ドリリングが寄贈した。リグはコピアポから北に約１６００キロ離れた港湾都市イキケの倉庫に2年間、保管されていた。

くず銅の価格が1キロ当たり6ドルと記録的な高値をつけている中で、銅をめぐる犯罪は世界中で増加していた。米国の一部では、銅泥棒を追い払うために、各家の持ち主たちが「銅線はな

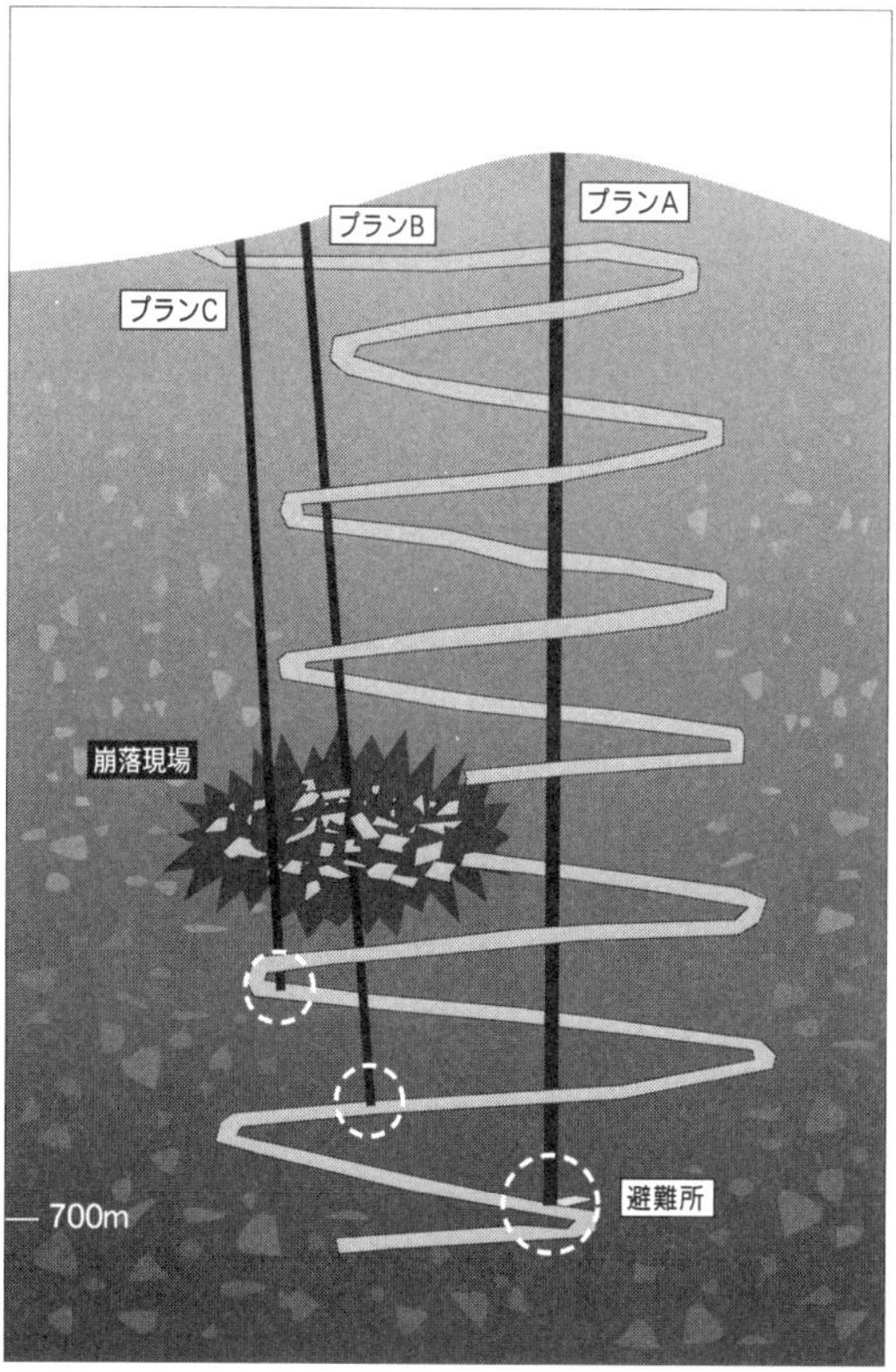

プランA、B、Cのイメージ図

い。有線TVケーブルだけ」とスプレー・ペイントで表示し始めるほどだった。起業家精神の持ち主たちは、1984年以前に鋳造された1ペニー硬貨を溶かして利用していた。銅の価値は銅硬貨の表示価格をはるかに上回り、英経済紙のフィナンシャル・タイムズは「コインを溶かせばセント（一セント硬貨）が作れる」との記事を掲載したほどだ。こうした中でプランCの技術者たちは、泥棒がイキケの倉庫に入り込み、リグのケーブルから銅線を盗んでいたことを発見した。これによって最新鋭の電気回路が失われた。

プランCの主任技術者のショーン・ロブスタッドは「チリに戻ってきたというのに、電気ケーブルが盗まれていたのには少し腹が立った。全てのコードがなくなっていたので、電気技師はあらためて電話で発注した。全部、ヒューストンで取りそろえられはしたが……。そのために多くの人間が週末や夜中にも働かざるを得なかった」と語っている。

【38日目】9月12日 日曜日

38日目の朝が明けると、ゴルボルネ鉱業相とコデルコのチームは、考えられないことを検討し始めた。プランBの放棄だった。

当初の救出計画では、地下の男たちに向かって三つのボアホールを別々に掘ることを想定していた。一つは食料などの補給を運搬するパロマ用、2番目は電気通信用、3番目は水と新鮮な空気の送り込みだ。三つのうちの一つをプランBに充てたため、救出チームは電気通信用のボアホールを使って水と濃縮空気を送り込まねばならなくなった。残った穴は二つだけだ。ペンシルベニアからやってきた「グリンゴ（よそ者）」たちの実験的な提案を受け入れて、もう一つの穴を失う危険を冒そうとする技術者はいなかった。タングステン鋼のドリルの回収が不可能ならば、新しいシャフトを最初から掘り直さなければならないだろう。その場合、先に掘られたボアホールによる誘導がないので、当てずっぽうで掘り進むことになる。

プランBのかじ取りを任されたジェフ・ハートはおかしくなりそうだった。彼は閉じ込められた鉱山労働者を救うために、世界を半周して飛んできた。にもかかわらず、ドリルは3日間連続で止まったままだ。ドリルの金属製ビットの破片は、鉱山の底にしっかりと食い込んでいた。先端部を引き上げたり、ねじり取ったりする試みを繰り返しても、無駄に終わった。ハートはいらついた。彼の頭の中では、時計がチクタクと音を立てていた。1日の遅延は、33人の鉱山労働者の苦しみが1日延びることを意味した。

この間、アンドレ・ソウガレットは、記録的な速さで組み立てられていた巨大原油掘削リグを使うプランCの調整を進めていた。作業開始までの準備は通常8週間かかるが、その半分で準備を整える。それでも、聖ロレンソ作戦に求められる速さを考えれば、甚だしく遅かった。

解決策が見つからないまま時間だけが過ぎていく中で、イゴール・プロエスタキスは彼の考えた方法を説明しようと、午後にゴルボルネ鉱業相に会いに行った。疲れ果てていた鉱業相は「スパイダー」に関する若い技術者の説明を聞くと、直ちに許可を与えた。「スパイダー」が穴の底に下ろされた。上部に圧力が加えられ、歯が「獲物」に食い込んだ。「スパイダー」はゆっくりと地上に引き上げられ、溶接工がブロートーチ（火炎噴射機）でスパイダーの繭に切り込みを入れ、歯を一本一本焼き切った。火花をまき散らしながら、最後の1本を焼き切ると「獲物」のタングステン鋼ハンマーの先端が転がり出た。集まった技術者たちは歓声を上げた。プランBにもまだ成功のチャンスはありそうだった。ボアホールの誘導なしに最初から掘り直さねばならないかと懸念されていたが、その必要はなくなった。だが、プランBは既に時間をロスしていた。敵は鉱山だけではない。過ぎゆく一時間一時間が敵だった。

救出作業員たちも、地下の男たちと同じように眠れず、ひげが伸び始めた。地下深くに閉じ込められた鉱山労働者たちは、地上の混乱に気付いた。ドリルが止まるたびに、沈黙が彼らの世界を満たすのだ。果たして救出されるのかとの疑念をあらためて呼び起こす、恐るべき沈黙だった。

第9章 テレビのリアリティ

ドリルの巨大なビット。数百メートルの硬い岩盤をかみ砕く(Jonathan Franklin/Addict Village)

【41日目】9月15日 水曜日

温かい食料、清潔な服、地面に寝なくてすむ折りたたみベッドのほかに、テレビや映画が見られる小型プロジェクターが届き、男たちは物理的に生存できるかどうかという過酷な瀬戸際から、はっきりした期限がないまま、ただ待つだけという漠然とした状態に移行した。毎日100リットルの新鮮な水がパイプを通じて供給され、毎時110立方メートルの冷却された新鮮な空気がポンプで送られた。しかし鉱山内部の気温に変化はなく、湿度95パーセント、気温32度と、うだるような状態のままだった。

食料が届き始めて20日間が経過し、新たな問題が生じていた。サムエル・アバロスは「それまではごみなんてなかった。その全く逆で、ごみをあさっていたんだ」と語る。男たちはごみを樽に詰めた上で、重機を使って鉱山の最深部に捨てた。トイレとして適当な施設がなかったことも、さらに問題を大きくしていた。下から吹いてくる微風に乗って、腐ったような尿の臭いが居住区域に漂い始めた。それがとても耐えられないほどになったので、男たちは空になったプラスチックの飲料ボトルに排尿した後、いっぱいになったボトルに栓をして、ゴミ入れ用の樽に保管した。空気は劇的に改善された。

救出チームの技師や心理学者が超過勤務をしながらも、男たちを仕事に就かせようとしたが、彼らは逆に怠けるようになった。日課は放置され、規律はなくなっていった。

「俺たちを実際だめにしたのはテレビだった。テレビが届くと、コミュニケーションが壊れた。大問題だった」とセプルベダは言った。「一部の人間は、ただテレビを見ているだけだった。連中は催眠術にかけられたように一日中見ていた」

鉱山労働者たちは夜のニュース番組を見て、自分たちのドラマが世界的な反響を呼んでいることに気付き始めた。セプルベダは最初のビデオで演じた熱狂的な報道ナレーションが大受けし、地上では多数のファンを獲得したが、鉱山の奥深くではこの称賛が、くすぶっていた嫉妬に火をつけた。セプルベダはプレッシャーから逃れようとして、メーンの居住区域から姿を消すようになった。彼は何時間も坑道内をさまよい、立ち止まっては祈った。

「俺たちの間で、秩序や謙虚さがなくなると、独りで暗闇の中に行ったりした」とセプルベダは語った。「自分だけの場所を見つけた。あの中で独りになるのはどんな感じなのか、見当もつかないだろう。心が安らぐんだ」

どのチャンネルを見るかをめぐって絶えずいさかいがあり、殴り合いのけんかや口論が起きた。ウルスアはテレビが「組織を崩壊」させていると電話で地上にクレームを言い、放送はニュース、一部のサッカー試合、それに映画を時々に絞るべきだと提案したことを思い出した。極限状態だった最初の17日間に男たちが作り上げた多くのルールは、今やほころびだした。地上から毎日届く食料や娯楽によって、極限状態に置かれた時に男たちを生存させてきた団結の絆が崩れ始めた。毎日電話で男たちと話していた電話技師のペドロ・ガジョは「男たちは交代シフトで見回りをし、寝ている者をチェックしたものだ。眠っている全員の胸に手を置き、息をしているかどうか確かめた。坑道の中には一酸化炭素があるので、生きているかを確かめたかったんだ」と言う。「彼らは『ガーディアン・エンジェル』と呼ばれていた。寝ているやつらを守ろうとしていたんだ。でもテレビが始まると、巡回をやめてしまった。テレビを見ている方がよかったからさ」

今では定期的に郵便が届くようになった。男たちはそれぞれ、自分の名前が書かれ、中に手紙が入ったパロマの配達を、わくわくしながら待ち受けた。しかし間もなく、必ずしも全ての手紙がそのまま配達されているわけではないことが明らかになった。男たちの一人クラウディオ・ジャニェスは「直接話すすべはなかった。返事が来るのは、いつも4、5通後の手紙でだった」と話す。

家族たちは、救出チームの当局者たちが「紛失した」としている手紙の扱いを疑い始めた。ロマニョリ博士は「手紙の一部はただ単に丸めて捨てられていたと思う」と語り、博士自身はこうした措置を承認していなかったと明言している。

若手の心理学者たちは、検閲が倫理に反するとして抗議の書簡を保健省に送ったと言われる。地下の労働者たちは家族との電話の中で、政府が家族との関係を妨害しようとしていると非難した。彼らは心理学者のイトゥラを牢獄に送り込むことを夢見るようになった。ロマニョリ博士は「彼らはイトゥラを拘束できる警官が、ここパロマ・ステーションにいるかどうかをわたしに尋ねてきた。彼らは報酬として金をいっぱい含んだ岩石をその警官に送ると言ったので、わたしは『よし、早速、取りかかろう』と応じた」と述べ、彼らは自分たちの日常からイトゥラを必死になって排除したがっていたことを説明した。男たちは自分たちの計画がうまくいくと信じていた。「連中は岩を送ってきたよ」と博士は言う。

手紙の配達が遅れたり紛失したりする日々が続き、欲求不満は頂点に達した。最も寡黙で自制心が強い労働者の1人のアレックス・ベガが、検閲についてイトゥラと話している時に、怒りを爆発させた。ベガは、ののしりと侮辱の言葉を浴びせかけ、家族と連絡を取るために、よじ登って鉱山から出てやると、イトゥラを脅した。ベガは地下の仲間に向かって、山腹の裂け目や狭い空洞をどうやってよじ登るかを説明した。男たちは、こうした裂け目や空洞が地表まで岩の間を縫うようにして通じているに違いないと信じていた。それは彼ら全員が、ほぼ確実に死ぬことを意味すると認めたミッションだった。結局、専門的な登攀《とうはん》装備、食料、長時間の照明器具がないので、ベガですら自らの脅しを最後までやり通す気はなかった。

衝突はあったものの、地上ではイトゥラが「アメとムチ」という論議を呼ぶやり方を継続した。「連中にテレビを与えるべきじゃなかった。何かとの引き換えにすべきだった」と、あごひげをためた心理学者のイトゥラは、いらついた声で言った。労働者たちがおとなしくしていれば、彼らに追加のテレビ番組とムード音楽を与えてもよい。地上世界のライブ映像など、他の楽しみはお預けとなった。労働者たちがご褒美にふさわしいか、過度に反抗的かによって、イトゥラはアメとムチのいずれかを用意していた。彼らは耐えがたい扱いだと思うものに対して反抗しだし、自らの強さを誇示するために、毎日の心理学的カウンセリングを拒否し始めた。

各人の名前が印刷された革ダイス付きゲームのセットが地下に送り込まれた時、男たちは抗議した。三つのゲームの名前に印刷ミスがあったのだ。彼らは怒りの手紙をダイスとカップに添えて送り返してきた。

「連中はまるで子どものようだ」と、主任医師だったディアス博士。飢えなどの基本的な欲求が満たされると、労働者たちはさまざまな要求を増やし始めた。「今や、食料、水、生活用品がそろうようになると、今度は衣服を要求してきた。われわれは、彼らが要求を第3段階に上げてきたのが分かった。おいしい食事を寄こせというものだ。ある日、彼らはデザートのモモを送り返してきた。仲間の一人がモモの味が嫌いだというのが理由だった」

これに対してイトゥラのチームは、さらに罰を与えた。ディアス博士は「そういうことが起きた時は、われわれはこう言わねばならない。ＯＫ、心理学者とは話したくないんだね。結構だ。その日はテレビはなし、音楽もなしにする。こうしたことを管理しているのはわれわれの方だからな。何、雑誌が欲しい？　それなら、こちらと話す必要がある、とね。毎日が腕相撲だったよ」と振り返った。「ＮＡＳＡは、男たちが仲間うちで弓矢を互いに撃ち合うような状況に発展しないように、われわれが弓矢を受け止める的になるべきだと忠告した。それでわれわれは前面に出ることにした。これで彼らは医師と心理学者を的にすることができた」

救出作戦を見守るために雇用された精神科医のフィゲロア博士は、これを挑発的な戦略だと公然と批判し、メンタルヘルスチームは鉱山労働者たちを研究室のマウスのように扱っていると非難した。博士によると、メンタルヘルスチームはまず第一に、通常とは異なる臨床計画を試み、次いで、まるで実験をしているかのようにその結果を研究した。フィゲロア博士は「鉱山労働者たちが納得しないままに心理学的治療を行うのは危険である」と指摘した。「彼らは労働者たちの生活に干渉している。これは男たちの尊厳に対する攻撃である。労働者たちが抵抗を示したという事実は、彼らがどんなことにもくじけないとか、特別に反抗的であるということではない。彼らは極めて脆弱だ」

イトゥラは高まる批判にもひるまなかった。「われわれが新聞の1面のページを削除すると、労働者たちは狂乱状態になり、叫び声を上げた」と言いながらも、この検閲を擁護した。新聞には、コピアポ地域で偶発的な爆発によって4人の鉱山労働者が粉々に吹き飛ばされた鉱山事故の記事が掲載されていた。イトゥラは「死亡した鉱山労働者の一人が地下にいる労働者の一人と同じ名字だった。おそらく親戚だろう。調べる時間がなかったが、地下の労働者がこの新聞を読んで、事故を知るようにはさせたくなかった」と語った。

「偽の情報と疑いの念は、二つとも人間に対する最悪の心理的攻撃である」と、フィゲロアはサンホセの心理学者チームに対する辛辣な論評の中で書いている。「正確でタイムリー、正直かつ現実的な情報が重要である。労働者たちに悪いニュースを与えることを懸念して、情報の伝達を

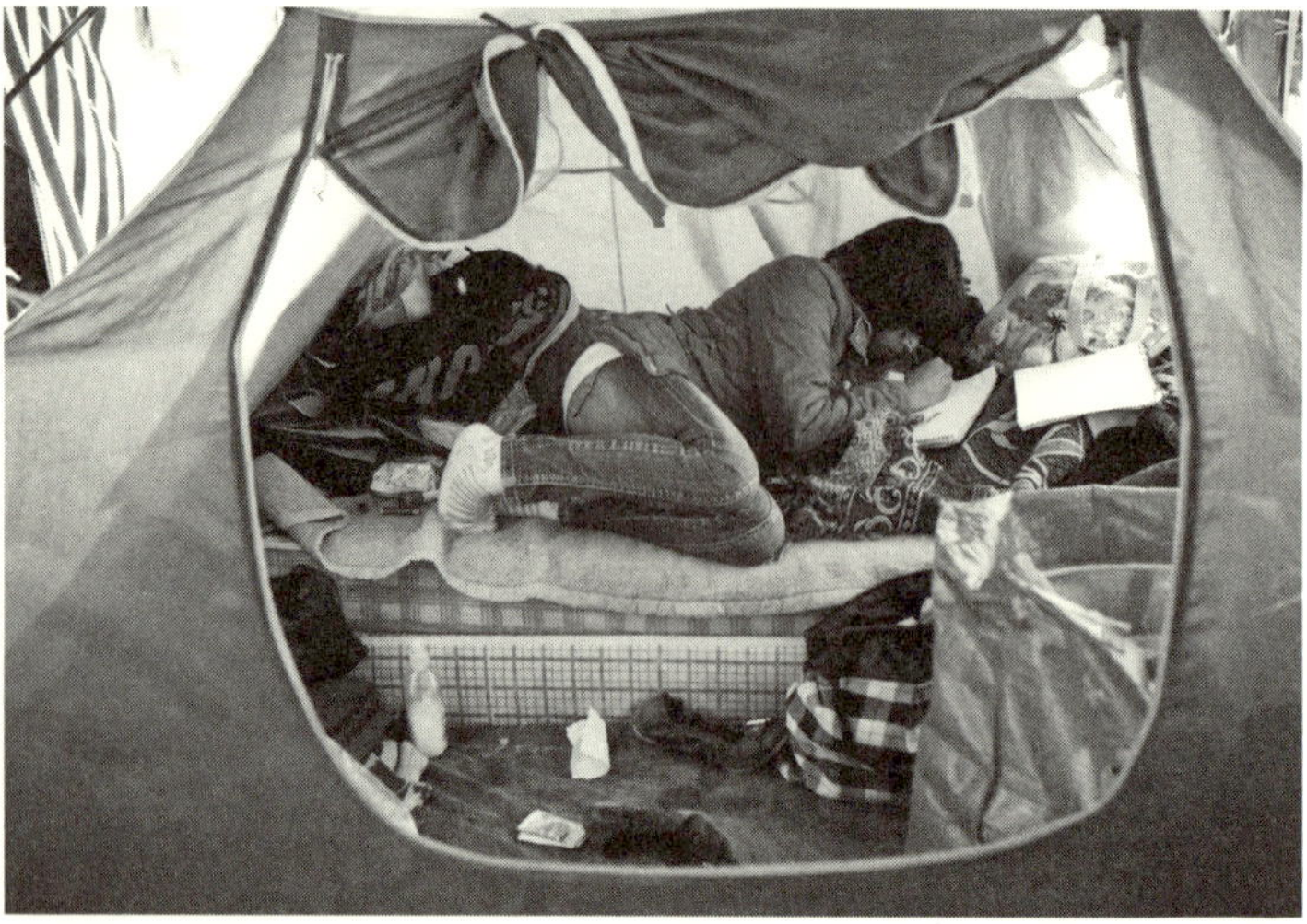

キャンプ・ホープのテントで手紙を書く少女＝(© Ronald Patrick)

規制することにメリットがあるかどうかは、実証的証拠によって裏付けられてはいない。救出隊への信頼をなくしかねない」。しかしながらフィゲロアは、イトゥラがほとんど不可能な仕事を抱えていたことも認めている。鉱山労働者たちは心理カウンセリングを最も受け付けない人種として知られていた。フィゲロアは、彼らには自らの弱みを隠す傾向があると言い、イトゥラだけにではなく、イトゥラに関連した全てに強硬に反対したグループに対して、メンタルヘルスを施すことの困難さを強調した。

鉱山労働者と家族とのテレビ電話には、面と向かって接触できる喜びがあったが、今や心理学者が通常のコミュニケーションを妨害しているという苦々しい思いが暗い影を落としていた。ビクトル・サモラの家族は15通の手紙を彼に送ったと言ったが、サモラは1通しか受け取っておらず、彼は家族が何か隠しているのではないかと考えるようになった。サモラの甥は「ビクトルは彼らが手紙を配達してくれなかったことに本当に腹を立てていた。今にも爆発しそうだった。何もかもむかつくよ。1通の手紙も届いていなかったんだから」と言った。

メディアはいや応なくこの検閲を疑問視し始めた。イトゥラはチリの放送局とのインタビューで、このやり方を擁護した。ペドロ・ガジョは「家族の意見はどうでもいい、労働者たちは『自分の子どもたち』だから、とイトゥラが言っていた」とインタビューでの話をかいつまんで紹介した。

同じ日の夜、鉱山労働者12人が夜のニュース番組を見るために集まった。遠隔通信の発案者のペドロ・ガジョは、いつも通りに閉じ込められた男たちにビデオ画像を送信した。彼もモニターの前に座り、地下の世界を監視していた。彼はイトゥラのコメントに対する労働者たちの反応に驚いた。「ニュースが始まり、イトゥラの発言を聞いた彼らの顔を見た。すぐに電話が鳴りだした」

怒ったセプルベダが電話をかけてきてイトゥラと話したいと要求したが、彼はその日は既に帰宅していた。ガジョは今にも大激論が起こると思った。「マリオはわたしには何も言わなかったが、すごく怒っているのは声で分かった」

ガジョは、イトゥラが労働者たちの神聖な掟を破ったのだと説明した。彼は男たちの家族を侮辱してしまったのだ。

鉱山労働者たちの団結は、個人的な優先度、睡眠、グループ交代シフトの違いによって、きしみが生じていた。彼らは祈りや正午のグループミーティングなどの日課の集まりを続けていたが、参加者は少なくなっていた。救出チームが快適なものを提供してくれたことで、生存のための必需品は満たされてきた。しかし、検閲拒否などの重大な局面では、彼らは依然として一致団結した。

【42日目】9月16日 木曜日

セプルベダが朝、イトゥラと話したいと電話してきた。緊急の用だった。イトゥラは電話に出た。ガジョはまたその場に居合わせ、爆発が起きると思った。セプルベダは鉱山労働者たちの権利を侵害しているとイトゥラを非難した。イトゥラは生返事で自己弁護したものの、その後は黙り込んでしまった。セプルベダはさらに攻撃を続けた。彼は「お前が俺たちの家に居座るなら、お前をつまみ出してやる。これが最後のチャンスだ」と言い放った。彼はこの件をゴルボルネ鉱業相に報告するとはっきり言った。

労働者たちは終日にわたって政治関係当局へ電話攻勢をかけ、逆襲に出た。アレックス・ベガは「イトゥラは俺たちを子ども扱いした」と語った。「当然ながら、俺たちは検閲に抗議するしかなかった」

男たちは強さを幾分取り戻し、食料や生活必需品を受け取らないと宣言した。バリオスは「やつらに通告したんだ。検閲をやめなければ、パロマを受け取らないし、食べることもやめるって」と明かした。サムエル・アバロスは「みんながあの心理学者に反対した。野郎はひどいことをしたんだ。やつが解任されなければ、自分たちは食事を取らない。食料を入れたパロマにも手を付けない。普通の鉱山労働者のように、俺たちはストライキの準備をしたんだ」と語った。

餓死寸前の状態を経験したばかりなのに、今や鉱山労働者はハンガーストライキに入ると脅迫

イトゥラは閉じ込められている男たちを団結させておくという不可能に近い仕事をやり遂げた＝(Jonathan Franklin/Addict Village)

するのだった。

鉱山労働者たちは政府に不満を訴えたものの、政府にできることは限られていた。イトゥラは民間の労働者健康保険会社であるＡＣＨＳに雇用されていた。ピニェラ政府の高官は匿名で「イトゥラを解雇し、お払い箱にしようとした。だが会社側は、心理カウンセリングを任せてもらえないなら、救出作業の医療面を保険で保証しないと脅してきた。われわれは身動きできなかった」と語った。

イトゥラの方は、この闘いをカタルシスと呼んだ。「わたしは鉱山労働者に対して、君たちの父親になるとはっきりと言った。もしわたしに怒りたければ、怒るがいい。しかしわたしは父親であり、彼らを見捨てない。わたしはここにいるし、信頼に足る人間だ」

イトゥラとの緊張関係が手に負えない状態に陥った。ディアス博士はイトゥラに一息入れるよう促し、1週間の休みをとってこの緊迫した日課からしばらく離れたらどうかと勧めた。救出活動の現場で1カ月余り、イトゥラは地下の労働者たちからのプレッシャー、睡眠不足、さらには33人の生命を健全に保つ責任から、精神的に疲労していた。彼は勧めに応じ、鉱山から1時間足らずの漁港の町カルデラにある自宅に戻った。

イトゥラを補佐してきたサンティアゴの心理学者クラウディオ・イバニェスが、日々のカウンセリングを受け継いだ。労働者たちは反抗的になった上に自信もつけたために、状況は緊迫していた。向こう数週間あるいは数カ月にわたり、閉じ込められた状態が続くことを考えれば、男たちを健康で冷静に保つことは極めて重要だった。救出作業は遅れていた。掘削は進んではいたものの、技術的な困難がネックとなっていた。イバニェスは楽観的な人物で、自らが名付けた「肯定的心理学」で幅広い経験を重ねていた。彼はこれまでのやり方を覆した。検閲は最小限に抑える。パロマの中身は捜索しないし、手紙にも修正を加えないことになった。

規制が解除されると、家族は秘密の贈り物をパロマに詰め込むようになった。鉱山労働者のサムエル・アバロスにとって、この変更は天の恵みとなった。読書家のアバロスは、イトゥラから送られてくる宗教のパンフレットや気分を快適にする心理学テキストに飽き飽きしていた。彼はドラマが欲しかった。鉱山の中から自分をどこかに運び出してくれる強烈なドラマが。アバロスは『エルティラ』を読んだ。ラデエサ（サンティアゴの高級住宅街）での性格異常の殺人者の伝記さ。最高だった。3回も読んでしまった」と語った。

マリオ・セプルベダの妻のカティ・バルディビアは「これは間違いだったと思う。わたしは管理した方がいいと思う」と言った。「ある女性が、秘密の愛人である坑内の労働者宛てに手紙を忍び込ませ、妊娠していることを告げたの。ところがその男性の奥さんがこれを見つけたから、みんな大変だったわ。あんなメッセージは地下に送っちゃいけなかったのよ」

規則が緩やかになったことで、手紙以外のものも作業員たちの元に送られた。バルディビアは、家族たちが「パロマの中にたばこ、薬、ドラッグさえも入れだした。そこまで無制限にすべきじゃなかった。怒りだした鉱山労働者もいて、気まずい雰囲気が漂った」ことを明かした。アンフェタミンが男たちに送られたとの報道もある。バルディビアによると、イバニェスは何が起きているかを承知していたはずだ。一方、地下では混乱が起きていた。バルディビアは「門を開いたことで、鉱山の地下では対立が生まれていた。厳しい管理下にあったのに、突然、規制がなくなってしまったんだから」と語った。

ロマニョリ博士は「われわれが気付く前に、家族は地下に禁制品をこっそり持ち込んでいた」と言う。「労働者たちには、いろいろな歯科疾患が理由でキャンディーは許可されていなかったのに、家族はチップス、チョコレート、キャンディーをこっそりと送り込んだ」

サモラの虫歯や糖尿病を患うオヘダのインスリン値の急上昇など、単純な感染症でも急速に危機的状況に発展しかねない。地上の医師たちは、ジョニ・バリオスに教えながら外科手術をさせるという劇的なシナリオは、ぜひ避けたいと思っていた。だが、バリオスが手術をせざるを得なくなるという懸念は常に付きまとっていた。許可されていない食品が届けられることで、その可能性は高まった。

アバロスは一部の仲間が不審な行動を取り始めたことに気付いた。彼らはグループから外れて小さな集団になり、ふらりとトイレに向かった。アバロスはマリファアナを吸うためだと疑った。「連中は俺にはただの一服さえ勧めてはくれなかった。5人がトイレに向かうのを見れば、何をするかは分かるだろう」。アバロスは、地下で1カ月も近く続くストレスを解消し、ハイ状態になれるその一服が欲しくてたまらなかった。「俺たちは連中がブルドーザーを使っていた場所に行った。やつらがそこでマリファナをやっているのは分かっていた。連中はプラスチックの保護カバーのある運転台の中で働いて、そこでマリファナを吸った。その後に普通のたばこを吸ったので、誰も気付かなかった。俺たちは所構わずコリジャ（マリファナたばこの吸い殻）を探した」。だが一本も見つけられなかった。

男たちの生存能力の中で不可欠な要素は、集団としての団結と長期的な健康である。ところが、アルコール、コカイン、マリファナなどの短期的な快楽への誘惑が、この集団の必要不可欠なものと真っ向から対立した。この地下のコミュニティーの中で少量のドラッグが広まれば、ドラッグで緩和される緊張よりも、もっと大きな緊張を生み出す。そして嫉妬を駆り立て、共同生活の条件の基本的原理を様変わりさせる恐れがあった。チリ政府当局者はこれを懸念して麻薬探知犬をパロマ・ステーションに配置することを話し合った。ある当局者は「われわれはこの件を国境検問所に引き渡すかも」と冗談交じりに語った。

しかし、男たちが最も必要としたものは、パロマで下ろすのには適さなかった。女性だ。身体的な健康が急速に改善されると、セックスが鉱山労働者たちと救出チームの両方にとっての話の種になった。男たちの性衝動は急激に回復したものの、彼らは依然として健常者からは程遠かった。アレックス・ベガは「やつらはきっと食べ物に何か混ぜたに違いない。俺たちにセックスについて考えないようにさせておく何かを」と言う。事実、医療チームは別の計画を練っていた。それは予想される性欲の高まりをいかにして和らげるかということだった。

「男たちに膨らまして使うダッチワイフ（模擬人形）を提供したいという人間が現れたが、彼は10体しか持っていなかった。33体なければこの話はなしだと言ったんだ。でないと、連中は人形をめぐって争うだろう。次は誰の番だ？　どれが誰のフィアンセに見える？　俺の人形と浮気しているな……とかね」とロマニョリ博士は言った。「あれは、そもそもリラックスのための道具だ。労働者たちは人形とのセックスもあり得べき特殊な場所にいた。彼らは人形4、5体とコンドームを送ってくれと申し出た。交代で使用できたかもしれないが、それは全て机上で考えたことだ。33体あれば問題はなく、各自がそれぞれの人形と必要な時にすればよい。でも、わたしは彼らに共有するように提案はできなかった」

人形は送り込まれなかった。その代わりに男たちは、ポルノとチリのタブロイド紙のクアルタに掲載されたピンナップポスターを受け取った。その新聞は「ボンバ4」として知られる女性たちを載せていることで有名だった。労働者たちはプライバシーが必要だと感じると、政府の監視用カメラのレンズにピンナップを1枚貼り付けてブロックした。

【44日目】9月18日 土曜日

チリの独立記念日で、救出隊、鉱山労働者、家族らはいずれも日常業務から離れて一息入れることができた。今年の9月18日は、チリが待ち焦がれていた建国200周年でもあった。手紙の検閲やプラスチックの模擬人形で攻防を続けていた労働者たちも、祝日の式典を開いて特別料理を味わい、国歌を歌うという政府主催のイベント開催を受け入れた。

チリが長く待ち焦がれた建国200周年に、この33人の男たちが暗い影を投げかけた。地上ではチリ潜水艦隊のナバロ司令官が、記者会見に日々使用している平らな場所で、歴史的な日に国家を象徴する国旗掲揚式を行った。国旗の横には、男たちの顔がプリントされた旗がひるがえった。

地下700メートルでは、簡単な式典が進行していた。オマル・レイガダスが小さなチリ国旗を掲揚する紐を引いた。レイガダスは国旗をできるだけ高く掲揚しようとしたが、天井があるので彼の頭上1メートルが限界だった。次いでセプルベダが独自の振り付けでクエッカを踊り始めた。ヘルメットを片手に、もう一方の手に白いタオルを持って踊り始めた。彼はウアソ（チリのカウボーイ）のように楽しげで、勢いよくぐるぐる回転した。伝統的なクエッカは求愛の踊りだ。女性が旋回して自分の長い髪とスカートをヒラつかせて気を引くそぶりを見せる。そのときに、幅広のつば付き帽子をかぶったたくましい男が、手の込んだ細工の銀製の拍車を地面に投げつける。女性はスキップして離れるが、男のセクシーな申し出を断るのではなくむしろけしかける。だが、セプルベダのクエッカは孤独なショーだった。

労働者たちは小さなステージを作った。オレンジ色のプラスチック製防水シートが壁に掛けられ、そこには彼らのモットーが雑に手書きされていた。「われわれは避難所にいて無事だ、33人」。防水シートの真ん中にチリ国旗がテープで貼り付けられ、天井からはチリ国旗の色である青、白、赤の布切れが、愛国心を示すように連なって下げられていた。防水シートの端には「レフヒオ」「ランパ」「105」という三つのグループの名前が書かれていた。殺風景だった坑道の洞穴は、明るい光の中で、手作りの劇場セットのようにごてごてと装飾を施されていた。

ゴム底靴に長いホワイトソックス、毛むくじゃらの脚のセプルベダは、尖った岩の上でこわごわステップを踏んでいたが、コンパニェロスたちはこれを明らかに退屈げに眺めていた。彼は踊りの終盤で跪き、敬虔な巡礼者のように両腕を広げて、うっとりとした歓喜の表情で、700メートルの硬い岩を貫くかのように、エネルギーを絞り出して上方に向かって叫んだ。「みんな、ありがとう。俺たちのために、そこで作業し続けている親しい仲間よ。みんながやってくれたことをありがたいと思っているし、感謝したい」セプルベダの声が泣き声になった。リーダーとしての重責の表れであった。カメラが男たちを映し出した。顔は無表情で、笑顔も関心もほとんど示さなかった。男たちは事故の犠牲者ではなく、今や俳優のように感じ始めていた。

【46日目】9月20日 月曜日

毎日の定例会見でゴルボルネ鉱業相は楽観的だった。「三つの計画は予定通り進行している」。プランAは8月29日から始まった最初の作戦で、男たちまでほぼ半分の距離である325メートルに到達していた。プランB、プランCの両方も、毎時1メートルのスピードで進行している、と鉱業相は明らかにした。

キャンプ・ホープでの報道合戦は、まるで動物園のようになっていた。メディア専門家のアレハンドロ・ピノは、鉱山労働者たちがセレブとしての新たな地位に対処できるよう手助けする計画を練っていた。ピノはジャーナリストおよび講演者として50年余の経験がある67歳のほっそりとした男だ。彼は男たちに5時間にわたりメディア戦略を講義した。簡潔化されたコースは、インタビューテクニック、マーケティングのチャンス、厳しい質問への対処法、大勢のパパラッチから逃げ延びる方法についての総合指導などで構成されていた。

ベテランのジャーナリストでACHSの地方部門の長でもあるピノは、メディア対処トレーニングを提供することで金をもらっていたわけでもないし、その義務があったわけでもない。ただ、男たちの幸福のために一種の責任感を感じていた。彼は、やがて到来するマイクとカメラによる猛攻から、男たちを助けたいと強く願っていた。

昼下がりのピノの授業は、救出シャフトの設計に関する技術的な話し合いや、すっかり信用をなくした心理学カウンセリングからの小休止として歓迎された。労働者たちは鉱山の底の仮設ステージに集まった。ピノはマイクを手に、白のソファと植物、それに地底にいる男たちを見ることができる大きなテレビスクリーンを備えた輸送用コンテナの中から講義した。

メディアに過剰に露出することの危険性（多くの人はそうなると予想した）について警告するのではなく、ピノはストレートに金銭にかかわる話をした。ピノはまず「カメラを見なかったり、退屈なインタビューをすれば、次のインタビューには決して呼ばれません」と講釈した。「これはチャンスなんです。興奮したように見えるボディーランゲージの使い方を学ぶ必要がありますす」。よく通る低い声と、活力に溢れる個性を備えたピノは、まるで福音伝道者のように、恥ずかしがり屋で、まごついている男たちをメディアのスターに変身させるために努めた。

労働者たちは自然に、ピノの毎日の講義に引き込まれていった。カメラには男たちの多くが映らなかったが、ピノへの信頼と意思疎通が大きくなるにつれて、彼らは質問し、アイデアやコメントに相槌を打った。イトゥラへの敵意と不信を引きずっていたため、サムエル・アバロスら一部の男たちはピノを受け入れなかった。アバロスは「心理学者のたわごとの後では、俺たちはこういう人種とは話したくなかった。そうしたアイデアが好きじゃなかった」と言った。

他の労働者たちは、実際は話したくてうずうずしていた。彼らはピノを事実上の自分たちの心理学者として受け入れた。メディア戦略の話の途中で、年配の一人の男がテーマを外れ、ピノに告白を始めた。「この地底で学んだことがあるとするなら、それは自分の人生の最後の20年は無駄だったということだ。地上に戻れたら、俺は離婚するつもりだ」

鉱山労働者たちのグループ間の亀裂が急速に拡大し始めていた。ルイス・ウルスアは、ビクトル・サモラら一部の人間がビデオカメラを手に入れ、仲間を撮影していることに不満だった。雑誌「Ｙａ（ジャ）」が地底に届くと、新たにつまらない口げんか起こった。そこにはセプルベダが、自分が閉じ込められた集団の「リーダー」であると語ったインタビューが掲載されていた。ロマニョリ博士は「口論や小競り合いが発生した。彼らは自信過剰になり、口論となったが、殴り合いは起きなかった。みんな理性は失わなかった」と語り、博士にとっての最大の争いは、地上のエンジニアとの対立だったことを明らかにした。「わたしには地上の連中との問題があった。彼らは健康管理活動の重要性を理解しなかった。プランA、プランB、プランC、プラン何とかなど、何とでも計画を立てることはできた。だがもし男たちが死んだらどうなるんだ。どの掘削プランも無駄になってしまうじゃないか」

【47日目】9月21日 火曜日

ニック・カナス教授は長年、宇宙飛行士を研究してきた。彼は、人間が長い間、閉じ込められてストレスを受けた際に生じる行動パターンを知り尽くしていた。「第3四半期シンドローム」と教授が呼ぶ時期においては、閉じ込められた男たちはミッションの終盤になると、ますます不安で怒りっぽくなる。今回のケースでは、終盤とは救出予定日だ。カナス教授は「6週間が経過すると、人々は縄張り根性を持つものである。冗談や気さくな会話は、交わそうとするものの不足がちとなり、小集団を形成し始める」と指摘する。教授はサンフランシスコのカリフォルニア大学で働き、長年にわたりNASAのコンサルタントを務めてきた。「6週間後、状況は不毛な閉塞感に包まれる。仲間の冗談のように、以前は奇抜で愉快だったことがいらいらし、うんざりするものになるのだ」

鉱山労働者たちは、この時点で47日間、地下にいたことになる。男たちがパロマのふたを回して中から食料を取り出す映像であれ、彼らが国旗を掲揚し国歌を斉唱する際に撮られた映像であれ、彼らが閉じ込められている様子はビデオに収録されていた。テレビリポーターは男たちが地下のドキュメンタリーを制作できるように、カメラをパロマに入れて地下にこっそり下ろそうと何度も試みた。

チリ国家警察（ＰＤＩ）の刑事が、鉱山所有者に対する刑事訴訟の証拠用に詳細な記録が必要となり、刑事は労働者たちに犯罪場面の写真を撮る基本を教えた。彼らは1週間にわたり、ＣＳＩ［警察科学捜査班の活躍を描く米国のドラマ］のスターのように振る舞い、鉱山内部の不完全な安全対策を記録し、映像に収めた。フロレンシオ・アバロスは鉱山の奥深くまで行き、ひび割れた壁、錆びついたパイプ、さらには鉱山のかつての主坑道に散らばる巨岩を撮影した。約40時間分の犯罪証拠が鉱山労働者によって収録され、地上へと送られた。

【48日目】9月22日 水曜日▽ドリルの落下

9月22日、労働者たちは地上から思いもかけないものを受け取った。プランBが地下85メートルにまで到達した時、ドリル先端のビットが折れ、ドリルの先端部4本のうちの1本がシャフトの中を落下して、鉱山の底に達した。誰にもけがはなかったが、金属製のハンマーは泥の中に突き刺さり、プランBは中断された。

マリオ・セプルベダは「えーと、君たちのものがここにあるよ。たぶんビット、ドリル・ビットとかいうやつだね。ここで何をしているのかな」と救出隊に電話した。

地下の労働者の一人、ファアン・イジャネスは泥の中からビットを引っ張り出した。労働者たちは重機の取り扱いに精通していた。彼らが毎日直面していたのは、部品の破損や、ぎりぎりの局面での工夫、そして絶えず失敗に満ちている現実だった。しかし、今回は耐えられなかった。フラストレーションがふつふつと沸き上がり始めた。サムエル・アバロスは「連中は救出作業をしているのに、この種の失敗をしでかすとはね。本当にがっくりしたよ。これで、あと2日、いや5日は延びることになった。俺たちはパロマで食料は受け取っていたけど、閉じ込められていたんだ。そうなんだよ！　死ぬほど打ちのめされたんだ」と怒った。

【49日目】 9月23日 木曜日

地下の緊張は高まり続けていた。

心理学者のイバニェスは鉱山労働者と良好な関係を保っていた。男たちの多くは、彼のリラックスした前向きな態度に好感を抱いていた。とはいえ、イバニェスには統制を維持することができなかった。当局の弱体化、絶え間なく続くテレビ取材、さらにはこっそり持ち込まれるドラッグ。これら全てを多くの鉱山労働者たちはとんでもない間違いとみていた。男たちは地上からのアドバイスに耳を貸すことをやめ、彼ら独自の活動を工夫し始めた。

エディソン・ペニャは坑道を探索し始めた。事故の前には、彼は熱心に運動をしており、毎日1時間、自転車をこいだ後、長距離のジョギングもやっていた。彼は坑道内で4・8キロを周回するジョギングを始めた。くるぶしの上までのごわごわした鉱山用ブーツで足を擦りむいたので、ワイヤカッターでブーツを短くカットした。尖った岩やでこぼこの地面で、既に痛めた膝には追い打ちとなったが、トンネルの恐怖や頭の中に現れる悪夢から逃げるかのように、ペニャは走り続けた。パブロ・ロハス、マリオ・セプルベダ、フランクリン・ロボス、カルロス・ママニがペニャに加わった。男たちはハーハーと呼吸が荒くなり、汗びっしょりになると、鉱山の最深部で休息した。彼らは白いプラスチックの防護服、フード、ゴーグルを身に着け、まるで宇宙飛行士のように見えた。

ゲームや書籍がパロマを通じて届き始めた。避難所で男たちはドミノやカードゲームに長時間興じた。いろいろな意味で、カードゲームに興じることは、気さくな会話と絶え間ない冗談を飛ばし、長談義をし、二重の意味を持つ言葉を探すゲームをするための口実にすぎなかった。鉱山労働者たちの間では、カードの試合や毎日のミーティングで相手を言い負かせる能力が、尊敬を勝ち得るために不可欠であった。議論が過熱することはあったが、殴り合いは極めてまれだった。全くなかったと証言する労働者たちもいた。

セプルベダは「俺はアリエル・ティコナの頭をヘッドランプでコツンと殴った」と認めたが、男たちの間では、この出来事は肉体的な暴力の特殊なケースだった。このけんかを目撃した一人の労働者は、ティコナがセプルベダの母親を侮辱したらしいと説明した。「もしあのレベルにまで暴力を放っておいたら、何人かが死ぬ事態になっていたはずだ」

イバニェスがチリのテレビ局リポーターをビデオ会議室に連れてきて、労働者たちとインタビューさせようとした時、抗議の嵐が巻き起こった。リポーターは丘の上の小さなコンテナに連れてこられた。ここは救出チームの通行証なしでは誰も立ち入ることができない地域だった。イバニェスは、このジャーナリストが地下の男たちと少しだけインタビューできるかと彼らに尋ねた。ウルスアやセプルベダ、他の男たちもかんかんになって怒った。すぐに地上の電話が何度も鳴りだした。労働者たちは憤慨していた。ガジョは次のような会話を聞いた。

ウルスアはイバニェスを叱りつけた。「おい、ふざけたまねをするのはやめろ。いいか？どうしてジャーナリストをここに連れてくるんだ？ジャーナリストなんか一切必要ない。われわれは見られたくなんかない。地下で苦しんでいるんだ。だからインタビューは受けないし、この件は報告する。必ず報告してやる」

鉱山労働者たちは救出チームのナンバー2でソウガレットの右腕の補佐役レネ・アギラルを呼び出した。彼の職業は心理学者で、コデルコの幹部の一人でもあり、この数週間にわたり救出活動の最前線にいた。アギラルは激怒した。この場面を目撃したガジョは「彼がやってきてイバニェスと話したが、顔は怒りで真っ赤だった」と明かした。

前任の心理学者イトゥラが再び指揮を執ることになると、労働者たちは直ちに再び団結した。鉱山地下のライブ中継ビデオを監視するのが仕事でもあるガジョは「今回はイトゥラのいわばバージョン2・0で、ダイエット・バージョンだった。彼は全く異なった姿勢を示し、一日2時間の時間枠を男たちの心理カウンセリングに充てた。彼は、男たちがこの時間を利用して家族と話すことができると言った」と述べた。

鉱山労働者たちが検閲に対して優位に立ったことで、行方不明となっていた検閲済みの手紙が突如として現れることになった。「手紙の雨のようだった。彼らは全ての手紙を送った。一度に300通だったと思う」とガジョは述べた。

第10章 ゴールが視界に

フェニックスの状態を確認する救出作業員／2010年10月11日（チリ政府提供、AP＝共同）

【50日目】 9月24日 金曜日

9月24日、鉱山労働者たちは地下に閉じ込められて50日目を過ごした。何世紀にもわたる鉱山の記録で、地下にこんなに長く閉じ込められて生き残った鉱山労働者はいない。この残酷な新記録を祝った者は、キャンプ・ホープには誰もいなかった。しかし、絶望に取って代わり、今ではかすかな光が差していた。家族は救出を思い浮かべることができるようになったのだ。三種類の異なった100万ドル級のドリル掘削作戦は、家族の愛する人々に向かって力強く突き進んでいた。食料は数時間おきに送り届けられた。狭いパロマの中に入れるために、いまだにあらゆるものを丸めて押し込まなければならなかった。郵便サービスはまだ遅配と時おりの検閲があったが、少なくとも機能はしていた。洗濯サービスは申し分なく行われた。多くの妻が夫の汚れた服を自ら洗い、アイロンをかけた。妻たちは、来るべき性的な再会を見越してか、時には夫の好みの香水をシャツに吹きかけた。

再会への夢は、9月25日の午後に「フェニックス」が到着して以来、一層膨らんだ。ミサイルのような形をした救出カプセルは、チリ国旗(青、白、赤)の色彩で塗装されていた。NASAと米ペンシルベニア州ケクリーク鉱山で成功を収めたペンシルベニア救出作戦の仕様に従って、チリ海軍によってサンホセ救出作戦のために特注された。重さ420キロ、室内内部の高さ2メートルの救出カプセルは、それ自体が威容を誇っていた。閣僚や救出作業員たちは円筒形のチューブの中で写真のポーズをとった。家族たちも、その変わった装置に近づき、カプセルが神聖なトーテムであるかのように軽く手で触れた。

救出計画は障害なく進行していた。イトゥラ、イバニェスの両事態の対処によって、鉱山労働者らの信頼を得たロマニョリ博士は、男たちに脱出作戦の準備をさせ始めた。ロマニョリは、カプセルが失敗ないしは途中で立ち往生した場合、救出隊は、より単純で危険度の高い方法によっ

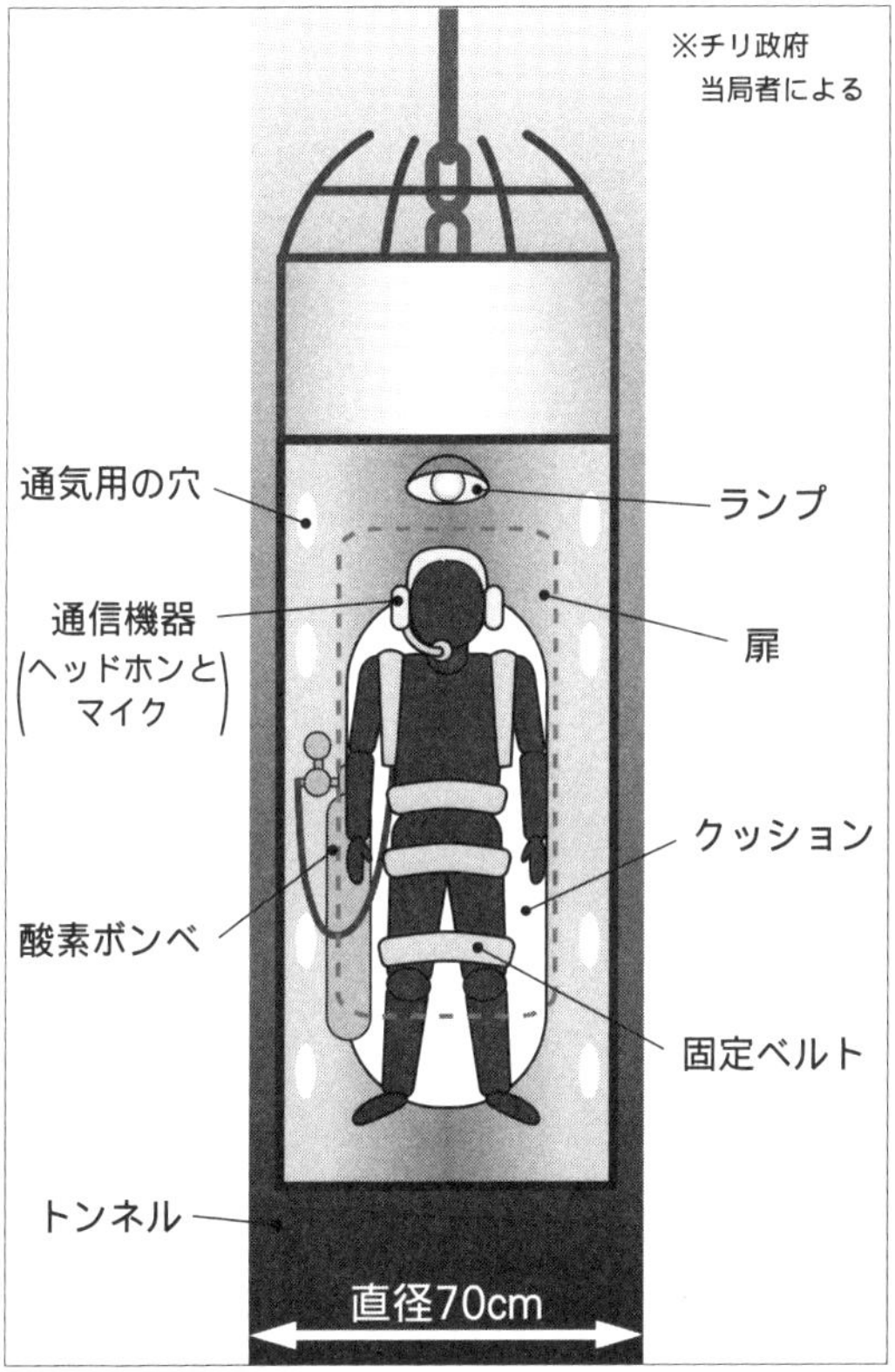

フェニックスの内部構造

て男たちを引き上げなければならなくなる可能性を承知していた。それは長いケーブルの先端に男たちを縛りつける方法だった。しかし、どんなことがあろうと、男たちの体調は可能な限り良好でなければならない。はしごを上ったり、ロープで下降したり、あるいはカプセルが故障すれば、閉じ込められた窮屈な空間に1時間立っていなければならなくなるかもしれないからだ。

チリ国軍やプロの運動選手のアドバイザーを務めるロマニョリは、より激しい体育授業の準備として、まず男たちに軽い運動を教え始めた。彼は男たちに坑道の2キロをグループになって歌いながらジョギングするように勧めた。米陸軍のフィットネス・トレーニングをモデルにして、男たちはジョギングした。ロマニョリは歌うことは心拍を抑えるための安全対策であると説いた。「心拍数が140以上になれば、歌うこととジョギングは、同時にはできなくなる」と。

ロマニョリは、男たちがこの新しい日課に乗り気になったと語った。「われわれにとっての強みの一つは、彼らが肉体的に頑丈で、腕や上半身を動かすのに慣れていることだ。われわれが対応しているのは、座りっぱなしの人々ではない。彼らは素早い反応ができる」

バイオハーネスと呼ばれる高機能な胸部装着装置を使用して、ロマニョリは、閉じ込められた男たちの豊富なデータを収集した。鉱山労働者たちはNASA専門家に極限状況の日常データを提供した。「要するにチリ人たちは、こんなに深く、こんなに長く地底にいた、こんなに多くの人々を救出する方法に関する本を書いているわけだ」と、チリを訪れたNASA専門家の一人であるマイケル・ダンカンは語った。

心理学者たちをうまく扱ったことに加え、ロマニョリは労働者たちがたばこを強く要求したことも早くから支持し、彼らの信任を勝ち取っていた。彼自身が喫煙者であり、労働者たちの生命にとって最もストレスがかかっているこの時期に、ニコチン習慣を断てというのは、適切なタイミングだろうかと公然と疑問を呈したのだ。ロマニョリは型破りだった。彼は教科書の知識を犠牲にしても、良識ある解決の方を信じていた。

ロマニョリは丘陵の上にあるパロマ・ステーションのデスクで仕事をした。医薬品の出荷、バイタルサイン（心拍、呼吸、体温など）の記録、鉱山労働者との対話が毎日の仕事であり、12時間のシフト勤務の一部はこうした仕事に費やされた。男たちが危機を脱し、比較的落ち着いてくると、今度は緊急の健康問題の聞き取りに代わって、極めてささいな生活改善の要求に煩わされることになる。地下からのある手紙には、人工甘味料を切らしてしまったとの苦情が書かれていた。別の労働者はロマニョリに自分のＭＰ３プレーヤーを送りつけ、レゲトン［レゲエやサルサの混じったプエルトリコで流行した音楽］はあり余るほどあるが、クンビア音楽が十分でないと訴えた。ロマニョリは音楽をダウンロードし、そのＭＰ３プレーヤーから古いものを消去し、カスタマイズした歌のリストを再フォーマットした。彼は笑いながら「連中の不満はなくなるだろう。彼らはこれがルームサービスで、わたしは連中のファッキングＤＪ（ディスクジョッキー）だと思うだろうさ」

【52日目】 9月26日 日曜日

鉱山労働者たちは、地下からビデオを送り続けていた。セプルベダとウルスアはビデオに頻繁に登場し、それぞれカリスマ・チアリーダー、信頼できるシフト監督として、世界中に知られるようになったが、他の多くの男たちは無名のままだった。彼らはビデオに映っていなかっただけでなく、仕事のときでも顔を見せなかった。男たちは、自発的に協力して救出活動を推進しようとする者と、救出されるのを待つだけでのらりくらりと過ごす者とに分かれ始めた。男たちを忙しい状態に保とうと大きな努力が払われたにもかかわらず、彼らの生活は、今では暇つぶしそのものになっていた。これはまさにＮＡＳＡが警告した「ストレスが多く、居住に適さない環境で暇な状態にしておくと、それが問題を生み出す温床となる」という状況そのものだった。

仕事をし、任務を果たした男たちと、何もしなかった男たちとの間で口論が起きた。半ダースの男たちがベッドに横たわって岩の天井を見つめたり、自分のステレオで音楽を聴いたり、居心地悪そうにテレビルームに座っていた。フランクリン・ロボスはこうした数人の男たちの態度について「やつらは怠け者で、何もしなかった」と言った。

最初、男たちの気晴らしとなったのはテレビの到着だった。だが今や、退屈さに加え、前に比べれば安全になったという感覚が、グループの調和を乱していた。サムエル・アバロスは、鉱山内部の毎日の気温、湿度、生命にかかわる可能性があるガスの測定が公式の任務だったが、自分の仕事は単調な日課だったと述べた。「気温には変化がなかった。いつも32度前後で、湿度は95

パーセントだった」と話し、さらに暑さがいかに人間を狂った状態にするか詳しく語った。ビクトル・セゴビアは精力的に日誌をつけていたが、自分がオーブンの中に閉じ込められたという悪夢を見るようになった。

【54日目】 9月28日 火曜日

三つの掘削作業はいずれも数週間の技術的な失敗を乗り越え、男たちに向かってゆっくりと掘り進んでいた。最終的にプランCが採用され、動きだした。高さ50メートルの巨大なプラットホームは、「競争相手」を見下すように高くそびえ立っていた。まるでギアを備えた恐竜の爪のように見える巨大なドリルのビットを使うプランCは、技術者たちの話題の的だった。彼らは20日以内に石油掘削リグが男たちに到達すると予測した。リグがいつ地下の男たちに到達するか、賭けが行われた。だが、サンホセ鉱山の岩石は極めて密度が高く、花崗岩の2倍以上の硬さがあるため、頑丈な石油掘削リグでも、当初、技術者たちが期待し、鉱山労働者たちが想像したよりもはるかに遅いペースで掘り進むことになりそうだということに、彼ら全員が気付いたのは、その1週間後だった。

ソウガレットは慎重を要する決断を迫られていた。掘削したそれぞれのトンネルを鋼鉄製の円筒で強化する必要があるのか。円筒を付ける利点は、フェニックス・カプセルの伸縮自在で調整可能な車輪が接触する穴の表面が、均一化できることだった。誰もが想像したくなかったのは、

ほぼ毎日、記者に状況を報告し続けた救出作業の総責任者ソウガレット＝2010年9月29日(AFP/Getty Images)

フェニックスが運行中にチューブの中で動けなくなり、救出作業員による救出を行うことや、もっと悪くすれば脱出直前の鉱山労働者を救出しなければならなくなった際の対応策だった。最後の引き上げ作業まで何も起きないように、あらゆる取り組みが徹底的に検討された。しかしソウガレットは鋼鉄製円筒を取り付けると、救出作戦全体にさらに3日から7日の日数がかかることを承知していた。鋼鉄製円筒の重さは推定400トンに達し、円筒を取り付けるには、特別なクレーンをサンティアゴから運んでこなければならないという意味だ。カーブしたトンネルを何度も綿密に調査した結果、壁の多くの部分はガラスや大理石のようにほぼ滑らかな表面であることが分かった。しかし、最初の100メートルは均一というには程遠く、砕けるか崩れるかしかねない状況だった。

ソウガレットは最終的な判断を拒んだ。その時点で彼の目は、リグが男たちに到達することに絞られていた。男たちの肉体的、精神的な健康を維持するという難問は依然として残っていた。

【55日目】9月29日 水曜日

キャンプ・ホープでの活動レベルは、じれったいまでに緩慢だった。数千人のジャーナリストたちはいらいらしていた。実際の救出活動に接近できるのは、政府のカメラと、わずかにディスカバリー・チャンネル、チリのドキュメンタリー番組のクルー、そして本書の著者を含む内部へのアクセスを許可された幸運なジャーナリストだけに限定されていた。

写真や映像に対するメディアの渇望に応え、ピニェラ大統領の報道チームがサンホセ鉱山の入り口に指揮所を設置した。「報道事務局」と呼ばれる部署で働くピニェラ大統領の側近たちは、一般公開に適しているかどうかを判断するために映像を審査した。短い抜粋が報道機関にリリースされたものの、数百時間分は公開されなかった。政府弁護団がより多くの映像を放送することの合法性について検討するためだ。鉱山内部が事実上彼らの自宅だとすると、政府のカメラが撮影したビデオに関する労働者たちの権利はどうなるのか？　この救出活動は公的なものなのか、それともトンネル内の生活はプライベートなシーンなのか？　ビデオを放送することは、プライバシーの侵害として政府を相手取った訴訟になる可能性があるのか？

ピニェラ大統領の政府がプライバシーの権利と闘っている間に、チリではいまだかつて見たことがなく、また世界でもめったにない規模で、世界中からメディアがキャンプ・ホープに殺到し続けていた。登録したジャーナリストの数は２０００人を超えていた。鉱山近くの岩だらけの数百アールの丘陵斜面は、キャンピングカー、テント、衛星放送用パラボラアンテナ装置、仮設のベニヤ板でできた放送用舞台、さらには世界の報道機関の精鋭たちで一面覆われた。カメラマンたちは掘削リグを確実に撮影するために、キーポイントとなる地点に三脚をチェーンでつなぎだした。テレビクルーは、衛星通信の基地として使う高くそびえた大きな岩の使用権を、誰が最初に主張したかで争っていた。毎日、新顔の列がサンホセに到着し、三脚を運び込み、新しい国際電話識別番号と格闘し、現実離れした風景をぼんやりと眺めていた。

鉱山近くの混み合った場所のすぐ向こう側、砂漠地帯は見渡す限り無人だった。地平線には１本の木もなく、一面が金色の砂丘には、有名なパリ―ダカール長距離レースでモトクロスのレーサーが残したわだちが所々に残っているだけである。このレースは、政治的不安定、安全面での懸念、さらには猛スピードの外国ドライバーやサイクリストに通行人がひき殺されるという痛ましい事故などが原因となってアフリカ大陸から追い出され、２００９年にチリのこの辺ぴな場所に移った。数百人のジャーナリストがこのレースを取材し、近くの丘にキャンプした。今回、彼らは別のレースを取材するために戻ってきた。時間とのレースである。

カメラマンは争ったり押し合ったりしだした。あまりにも多くのカメラとマイクが殺到し、決定的瞬間を撮影するのは不可能に近かった。粉塵が高価なレンズにダメージを与えた。さらに悪いことには、最も良い場面は既に何度も撮影されていた。ある地元紙は、この場面全体を「メディアのウッドストック」となぞらえた。建物戦争が勃発した。CNNチリの使用している放送用の舞台装置の真ん前に、チリ国営放送局TVNが自分たちの舞台装置を建造したため、CNNは自分たちの舞台装置の高さをもう一階分高くしなくてはならなくなったからだ。地元の大工のラモン・ベルガラは放送局同士の争いから逃れ、手を引いた。ベルガラは3日間に報道用舞台3カ所を建てた。ベルガラはクリニック紙に「舞台装置1カ所につき12万ペソ（250ドル）の費用を請求した。1日で1カ所建てるつもりだった」と語った。

地下の鉱山労働者たちの健康状態は良好だと伝えられていたが、労働者救出の一環として丘の上に配置されていたACHSの救急車は、今やけがをしたジャーナリストを救護するため、サイレンを鳴らしながら丘を下っているのがよく目撃された。ジャーナリストや車両を巻き込んだ事故は10件も報じられた。

道化師の一団や僧服を着て歩き回るフランシスコ会修道士などで、現場の光景はだんだんサーカスのような様相を呈し始めた。閉じ込められている鉱山労働者のアリエル・ティコナの親戚ビンカ・ティコナは「ライオンが足りないだけね」と言った。スーパーヒーローのコスチュームを着て遊ぶ子どもたちもありふれてきた。スパイダーマンのような服装をした子どもたちの群れが、猿のように岩によじ登ったりするのを目にしても、もはや不思議ではなくなった。

夜のたき火は、今や分野を超えて友好関係が生まれたジャーナリスト、警官、政治家、家族らの交流の場と化した。チリのサルバドル・アジェンデ元大統領の娘、イサベル・アジェンデ・

キャンプ近くの丘で遊ぶマリオ・ゴメスの孫たち＝2010年9月21日(AFP/Getty Images)

ブッシがちょっとの間CNNのインタビューに答え、その後フィッシュサンドイッチを分け合いながら、チリの小説家で、やはり元大統領の親族に当たるイサベル・アジェンデ・ジョーナと談笑するのが目撃された。魚のタコスを配給するスタンドには、曲がりくねった長い列ができ、無料のシーフードのグリル、自家製スープ、大量のクッキーがみんなに振る舞われた。表向きは、鉱山地区は無アルコール（アルコール飲料禁止）の地域である。しかし、早朝には山のようなビール、ワイン、ピスコの空瓶が積まれていた。それはこの地域では、アルコールが全て消費されてしまったために、無アルコール状態になっているだけ、ということを示す立派な証拠だった。

世界中で、何百万人というテレビ視聴者

が、男たちは無事脱出できるか？　誰が最初に脱出するのか？　などのニュースにくぎ付けになっていた。こうしたニュースは「リアリティTV」「ニュースと再現ドラマなどを結びつけたのぞき見的娯楽番組」とナマの現実の惨事とが織り交ぜられ、ピニェラ大統領の報道チームが裏で巧妙に編集した上でメディアに供給されていた。視聴者は混乱と暴力、ないしは小説「蝿の王」式の分裂になるのではないかと予期していたが、そうした予想に応じる代わりに、鉱山労働者たちは歓喜と希望と団結に焦点を合わせた地球規模の結束という、めったにない機会を提供した。「血まみれならば大きく扱う」という伝統的なテレビ界の決まり文句は、弱者たちが出演する非暴力ドラマによって一時的に覆されたのだった。

キャンプ・ホープでは早くも、タレントのスカウトやテレビプロデューサーの間で、鉱山労働者たちのストーリーの権利をめぐる闘いが始まっていた。特に闘いの焦点は、ビクトル・セゴビアがつけていた150ページに及ぶ日誌の権利を入手することだった。彼は食料がなかった最初の17日間の最も暗い時期を含め、日常の活動を記録にとどめていた。セゴビアの家族は出版社との交渉を始めた。比類のない日記に対する最初の提示額は2万5000ドルだった。タブロイド紙記者は、ある労働者との最初の独占インタビューを求めて家族と契約を取り交わし、ロサンゼルスとマドリードへ旅行に連れ出すとの約束を申し出た。

男たちは依然として閉じ込められていたものの、彼らの体験に基づく映画は既に製作が始まっていた。廃鉱となった近くの鉱山では、チリ人とメキシコ人の俳優がドラマを再現していた。男たちの日々の生活の詳細は大部分が謎のままだったので、そのドラマは著作上の許諾を超えて脚色されていた。チリの映画監督レオナルド・バレラはまた、地下に閉じ込められた鉱山労働者たちに題材を得てポルノ映画を製作する計画を発表した。映画は「大げさな乱交パーティー」的なものではなく、共感的で、労働者たちが「ミナス」(セクシーな女性を指すチリのスラング)とセックスするというフィクション化した話だと、バレラは主張した。地下の労働者たちは暗くじめじめした鉱山世界から引き上げられ、ハリウッドの映画撮影に使われる強烈なクリーグ灯の下に放り込まれようとしていた。事実上、移行準備期間はなさそうだった。

【57日目】10月1日 金曜日

9月30日、鉱山労働者たちの弁護士であるエドガルド・レイノソは、チリ政府を相手取り2700万ドルの損害賠償訴訟を起こした。政府にはサンホセ鉱山を再開させ、経営を継続させたことに対し、過失責任があると申し立てたのだ。レイノソはこの時点で、3家族を除く全ての鉱山労働者の代理人だった。1カ月前、彼はサンエステバン鉱山会社への25万ドルの支払いを差し止めることに成功していた。もともと鉱山近くの海岸都市のカルデラの市長に見出されたレイノソは、男たちに支払われるべき数百万ドルの和解金の一部として、差し止め金を労働者たちに渡すことを望んでいた。

海岸沿いの都市バルパライソで行われた大晦日の祝典で、歩道橋が崩壊して見物人2人が死亡する事故が起きたが、丸く太って目立ちたがり屋の弁護士は、この事件に関して2007年に同市自治体に対する訴訟を起こし、勝利したことで有名になった。彼はピニェラ大統領およびチリ右派に公然と反対し、政府から金を引き出す決意をしていた。訴訟を支持したマリオ・セプルベダの妻カティ・バルディビアは「わたしたち家族は、損害の全てに対して支払いを要求します。わたしたちは正義を求めているのです」と語った。

レイノソの政府に対する攻撃は、ピニェラ大統領の側近たちには卑劣な言動と映った。側近たちは、サンホセ鉱山が危険なのは10年前から知られていたこと、１９９０年から２０１０年までチリを統治してきた進歩的中道左派連合のコンセルタシオンは鉱山労働者をほとんど保護しなかったこと、事実、危険な鉱山を永久閉鎖することを何度も回避してきた、と指摘して止まなかった。

現代の政治ではむしろ安直で当てにならないバロメーターとされてはいるが、世論調査によると、新たな大統領支持率は、事故前の46パーセントから、救出活動が進展して56パーセントに跳ね上がった。８月中、ピニェラ大統領は自らの信頼性を鉱山労働者の救出活動の最前線に賭けてきた。しかし今や、レイノソの訴訟によって、大統領はその大きなキャピタルゲインを失う危険にさらされた。

ピニェラ大統領は鉱山でも批判を浴びていた。救出作業員の一部は大統領の行動に愕然とした。彼らは大統領が政治的優位を獲得するために、救出作戦を利用していると糾弾した。ＡＣＨＳの主任医師であるディアス博士は、ピニェラ大統領とゴルボルネが注目を集めるために、医療上および技術上の取り決めを変更したと２人を非難した。「連中は偉大な救世主としてカメラの前に立ちたがった」と博士は語り、大統領を利するように計画されたやらせのＰＲ的見せ場によって、救出作戦が危うくなったと不満を漏らした。「口をつぐんでいるのが極めて難しかった場面もあった」

ＣＮＮの中南米ページに「チリ大統領は自分たちを利用していると家族が非難」との見出しで掲載された記事の中で、閉じ込められた労働者のビクトル・サモラの母親ネリー・ブゲニョは「これは政治そのものだ。汚い。詐欺でプロパガンダよ。彼らはわたしたちの大切な家族の感情をもてあそんでいる」とピニェラ大統領を責めた。

他の家族もピニェラ大統領やその政治は好きではないと言いながらも、彼の政府は労働者たちを救出するためにできることは全てやったと認めた。地下にいる労働者のダニエル・エレラの甥であるクリスティアン・エレラは「個人的には彼を支持しないし、意見に大きな隔たりがある。でも、彼は大きな決断を下した。もし彼に感謝すべきかと尋ねられれば、イエスだ。前政権が実権を握っていれば、労働者たちは死んでいただろう」

10月1日、ゴルボルネ鉱業相が、救出作業が公表されているよりもはるかに速く進んでいるという公然の秘密を認めることで、1カ月に及んだうわさと憶測に終止符が打たれた。鉱業相は「技術チームと一緒に行った分析によると、われわれの鉱山労働者救出は10月後半になると考えている。グッドニュースだ」と述べ、掘削ドリルが岩盤の軟らかな上層を貫通し、地質学的にはさらに硬い部分に差し掛かっていることを明らかにした。「これでわれわれは、少しだけ楽観的になれる」とも語り、既に地下にいる労働者たちにも同じグッドニュースを伝えたと述べた。

鉱山労働者たちの救出作業が急速に進展するにつれ、より深刻な疑問がチリで持ち上がり、広範な議論が巻き起こった。そもそもどうして鉱山労働者が閉じ込められてしまったのか？　どうしてそのような悪名高い危険な鉱山が依然として操業していたのか？　8月末から始まったチリ議会の調査によって、サンホセ鉱山と隣接するサンアントニオ鉱山の持ち株会社サンエステバン・プリメラ社の所有する鉱山で起きた死亡事故の最悪の歴史が明らかになった。

ＡＣＨＳがチリ議会に提出した統計数字によると、サンホセ鉱山での事故発生率は業界平均よりも３０７パーセントも高いことが分かった。ＡＣＨＳのマルティン・フルンスは「平均的な会社は労働者の給料の１・65パーセントを保険に支払っているが、彼らは5・37パーセントも支払っている」と証言し、サンホセ鉱山の所有者が5カ月にわたり労働者たちの保険金を支払っていなかったことも指摘した。

元労働相のマリア・エステル・フェレスは委員会の証言の中で、サンホセ鉱山を約10年前の２００１年に閉山しようとしたが、彼女が指摘する「鉱山セクターからの圧力」と雇用が失われるという懸念とによって拒絶されたと語った。「鉱山では小さな改善は施されましたが、労働省の見方はこの鉱山は爆弾であり……非常脱出口がないということでした」

さらに議会調査によって、サンホセ鉱山内部では落石が続き、絶えず鉱山労働者を押しつぶしていた事実も明らかになった。一部は入院治療が必要でないささいな事故だったが、葬儀という結末が待っていた事故もあった。

鉱山所有者のアレハンドロ・ボーンは証言し、安全改善は「当社の神聖な理念」であると語った。鉱山労働者のヒノ・コルテスの脚を切断した事故についての質問に対しボーンは、天井から落下する岩を受け止める安全ネットを交換しなかったと労働者側を非難した。彼はさらに「不幸なことに、鉱山に現在、閉じ込められているのは同じシフト勤務の労働者である」と続けた。

これを聞いた多くの人は、ボーンの無神経な証言にショックを受けた。雷に打たれて死亡した犠牲者を、ゴム底靴を履いて歩かなかったと非難しているかのように聞こえた。サムエル・アバロスはボーンの解説を聞いて「天井の全部にはネットがなかった。たぶん20パーセントくらいはネットがあったかもしれない」と反論した。「どこを歩けばいいと言うんだ。いったいどこを」

ピニェラ大統領が新たに任命したカミラ・メリノ労働相は、ピニェラ政権がこの危険な労働環境を承知していたことを認めた。労働相は「われわれは安全問題の指摘があることを承知しており、事故を予期して行動を起こすべきだった。だからわれわれがいま提案している全ての安全対策に留意し、これによって将来、新たな事故が起きないようにすることが重要である」と述べた。

労働相のコメントはチリで騒動を巻き起こした。野党議員はより詳細な情報を要求した。政府はサンホセで重大な安全問題を隠そうとしているのではないか？ もしそうならば、政府はスキャンダルを隠しておけるのか？ メリノ労働相は発言を撤回し、確実な情報はないと述べた。

コピアポの労働組合リーダーのハビエル・カスティジョは、10年以上にわたって鉱山所有者およびセルナへオミンと呼ばれる政府の鉱山安全監督機関との闘いを続けてきた。彼は労働者の安全に関する新たな問題点が明らかになったことに興奮した。カスティジョは裁判所、警察、鉱山の所有者に宛てた数百に上る文書の中で、サンホセとサンアントニオの両鉱山が恐ろしく危険な状態にあり、今にも崩壊しようとしていると警告してきた。

世界がサンホセ鉱山の崩壊理由について思いをめぐらし始めたころ、カスティジョは政府の監督自体も破綻していたことを公けにする決断をした。鉱山労働者組合が2002年に制作したビデオは、両鉱山の危険な鉱山業務と落盤の可能性を示していた。カスティジョは議会調査担当者に提供した文書の中で、サンホセ鉱山の所有者自身が、鉱山は危険なまでに脆弱であると警告を受けていたことを明らかにした。2003年、サンホセ鉱山と同じ山に位置するサンアントニオ鉱山で大規模な崩落が起きた。そして2007年、サンアントニオ鉱山はまたもや落盤し、閉山された。ただ崩壊は鉱山内部に労働者がいない午前1時に起きたので、死傷者は出なかった。

カスティジョが提供した一連の重大事故の詳細によって、政府の安全担当当局者は、サンホセ鉱山を2007年いっぱいと2008年の一部期間にわたり閉山することを命じた。今や議会調査は核心の問題に焦点を当てた。サンホセ鉱山は再開されるべきだったのか。

チリの法律では、サンホセ鉱山は二つの異なる出入り口を設置する必要があった。日常業務のために定期的に使用するルートと、緊急時のバックアップ出入り口である。調査の後、チリ議会は、サンホセ鉱山ではバックアップ出入り口が存在せず、換気用シャフトの内部にはしごを設置するなどの仮設要件すら満たされていなかったとの判断を下した。

最終的な崩壊のかなり以前から、サンホセ鉱山は不安定な兆候を示していた。2010年6月、岩の塊が落下してホルヘ・ガジェギジョスが背中に大けがを負った。ACHSの調査は、より大きな崩落の危険を警告していた。ＡＣＨＳのアレハンドロ・ピノは、鉱山のオーナーに差し迫った危険があることを勧告したと指摘、「会社に対して鉱山を強化するように要求した」と語った。

【59日目】 10月3日 日曜日

議会調査が続く中、救出が迫っていた。サンホセ鉱山の周りにある丘陵の斜面は、ヘリポート、仮設病院、ジャーナリスト用の野外席などを建てる建設工事の作業員だらけとなった。政府は、花を飾り、青い照明付きのしゃれた玄関を備え、家族らが小粋にデザインされたソファに座ることができるラウンジを設計していた。全ては救出される鉱山労働者と家族の最初の短い再会のためだった。

地下の労働者たちがメディア対応訓練を受け、新生セレブと認められて輝きを増す一方で、キャンプ・ホープにはずっと行方が知れなかった親戚も到着し始めた。あまりにも多数の未知の「家族メンバー」が到着したため、チリのクリニック紙がキャンプ・ホープの地図を掲載した際には、地図には「家族メンバー」と表示されたセクションを指す矢印と、「家族メンバーと思われる」のキャンプ地を指す2番目の矢印があったほどだった。

キャンプ・ホープの心理学者たちは、トラウマがどんな結果をもたらすか分からないが、家族をそれに備えさせようと、あたふたしていた。男たちは楽しげになるのか、ふさぎがちになるのか？　彼らは妻に永遠の愛を告げるのか、すぐに離婚を宣言するのか？　ジョニ・バリオスのケースでは、彼の長年の愛人か妻のどちらと一緒に暮らすのか？　地下の労働者たちの多くは、抑鬱症になっているとみられていた。前例のないトラウマは、長期間にわたってどのような影響を与えるのか。

数カ月に及ぶ地下の男たちとの闘いの末に、イトゥラはコンシェルジュとチアリーダー的な役割を果たすようになった。彼は男たちとの闘いを避け、代わって如才なく振る舞い、家族問題を解消し、メッセージを届け、彼の呪文の「救出に一日近づいた」を繰り返し唱えていた。彼は男たちを脱出までの間は団結させておこうと考えた。

イトゥラが男たちのもろい精神状態を懸念している間、ソウガレットと彼のチームは大きな問題に直面していた。

技術上の問題が新たに生じて、プランAが行き詰まった。技術者はハンマーとドリルの先端を大急ぎで交換しようとしたが、これで3日が費やされた。プランAは男たちから100メートル以内の地点に到達していたが、目標への到達競争での賭けで、注目の的のこのオリジナルな救出プランが勝利すると予想する技術者はほとんどいなかった。ゆっくりだが、確実なオリジナルの掘削作業が3番目の場所を目指していた。ほかの二つのドリルもサンホセ鉱山の独特な状態の中で速さを証明していた。

プランCもまた、ドリルが逸脱してシャフトが軌道から大きく外れてしまう障害に直面した。技術者はまず小型のドリル・ビットを使用し、トンネルを曲げることで元のコースに戻し、その後に、フェニックスに十分な幅のトンネルを掘削できる正規のサイズのドリル・ビットに付け直すという計画を練った。全体で1週間近くが費やされた。プランCのスピードはこの時点で、大型掘削リグを予定通りの方向に保つことができず減速した。

現時点で有望なのは、59日目までに427メートルまで到達し、この壮大な作戦で最も信頼の置ける技術とみられるプランBだけとなった。プランAとプランCが大きな問題に直面したことで、三つの独立した技術による掘削作業を進めるというピニェラ大統領の決断は、今や非常に先見の明があったように見えた。

第11章 最後の日々

救出シャフトの貫通を祝うジェフ・ハート（右）（©Ronald Patrick）

【62日目】10月6日 水曜日

プランBのドリルが50メートル以内に迫り、鉱山労働者たちはがたがたという掘削音を間近で聞けるようになった。ドリルがすぐにでも作業所の天井を貫通しそうに思えた。しかし、またまされるのではないか？ ドリルがあと1日で到達するといううわさがトンネル内に溢れた。あるいは8日かもしれなかったが。

労働者たちは、突如として日々の情報収集の方が食事よりも重要になった。「8時45分ごろ、誰かがバケツをたたく音がした。ベルが鳴っているみたいだった。彼らは叫んでいた。『10分後にニュース番組があるぞ。ニュースが10分後に！』。全員がそれを見に集まってきた」とサムエル・アバロスは言った。

夜9時のニュース番組は、その日の焦点となった。地下のスタジオには、汗びっしょりになりながら、白いパンツとゴム底靴だけを着けた男たちが、最新の状況を見聞きするために集まった。番組全体が救出問題に割かれ、最初の20分は鉱山救出作業「聖ロレンソ作戦」に充てられていた。

「1分ごとに事態の推移を知ることになった」と、サムエル・アバロスは説明した。「俺たちは救出作業の進展を追い、救出がいつ完了するかを計算し始めた。有り余るほどの情報があったから、逆に各々に不安が募った。『もう終わりにしようぜ。ここから出してくれ』と願うようになった。こんなにたくさんの情報がなければ、いつ脱出できそうか分からなかっただろう」

ソウガレットら救出作戦の当局者たちは、具体的な期日を鉱山労働者たちに明かすことを拒んだ。ゴルボルネ鉱業相は用心するよう命じ、ソウガレットも同意した。いろいろなことで、とんでもない手違いが生じる可能性があった。トンネルを掘り進む中で、ドリルは時おり、少しではあるがコースを外れ、修正を繰り返した。結果として、トンネルはやや曲がったり、傾斜したりした。カプセルが立ち往生しないだろうか？　とりわけシャフトの底近くのカーブを技術者は心配した。フェニックスがカーブ部分にうまく適合できないとのうわさが、指令センターで流れた。さらに、フェニックスが作業所の天井を通り抜ける部分を広げるために、少量のダイナマイト装塡を慎重に調整しなければならなかった。これがまた、救出隊が眠れぬ夜を過ごす一因となった。爆薬の使用量が多すぎると、シャフト自体を崩壊させかねない。幾度も周囲にぶつかりながら滑り降りるフェニックスの動きに、トンネルの壁がどこまで耐えられるかを予想するのは不可能だった。カメラを通してでは、シャフトは大理石のように硬く見えたが、カプセルを実際に稼働させてみなければ知る由もなかった。さらに恐ろしいことに、地震が発生する可能性があった。チリは世界の五大地震のうちの二つの震源地であり、２０１０年2月の地震はまだ記憶に新しかった。

今や世界中に知れ渡っているように、無秩序な金と銅の採掘によって、サンホセ鉱山を取り囲む丘陵全域が、山の残骸だけで支えられており、空洞化した骸骨のようなものだった。地質学者の分析によって、この山が脆弱であることははっきりとしていた。

救出活動の一環として、コデルコは微小な地質の動きの計測が可能なセンサーを、丘陵の傾斜面に埋め込んだ。もし新たな崩壊が起きるなら、少しでも前に警告を受け取れることを技術者たちは期待した。

閉じ込められた男たちにとって、救出は間近に迫っているものの、時期は不明だという連絡は、矛盾に満ちたものだった。「誰も眠ることができなかった。全員が極めて神経質になった」と、アバロスが高まる緊張について語った。「機械があちこちに向かっている騒音があまりにも大きくて、みんな落ち着かなかった。肉体的に参ってしまったんだ。あれは最初の日よりもひどかった」

緊張の高まりを測る一つの尺度に、地下から要求してくるたばこの本数があった。9人だった喫煙者が、今では18人になった。これまでは一日に2本から4本が許可されていたが、無制限に吸ってよいことになった。たばこが不足し、隠し持っている割り当て分が底を付きそうになると、緊張は一気に高まった。けんかが起きる寸前までいった。

鎮静剤も処方されて地下に送られた。一部の男たちにとって、この薬は睡眠の助けとなったし、過剰なアドレナリン急増を緩和するためにも使用された。薬が劇的な効果を発揮し、軽度の精神障害の兆候を抑えたケースもあった。公には明らかにされていないが、医師や救急救命士の内輪の健康に関する会合では、鉱山労働者個々人のメンタルヘルスは躁鬱病、躁病、鬱病、自殺的鬱病などの言葉で表現された。

高まる緊張を払いのけるために、男たちは独創的なレクリエーションをつくり出した。掘削作戦では潤滑剤として水を絶え間なく流し込んでいた。自然にできた水路を利用して、男たちは自分たちの生活空間に水が浸入しないよう、鉱山の一番低いところに流し込む水路を設計した。最初のうちは、たまった水は泥だらけの汚水で、水浴びには全く役立たなかった。落とす分よりも余計に泥が体にまとわり付いた。しかし、救出作業が進み、水路が改善されると、鉱山の底は水で満たされ始めた。その結果、プールは縦7メートル、横3メートル、深さは1メートルを超えた。10月初めまでに、男たちは大きくなっていくプールを「プラジャ（浜辺）」と名付けた。泳いだりはしゃいだりするには十分な水をたたえていた。「何往復も泳いだ。本当に楽しかった」とマリオ・セプルベダは話した。

男たちはプールで何時間も、浮かんだり、笑ったりして、くつろいだ。

ペドロ・コルテスは可変油圧プラットホーム装備の鉱山トラック、マニトウを運転する専門家だった。マニトウを水たまりまで運転していきヘッドライトを点灯すると、現実離れした光景が照らし出された。裸の男6人が地下700メートルのプールで大騒ぎしていた。

短い間、男たちは自分たちの悲劇を忘れることができた。彼らは冗談を言い、地上での自由な生活を思い浮かべ、お互いにこの類いない兄弟の関係を絶対に放棄しないと誓った。男たちの誰もが、他の男たちのために自らの命を犠牲にすることを疑わなかった。最も緊張した関係でさえも、核となる部分には兄弟のような絆があった。「彼の目を見れば、何を考えているかはっきりと分かった。時には言葉さえ必要なかった」と、サムエル・アバロスはマリオ・セプルベダとの関係について語った。

男たちには飢えと死の淵で育まれた絆があった。彼らは一緒に死ぬ運命にあったのだ。それは一瞬に死ぬのではなく、苦悶に満ちた日々の果ての死だった。リチャルド・ビジャロエルは「あの時点で、俺たちはグループとしてカニバリズムについて話したことはなかった」と言ったが、「後では冗談として大いに話したが」と認めた。

お互いを食べるというこの冗談は、彼らが残酷で野蛮な結末にどこまで近づいていたかを示す、ほぼ偽りのない証言だった。詩人やさまざまな期待、何かに取りつかれたようなジョギング愛好者たちの出現は、労働者たちが忍び寄る野蛮な振る舞いと、死の重苦しい影をはるか彼方へと押しやって、自らの人間性を取り戻そうと懸命に努力した表れとみることができる。

【63日目】10月7日 木曜日

閉じ込められていた2カ月の間、労働者たちは女性のヌード写真、小型の聖書、数百通の手紙、新しい衣服、時々ひそかに送られたチョコレートなど、大量の贈り物をため込んでいた。

それぞれが寝場所を自分で飾っていた。岩壁にメッシュの網を取り付け、チリ国旗、家族の写真、手紙や絵をつるした。アバロスは「俺には、神と悪魔の両方がいる特別な場所があった。大きな尻のルリ（胸の大きなブロンドのチリ人ピンナップガール）とコルコタ（旧カルカッタ）のマザー・テレサだ。2人とも俺のアイドルさ。元気づけてくれたんだ」と語った。サムエル・アバロスが一時しのぎの自分の「部屋」を見渡した時、自分はモリネズミのような生活をしていることに気付いた。家具も棚もなく、彼はトンネルの岩だらけのじめじめした床の上に、自らの所有物をため込んでいた。

鉱山の奥底にいても、有名人になったことが今やはっきりしていた。パロマにはいろいろな旗が詰められ、33人全員がサインした上で、できるだけ早く戻すよう求める依頼が頻繁に入っていた。カトリック大学サッカークラブ、コブレサル・サッカークラブ、ゲオテック（掘削会社）の旗のほか、とりわけ多かったのはチリ国旗だった。男たちはこの依頼に応えた。地下700メートルで署名し続け、作家のように指がけいれいするようになったのは、メディアの大群と名声が地上で待ち受けていることの端的な暗示だった。しかし、男たちの多くは無邪気なもので、世界が彼らの地下世界に強い興味を抱いている事態を理解できていなかった。

掘削作業が順調に進み、男たちは地表への引っ越しについて考えをめぐらし始めた。何を持っていこうか。何を残していこうか。かつては彼らの永遠の敵であった時間が、終わりつつあった。荷造りをする時がきた。

日数がたつにつれ、男たちは配達システムを逆転させ始めた。今では岩石コレクション、日記、旗に加え、ダビド・ビジャらの欧州スターがサインしたサッカージャージなど、身の回りの品がとめどなくパロマを通じて洪水のように地上に送り届けられた。ビジャはスペイン・ワールドカップのヒーローだったストライカーで、父親と祖父が鉱山労働者だった。

ルイス・ウルスアは少なくとも一日に2回、時にはもっと頻繁に、救出作業の進展状況、障害、手順について連絡を受けた。作業は全体として、地下からの継続的かつ膨大なフィードバックが必要だった。時には、ライブ中継しているカメラを地上で救出を計画している人々が見えるように動かせという簡単な要求もあった。しかし状況によっては、重機を動かしてもろい天井を補強したり、ぐらぐらしている岩を取り払ったり、損傷した通信装置を修理するよう求められることもあった。

労働者たちは、多数の水の空ボトル、プラスチックの食料包装ラップ、故障した装置などを、鉱山の奥底に作ったごみ集積場に移動させる作業に取り掛かった。泥だらけの床、巻き上がる粉塵に加え、掘削機が吐き出す土のせいで清潔に保つのは不可能だったが、依然として彼らは自らの居住区域を整理整頓するよう心掛けた。セプルベダは「旅行に行くようなものさ。出掛ける前には家中をきれいにしておきたいだろ」と救出作業員に冗談を飛ばした。

新たに生まれた自分たちの名声をどのように取り仕切っていくかも、準備の一環に含まれていた。確かにセプルベダは、地下のビデオで申し分のないホスト役を果たし、グループの士気を高揚してきた。しかしいったん地上に戻ったら、もっと真面目で法律用語に通じた別の能力を持った男が必要になると、男たちは考え始めた。「俺はマリオに話すことができたさ。マリオがショーを独り占めするんじゃないかって、グループが感じていることを。俺は『やつらは正しいんだ。あんたは引っ込まなきゃならない。独り占めしようとしているんだ。たぶん自分でも気付いていないだろう。あんたはいつもいつもカメラの前にいるんだ』と言ってやった」とアバロスは明らかにした。「連中がマリオをぶちのめしたがっていたことは、公然の秘密だった」

最後の金曜日、新しいスポークスマンを投票で決めようという提案が出て、こうした不安が大きくなった。マリオは本当のところ、新たに始まるメディアの取材合戦に適した人物だろうか。男たちの一部は、物静かで慎重な公式の代弁者を担ぎ出すことを考えていた。このアイデアが勢いを増し、表決が行われた。セプルベダは敗れた。公式スポークスマンの仕事は、ファアン・イジャネスに引き継がれた。イジャネスは自信に満ちた雄弁家で博識な人物だが、知的所有権や法律についてははっきりとは理解していなかった。セプルベダはこの決定を、彼のリーダーシップへの拒否だと、顔に平手打ちを食らったように感じたに違いない。彼はすぐに引き下がり、メディアへの独り旅の計画に全力を注いだ。

【65日目】10月9日 土曜日

救出作業員は、ドリルがトンネルから10メートル足らずの地点に到達したと男たちに伝えた。セプルベダは救出隊に「俺たちはみんなトンネルを上ってドリルを見にいく。貫通すれば、踊りまくって、一晩中パーティーをするつもりだ。パロマを送り出すのをやめるように言ってくれ。受け取るやつは誰もいなくなるから」と伝えた。

これまで食料を詰めたパロマを受け取る者がいない状態になったことは一度もなかった。最もストレスがかかっているときでさえ、男たちは自分たちのライフラインをきっちりと見張っていた。しかし今回、彼らは坑道の数百メートル上部の作業所に移動することに決めた。そこでは、ドリルがまさに貫通しようとしていた。

男たちは不安の混じった期待を抱きながら集まった。これまでいろいろなことがうまくいかなかった。壊れたドリル、コースをそれたボアホール、そして崩落そのものだ。男たちは懐疑的だった。音が聞こえるが、救出は本当に近づいているのだろうか。彼らは、ドリルが貫通して欲しいと願う場所から50メートル離れたトンネル内で、身を寄せ合った。泥と水が交じり合って斜面に流れ込んできた。

アレックス・ベガは記録し始めた。彼は水滴からノートをかばい、この歴史的瞬間の1分ごとの詳細を、自分の妻宛てに書き留めた。ほこりの渦、何度も強打を繰り返すハンマーの鋭い騒音、吹き飛んだ岩くずが辺りに充満した。労働者たち全員は、サンタクロースが煙突を降りてくるのを待つ子どものように凝視した。男たちは最後のミッションに備え、汗だくでヘルメットをかぶり、手には厚手の作業手袋を着けた姿で、目を凝らしていた。

じっと見ている以外に、できることはほとんどなかった。ペドロ・コルテスは分刻みの最新状況を地上の技術者に電話で伝えた。これが翻訳された後、ドリルの速度と圧力を調整していたジェフ・ハートに伝えられた。飛び散る岩くずや耳をつんざく騒音に阻まれ、男たちは近寄れなかった。

鉱山労働者たちは、近づくにつれ、ドリルの回転がゆっくりになるのを聞いていた。それから金属と金属とがぶつかり合うような音に変わった。身の毛がよだつ金切り声のような音だった。ジェフ・ハートはやみくもに進むしかなかった。誰もが、ハンマーが脱落し4日間の遅れが生じた以前の事故を思い出していた。

掘削は再開したが、ドリルがまた動かなくなった。またもや、あの脱落した時の音がした。穴の天井の内側に付いている金属製の屋根ボルトが、ハンマーの先端に絡まった。ペドロ・コルテスは電話で、地上の技術者に連絡を取り続けていた。技術者は彼にドリルがあと1メートル足らずの地点にあることを告げた。

地上ではジェフ・ハートがドリルを減速した。速く進みすぎると、ドリルがストレートに天井を突き抜けて故障しかねない。つまり、ねじ曲がったビットが緩んでしまうと、トンネルの脆弱な部分を粉々にしてしまう恐れがあった。最後の数センチは細心の注意が必要だった。ソウガレット、ゴルボルネ鉱業相をはじめ、集まった救出作業員や政府当局者が周りに群がる中で、ハートは地下からのビデオ画面をチェックするため、何度もドリルを停止した。もがきながら進む飛行機を誘導する航空管制官のように、男たちは作業を続けながら、ドリルの安全な到着を祈った。

地下では、耳をつんざくような音がしていた。耳栓に加え、イヤホンの形をした二重のプロテクターを着けても、岩を砕き強打するドリルのうなり音は、苦痛を感じるほどけたたましかった。この時、ドリルはボルトを力で圧倒し、午前8時、穴が貫通した。

ドリルの一部が作業所の天井から現れると、巨大なほこりの雲が洞窟に充満した。そのせいで視界が奪われたため、男たちの多くには最初の落盤の時の鮮明な記憶がよみがえった。しかし今回は、このほこりの嵐が自由への輝かしいサインだった。地下の労働者たちは抱き合い、叫び声を上げた。

その時、地下から声が届いた。「ドリルが貫通した！」。プランBの作業員たちは作戦が完了したことがなかなか把握できなかった。ハートは「心臓が破裂するかと思った」と冗談交じりに言った。ゴルボルネ鉱業相とソウガレットは抱き合った。そしてシャンパンのコルクが飛んだ。トラックの警笛がサイレンように響いた。しまいには、プランBのプラットホームは、ハグしたり、跳び上がるヘルメット姿の作業員たちで埋め尽くされた。男たちは抱き合い、肩を組んだ。彼らは輪になって踊った。谷間全域にわたって、自動車の警笛、鐘、叫び声の不協和音が響き渡った。2カ月たってやっと、救出トンネルが男たちに到達した。

ハートはすぐに荷造りを始めた。彼の仕事は終わったのだ。チリ人が引き継ぐ時だ。彼は油まみれの作業用オーバーオールのまま、キャンプ・ホープをぶらぶら歩いて、自分が掘削した穴を不思議そうに眺めた。遠く離れた地下の労働者たちの避難所まで掘った穴だった。ハートはあっという間に有名人になったことに当惑したようだった。女性たちが彼に抱きついた。記者が押しかけ、懸命に彼の言葉の一言一句を記録した。それでも、ハートは自分の手腕を説明することはできなかった。「決して理解できないだろう」と言いたげな眼差しで、ハートは記者たちを見つめ、話しだした。「俺は穴あけ屋だ。あんたたちが穴あけ屋でなければ、俺を理解できないだろう。地面から伝わってくるのは振動だ。俺は足でそれを感じ取って、今、ドリルがどこにあるかを知るんだ」。ハートの操作したドリルがコースから50センチそれていたら、トンネルを外していただろう。彼は的を射た。長距離の狙撃兵のように、完璧だった。

ハートは掘削作業の最終局面が、いかにライブのビデオ映像を彼に流していた地下の労働者たちとの共同作業であったかを説明した。労働者たちに何と伝えたいかとの質問に、ハートは笑顔で答えた。「2日前、俺たちは彼らに『必ずそこに行く』というメッセージを送った。今、俺は言いたい。『ついて来い』と」

キャンプ・ホープでは喜びが爆発した。ヘルメットをかぶった救出作業員たちはテントからテントへと訪ね、家族と抱き合った。閉じ込められていた鉱山労働者の家族は希望に弾んでいた。「彼には平穏と安らぎを届けたい。最悪の事態は終わった」と、閉じ込められていたマリオ・ゴメスの甥であるアロンソ・ガジャルド(34)は言った。

「隣人同士で大パーティーを開きたい」とダニエル・サンデルソン(27)は語った。サンデルソンは閉じ込められていた2人の無二の親友の運命の行方を見守り、その夜は1時間しか眠っていなかった。サンホセ鉱山で働くサンデルソンは、友人たちには地下に何週間も閉じ込められた危険性と極限のトラウマがあるが、2人とも鉱山労働者として働き続けるだろうと語った。「もう2人は新しい採掘の仕事を探していると手紙に書いてきた。俺たちはみんな鉱山労働者なんだ」

ファン・ゴンサレス(39)は、キャンプ・ホープ内にある家族のテントに40箱のアボカドを運び込

大統領（中央）とソウガレット（右）に救出手順を説明するゴルボルネ＝2010年10月12日(Hugo Infante/チリ政府/Rex/Rex USA)

み「これはみんなにあげるんだ」と言った。

彼は、閉じ込められた兄弟2人のレナンとフロレンシオ・アバロスについて「ただ彼らをハグしたいだけさ。2人には平静を保つように言いたい。俺たちは全員がここで待っているから」

「火曜日か水曜日か木曜日か、そんなことはどうでもいい」とピニェラ大統領は言った。「重要なのは、連中を生きたまま救出することであり、安全に助けることだ。そのために、われわれは努力を惜しまない」。救出計画でシャフト全体を金属チューブで内張りするのか、一部だけにとどめるのかについて、ピニェラ大統領は明確にしなかった。救出チューブの使用は、これまで救出作戦の根幹と見なされてきた。穴の壁面の凹凸をなくし、フェニックスの車輪の途中で滞ることのない容易な走行を確実にするものだった。しかしこの時点では、チューブの使用は見直しが進んでいた。技術者は、シャフト内部のちょっとした屈曲やねじれが、チューブの挿入を困難にすると懸念した。一カ所が曲がって詰まってしまったらどうなるのか。内張りをするのと、しないのではどちらの危険が大きいのか。それが問題となっていた。

ゴルボルネ鉱業相も慎重論を唱えた。「これは重要な成果ではあるが、われわれはまだ誰も救出していない。この救出は最後の一人が鉱山を離れるまで終わらない」

鉱業相が話している時でさえ、家族たちはたき火の残り火の周りに集まり、笑顔で朝食を取り、見知らぬ人たちと一緒にコーヒーを飲み、抱き合ったりしていた。数百人の外国人ジャーナリストは、33人が自由に一歩近づいたとのニュースを急いで送信した。

地下の鉱山の底では、クラウディオ・ジャニェスが救出用シャフトを撮影していた。しかし、細部は全て闇に包まれ、数メートル上を見るのがやっとだった。一緒にいたサムエル・アバロスと2人でホームビデオを撮り、カメラをシャフトの中に突き入れた。あたかも、一途に努力し想像力をめぐらせるだけで、あの失われた地上の世界へ瞬時に救出されるといわんばかりの動作だった。

救出用シャフトは直径72センチで、トンネル内で歓迎される冷たいそよ風が流れ込んでくるのに十分な太さだった。男たちは新鮮で冷たい空気がもたらす喜びに驚いた。救出用シャフトは天然のエアコンのようだった。男たちは、自分たちを安全な場所に運ぶ救出用の穴が、死の落とし穴でもあることを知りようもなかった。

涼しい空気で、もろくなっている鉱山内部の気温が変化した。冷たい空気は鉱山の壁面に収縮を引き起こした。男たちを大いに喜ばせたこの気温の急激な変化は、鉱山全体を不安定にする悪影響をもたらすことになった。

【66日目】 10月10日 日曜日

これまで以上に、男たちは閉じ込められたと感じていた。時間が停止したようだった。太陽がなく、夜明けもなく、時間を知るすべもなく、彼らはまだ朝かどうか、互いに聞くことがよくあった。

午前6時、早朝の平穏さが、最初の波打つようなとどろきで打ち破られ、その後、何度も何度も続いた。サムエル・アバロスは「リチャルド・ビジャロエルが俺の足を蹴って起こしたんだ。彼は山が俺たちを襲ってくる、と言った。俺は運が尽きたと思った。全体が落ちてくる。そうなれば俺たちはおしまいだ。山全体があまりにも不安定だった。何が起きてもおかしくなかった。ドカン！ ドカン！ ドカン！ ドカン！ ドカン！ 破裂は続いた」と語った。

ルイス・ウルスアはソウガレットを呼び出し「山に亀裂が入った。大きな騒音を出している」と叫んだ。彼と残りの男たちは、トンネル内部にほこりと奇妙な風が吹いたので動揺した。ソウガレットは、落盤が彼らからはるかに上部で起きており、直接の危険は及ばないと彼らを安心させようとした。

サムエル・アバロスは、山が崩落するのを聞き、これが終幕であり、今回閉じ込められたのは全て、免れられない死への長い道のりだったと納得した。彼は鉱山が崩壊寸前であり、鉱山が内部に男たちを閉じ込めようという決意と復讐に満ち溢れた生き物であることを疑わなかった。

オマル・レイガダスは、岩の亀裂と破裂が神からのお告げであると確信した。レイガダスの耳には、岩が崩壊するにつれて起きる地割れと激しい破裂音の不協和音は神の声にほかならなかった。「俺はクリスチャンだ。神は俺たちに奇跡をもたらしたのだから、俺たちは神の存在を信じ続けなければならない。生存させてくれたこと、そして脱出させてくれることにも感謝する。山は爆発している。俺たちは約束を守り、より善良な人になることを誓った。山がわれわれに約束を守ることを催促しているのだと思った。他の仲間は『鉱山は俺たちを出ていかせたくないんだ。1人だけでも残しておきたがっている』と言っていた」

リチャルド・ビジャロエルは冷静だった。彼はベッドに横になり、地上に向けた旅のために力を蓄え、今や彼らを阻むものは何もないと信じていた。彼は妻がリチャルド・ジュニアを産むのに立ち会うと決意していた。予定日は2週間以内だった。落盤、飢餓、灼熱、湿気の中で生き抜き、ビジャロエルは無敵になったと感じていた。山が亀裂を起こそうが、大きなきしみ音を立てようが、運命が彼をこんな遠くまで連れてきたのは、彼が生き残るように運命づけられているからであるという信念が揺らぐことはなかった。

正午前には、亀裂が穏やかになり、ほとんどがやんだ。しかし静寂すらも、山が次の活動を前に休止しているという恐ろしい思いを植えつけた。

ほとんどの男たちはその夜、眠らなかった。

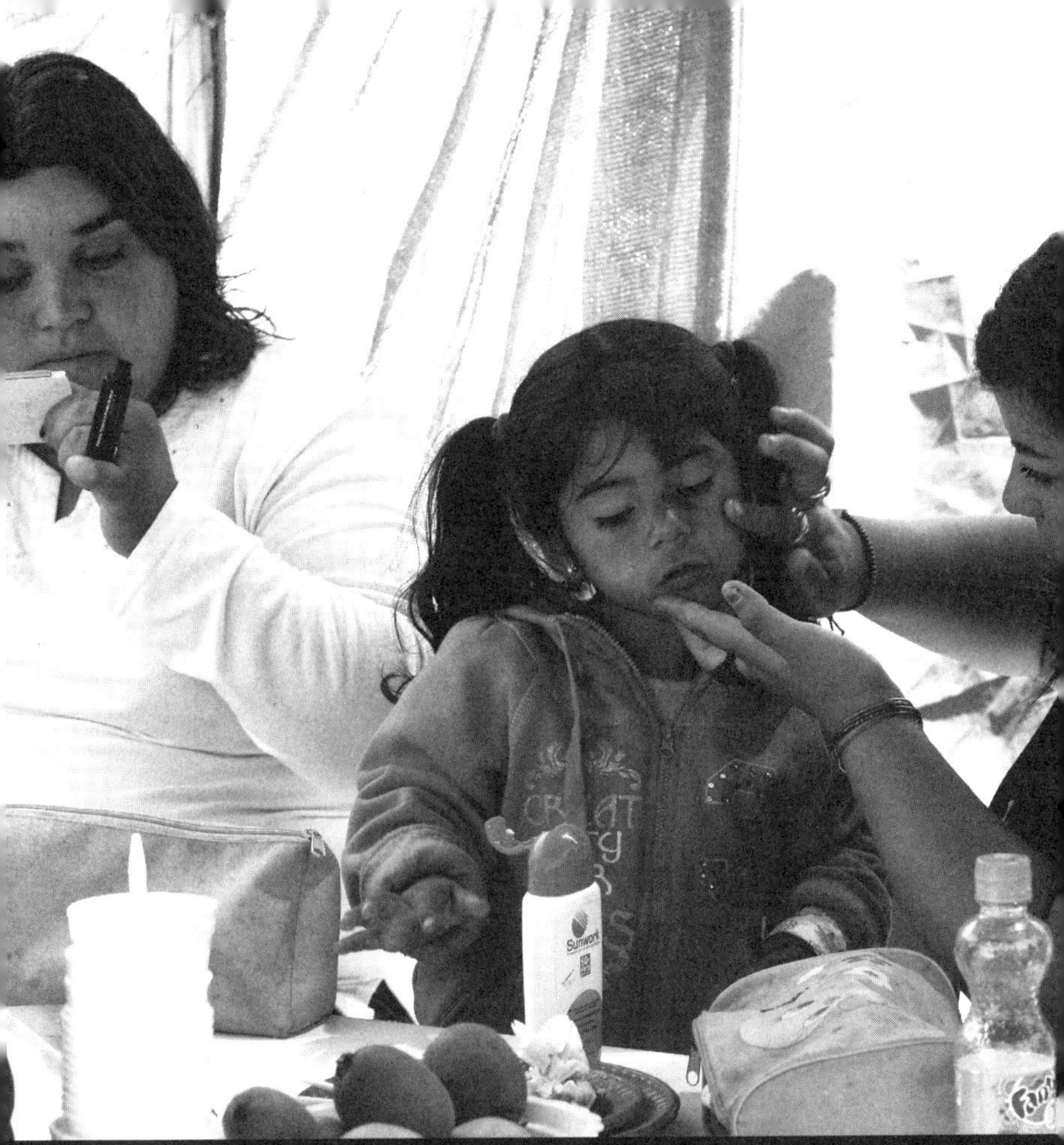

第12章 最終準備

救出された家族を迎えるために化粧する女性たち／2010年10月12日（REUTERS＝共同）

鉱山労働者たちは、救出用カプセル、フェニックスの到着準備を始めた。カプセルが着地する作業所の周囲にはスポットライトが取り付けられ、まるでミニチュアの舞台のようになった。救出用シャフトそのものは特筆すべきものではないが、同時に奇跡を起こす力でもあった。一見したところ、それはほとんど目に付かず、坑道の天井のくぼみや不規則な亀裂の間にできた薄暗い斑点の一つとしか見えなかった。しかし、労働者たちは毎日、時には一日に何度も、まるで神聖な寺院であるかのように、その穴に詣でた。坑道のこのエリアは労働者たちの居住区域よりはるか上の方にあり、普段は人気がなかった。ドリルによる掘削作業が完了した後は、沈黙が辺りを覆い、聞こえるのは床に落ちる水滴の規則的な音だけだった。

地下の労働者たちは、不安な気持ちを押し殺しながら語り合い、たばこを吸い、時間が少しでも早く過ぎ去るよう努めた。彼らは自分たちの約束、沈黙の誓いについて話し合った。それぞれみんな、地下の生活の詳細を口外せず、お互いの批判を口にしないことも誓い合っていた。自分自身の体験について語ることは自由だが、時には非常に苦しかった自分たちの生存状況を詳しくメディアには明かさないと約束した。そうした細かい事実は、自分たちが製作することになる映画のためにとっておこうと決めていた。

こうした話し合いの中心にいたのはフランクリン・ロボスだった。ロボスはみんなに団結を維持するように念押しした。彼は非営利の財団を設立して、自分たちが成し遂げた業績を讃え、彼らのサバイバルの様子を展示し、この出来事を記念する博物館を建設したいと考えていた。彼らが製作しようと思っている映画の収益は全て、各人がメディア宣伝による利益を受けられるよう保証するために、33の株式に分割される。後に「沈黙の盟約」と呼ばれることになるこの合意は、彼らのプライバシーを守り、不都合な出来事を覆い隠すためのものでもあった。彼らの間に同性愛的な情事があったとか、ソフトドラッグ（マリファナなど）の使用があったとか、時には殴り合いのけんかが発生したといったうわさは、地上でいろいろささやかれていた。しかし、盟約の核心はやはり金銭に関することだった。彼らは自分たちの体験を集団的な苦難と見なし、その結果としての利益は公平に分配されなければならないと考えた。もっともこの盟約は、彼らが救出されてから24時間もたたないうちに、反故《ほご》にされることになるのだが。

最後の決定的瞬間がゆっくり近づくにつれ、労働者たちはますますたばこを要求するようになった。ロマニョリ博士はパロマにたばこを詰め込みながら「いずれにしても、われわれは禁煙療法をやっているのではないのだ」と言った。健康の管理者が患者にたばこをせっせと送っている皮肉な事態をどう思うか、と聞かれた博士は「これは救出作業なんだ。彼らからたばこを取り上げるなんて思ってもいない」と語った。地下の労働者たちは神経が高ぶってはいるものの、意気軒高で、博士に地酒のピスコ、ラム酒やそれに混ぜて薄める飲料を送るよう求めた。

特殊な防水服も送り込まれた。日本から輸入された生地を使い、33人それぞれの体形に合わせて仕立てられた緑色のジャンプスーツは丸められ、新しい靴下、ビタミン剤、流行のオークリー社の黒いサングラス「レーダー」と一緒に、パロマに詰めて地下に送られた。

男たちが靴磨き道具を送るよう望んだのは、礼儀の表れだった。地下で何週間も動物同然に暮らしていたので、バクテリアやカビが体に入り込み、皮膚で繁殖していた。世界が注目する救出の瞬間に、彼らは人間の最も基本的な尊厳が守られること、すなわち、洗い立ての顔とさっぱりした髪、それに磨き上げられた靴を望んだのだ。

男たちを地下から救出する作業は夜間に行われることになっていたが、地上の救出作業現場を取り巻く投光照明のまぶしい光から彼らの目を守るためにはサングラスが必要だった。家族たちは、これとは別の種類のスポットライト、すなわちメディアの集中砲火を恐れていた。チリの新聞テルセラのアンケート調査によれば、家族らは男たちの精神的、肉体的健康を心配すること以上に、メディアへの「過剰露出」に強い懸念を抱いていた。

サンホセ鉱山の丘の中腹に設けられたパロマ・ステーションでは、リリアナ・デビア博士が現地の仮設病院の図面を机上に広げ、地下から救い出された労働者たちの収容手順の下準備に余念がなかった。彼女は戦場での部隊配置を検討する将軍のように、さまざまな色のレゴブロックをあちこちに動かしながら、労働者たちの医療計画を説明した。

マニャリク博士は、鉱山労働者らが救出カプセルで地上に運ばれる間に、緊張のあまりパニック発作を起こすのではないかと恐れていた。「彼らは何週間ぶりかで完全に独りぼっちになるのだ」

何回もフェニックスに乗り込む実験を繰り返した救出作業員たちは、カプセルが安全で頑丈であり、少々窮屈ではあるが、それほど不愉快ではないことを確信していた。単調な岩の壁が目の前を滑り落ちていくのを15分の間、見続けるというのは、確かにベテランの船乗りでも十分船酔いを起こさせるような体験だ。地下の男たちには、もし必要なら目を閉じているように、とのアドバイスが伝えられた。ロマニョリ博士およびカプセル内の労働者の身体状況を無線で刻々と地上に伝えてくる最新鋭装置のおかげで、労働者がもしパニックに陥っても、その兆候が地上のパソコンに表示され、ペドロ・ガジョか医師が労働者を落ち着かせることになっていた。

地下の鉱山労働者たちからは、15分間の孤独な地上への旅に耐えられない場合に備えて、恐怖心を和らげるためのスペシャル・サウンドトラックや歌の差し入れリクエストがたくさん届いた。ビクトル・サモラはレゲエ歌手ボブ・マーリーの「バッファロー・ソルジャー」を大音響で聞きながら上昇したいと頼んだ。

もし全てが予定通りなら、1時間半ごとに1人ずつ引き上げられ、合計約2日間の救出マラソンとなる。救出チーム全体の既に限界に近づきつつある忍耐力が、ここで試されようとしていた。

救出された労働者たちがヘリコプターで運ばれることになっているコピアポ市内の病院では、マスコミによる包囲網への備えが進んでいた。報道陣を規制するための警備バリアーが設けられる一方で、周辺の民家は世界から集まったテレビ局の衛星中継クルーや放送局に草だらけの裏庭を貸し出して、小遣い稼ぎをしていた。病院の二つの病棟の窓は、労働者の敏感になっている目を日差しから保護し、同時に望遠レンズによる盗撮から守るため、テープで目張りされ、厚いカーテンが取り付けられた。

政府当局はメディアに対し、救出された鉱山労働者たちに愛する人々と水入らずで過ごす余裕を与えるよう求めたが、生還者の物語への欲求や、インタビューに一番乗りしようとする激しい報道合戦の状況下では、当局の要請に応じようとする記者はほとんどいなかった。生還者たちは、地下での同性愛行為や薬物使用の疑惑のみならず、地上でのしばしば複雑な家庭生活についても質問攻めに遭うことが予想された。愛人と妻との鉢合わせや、最近発覚した隠し子問題によって、労働者たちの地上帰還にはくつろいだ雰囲気は期待すべくもなかった。マリオ・セプルベダは「俺は連中から、地上に戻りたいのは誰か、と聞いてくるのを待ってたんだ。俺の感じでは、33人のうち10人は、地下にずっと残る方を選ぶんじゃないかな」と言った。

病院から1・5キロほど離れたコピアポの中心街では、鉱山労働者数百人が抗議デモを行い、交通がマヒした。彼らはサンホセ鉱山を含む数カ所の鉱山や精錬所の持ち株会社であるサンエステバン・プリメラ社で働いていた作業員たちだった。サンホセ鉱山は事故で閉鎖され、マスコミと賠償請求訴訟が地下に閉じ込められている33人の労働者に集中している間に、別の鉱山労働者250人が仕事を失い、世間から忘れ去られていた。彼らは未払い分の賃金を支払い、新しい仕事を探すための書類手続きを完了するよう会社側に求めていたのだ。

「33人は結構だ、他の者たちは悲惨だ」と書かれたプラカードを掲げ、警笛を鳴らしながら、彼らはサンホセ鉱山の落盤事故の被害者が、地下に閉じ込められた33人にとどまらないことを、人々に訴えようとしていた。

地元紙アタカメニョは社説で、こう書いた。「彼らには海外旅行も、プレゼントも、テレビ出演も、独占インタビューの申し出も、その他いかなる特別扱いもないだろう。彼らとその家族は、ただ当たり前の生活に戻りたい、生活ができるまっとうな仕事が欲しい、と望んでいるだけなのだ」

職を失った鉱山労働者たちがデモ行進をしている一方で、地下に閉じ込められた労働者の妻たちは、メディアのスポットライトに備えて磨きをかけられていた。目立ちたがり屋のコピアポ市長、マリオ・シカルディーニは「彼女たちには美容セッションが必要だ」として、スパでのトリートメントを無料で提供した。妻たちが美容サロンから出てくると、市長は「彼女たちは見違えるほど美しく、魅力的になった。夫たちは地下から出てきても、自分の妻が見分けられないだろう」と胸を張った。

市内よりずっと上の方にある鉱山地区では、山全体が厳戒態勢に入っていた。数百人の救出作業員が、重要なものからささいなものに至るまで、さまざまな準備をしていた。チリ空軍のヘリコプターのパイロットも出動態勢を整えた。仮設病院には24人の医師が詰めた。看護師や救急救命士の一団が男たちの血圧測定やブドウ糖点滴、全般的な健康診断のためにそれぞれの持ち場に待機した。

それぞれ役割の異なる6カ所の指令センターには、航空管制官から外科医のチームまであらゆる要員が十分に配置された。PDIは、労働者が救出され次第、指紋を採取し、写真を撮影するチームを待機させた。オスカル・ミランダ警視正は「これは地下に閉じ込められていた労働者のそれぞれが、実際に警察が想定していた人物であるかを確認するためのものだ」と語った。

警察は馬やオートバイや徒歩で侵入してくるジャーナリスト摘発のため、丘をパトロールした。政府は過去数週間、記者たちが無線盗聴の技術を開発したのではないかと懸念し、無線による交信を重要な情報だけに制限した。

医師のロマニョリ博士は、地下からリアルタイムで送られてくる労働者たちの血圧や心拍数などのバイタルサインを表示するコンピューター画面を注視していた。彼はカプセルで上昇中の労働者のデータを監視できた。博士は文字通り、救出作戦の鼓動を維持していた。マリオ・ゴメスは息切れの症状を抱えていた。彼は珪肺症の持病があり、救出の瞬間が近づいてストレスで悪化していた。セプルベダは気分の異常高揚を抑える薬を服用しておらず、普段以上に興奮していた。オスマン・アラジャは感染症による歯痛でうめいていた。手術前の患者のように、労働者は全員、救出開始の8時間前には食事を絶ち、医師の指示に従うよう厳しく言い渡されていた。

地下のジョニ・バリオスは、もはやいつでも呼び出しに応じられる状態ではなかった。閉じ込められたストレスが頂点に達し、他の男たちの健康を管理する能力を失っていた。彼の地上での生活も、報道陣の前で互いにののしり合いを演じ、万人周知の事実となった妻と愛人のいさかいで複雑なものになっていた。ジョニにとって、この状態は消耗の極みだった。彼にはもう同僚の健康状態をチェックしたり、薬を配ったりする力は残っていなかった。

午後3時。男たちには救出開始前にやらねばならない最後の仕事が残っていた。ダイナマイトによる最後の爆破作業だ。

救出用カプセルはかなりの幅があり、岩壁の1枚に阻まれて男たちが中に乗り込むのに十分なほど低くまでは降りてこられなかった。そのため彼らは、障害となっている硬い岩の外壁部分に爆薬を仕掛けて吹き飛ばすよう指示された。ベテランのカルガドル・デ・ティロである労働者たちにとって、これは郵便局員が郵便物の山の仕分け作業を指示されるのと大して違わないくらい、朝飯前の仕事だった。

地上では、爆発物の取り扱いと輸送に慣れた作業員が、救出カプセルがシャフトを通り抜ける障害となっている数トンの岩を取り除くために十分な爆薬や信管をパロマに注意深く詰めた。地下の鉱山労働者たちは、閉じ込められていた間に、何度も爆破作業を行っていた。落盤発生直後の数時間の混乱状態時にはＳＯＳのメッセージを地上に送るために、そしてその後の数週間はより高度な土木作業のためだった。ピニェラ政府は、救出シナリオへの不信の念を起こさせないためと、既に限界に達しつつある家族の忍耐をこれ以上刺激しないようにするために、地下で爆破作業が繰り返し行われているとの報道を公然と否定してきた。

地下の労働者たちはダイナマイトを集めて保管した。次には、ダイナマイトを詰め込む穴を岩壁にドリルで開ける作業が必要だった。水や空気を運ぶパロマを通じて、パブロ・ロハスが圧縮空気を送るチューブを受け取り、ビクトル・セゴビアが圧縮ドリルにそれをつないだ。セゴビアが思っていたより簡単に、急ごしらえのドリルは硬い岩に穴を開けた。セゴビアが穴を六つ開け、ロハスがそれぞれにダイナマイトを詰め、全てを一つの起爆装置につないだ。

ウルスアとフロレンシオ・アバロスが作業を監督し、他の男たちはいつもの「発破」作業のときと同様に、安全避難所に退避した。ロハスが起爆装置のスイッチを入れ、避難所に逃げ込んだ。15分後、短いドンという爆破音が作業の完了を告げた。労働者たちはみんな、結果を見に駆けつけた。爆発の粉塵が収まった後、彼らの顔に笑みが浮かんだ。岩壁の問題部分が爆発で吹き飛ばされており、救出用カプセルがシャフトを降りてきても、岩壁に引っかからなくなっていた。

労働者たちは1メートルほどの高さが必要な着地台を作るため、爆発で飛び散った岩の破片や残骸を積み上げ始めた。着地台を坑道の底より少し高くしたのは、着地したカプセルの最上部が穴から完全に抜け出ないようにするためだ。こうすればカプセルがぐらぐら揺れるのを心配せずに、ドアを開けてカプセルに乗り込み、ベルトで固定して、すぐに引き上げられることができる。男たちは重機を使って岩の破片を積み重ね、カプセル着地台の準備をした。

労働者たちが興奮して着地台に集まっている時、鉱山全体が再び揺れ動いた。ダイナマイトは岩壁の一部を吹き飛ばしただけではなく、坑道全体に短いが強烈な振動を与えた。この振動が岩盤を緩ませ、坑道内部に細かい亀裂を生み、次いで地滑りの大音響を響かせた。下層のプール付近の坑道最深部が崩壊した。避難所と作業所の間の岩の塊が崩れ、壁のような岩が坑道の主要通路に溢れ出た。山が泣き始めていた。

男たちはヘルメットをかぶった。これが短いすすり泣きにすぎないのか、あるいは山全体が泣き叫び始めて、その死をもたらす涙で男たちを爆撃してくるのか、誰にも分からなかった。

ルイス・ウルスアは、地下での最後の日について考え始めていた。シフト監督として、日々の意思決定が重荷になり始め、彼に暗い影を投げかけていた。カリスマ性という点では、彼はセプルベダにとても太刀打ちできなかった。にもかかわらず、鉱山社会の文化である階級制度のおかげで、彼は依然として権威と威厳を保っていた。鉱山労働者たちは、乗組員の安全を確かめた上で、最後に難破船を脱出するのが船長であるのと同様、最後に坑道を離れるのがウルスアであることを受け入れていた。

ウルスアはこの月曜日、厳しい試練が始まって以来、初めてインタビューに応じ、英ガーディアン紙に短く次のように語った。「われわれは、決して考えてみたこともなかった人生の、そしてわたし自身は二度と経験したくない人生の、そういう舞台を経験したんだ。でも、それが鉱山労働者の人生なのだ」。サンホセ鉱山の危険性について問われて、彼は答えた。「われわれはいつも、山に入るときは、山に挨拶し、入山の許しを乞い、山を尊敬しなければならない、と言ってきた。そうすれば、きっと無事に山から出ることができる」

【68日目】10月12日 火曜日

午前7時。避難所の内部は難民収容所の様相を呈していた。衣類が散らかり、男たちは列になった簡易ベッドの上で神経質に寝返りを繰り返した。パンツをはいただけで裸同然の男たちが寝そべり、シェルターの内部を常に照らしている照明から目を覆った。簡易ベッドはぎっしりと並べられており、もし腕を伸ばせば、両脇の仲間に触れてしまうだろう。

いらいらと何時間も行ったり来たりしたり、カード遊びをしてみた後、男たちの多くはようやく眠りについた。カルロス・ブゲニョとペドロ・コルテスはベッドの照明で新聞を読み、時間をつぶしながら不安感を追い払おうとしていた。ビクトル・サモラは冗談を言ったり、湿っぽい坑道の中をほっつき歩いた。

いつも流れていた音楽は消されていた。この2カ月絶え間なく鳴り響いていたドリルの音もついに消え去った。彼らの長く厳しい試練の中で初めて、沈黙が歓迎すべき仲間となった。

予定された救助開始を24時間以内に控え、世界は期待に打ち震えていた。キャンプ・ホープでは、報道陣を締め出そうと、唯一の通りがバリアーで遮断されたが、効果はなかった。

報道陣は、既にこの辺りでは顔なじみの常連たちに加え、テレビニュースの美人アンカーたちの一団が加わって、さらに膨れ上がった。彼女たちはむき出しの岩の上で孔雀のようにポーズをとり、世界の数百万の視聴者に、ここで起きていることをリポートしていた。彼女たちがどこからここに出現したかは謎だった。夜のうちにパラシュートで降下したのか？過去数カ月間、キャンプ・ホープの報道陣は薄汚れた、大半は男たちの巣窟だった。シャワーなどめったに浴びることもなくほこりだらけで、服装はといえば、戦闘服やカジュアルな登山服スタイルが相場だった。今やそこにモデルのようなスタイル、きらきら輝く歯、そして完璧な髪形で、気取って歩くNBCテレビのアンカー、ナタリー・モラレスを典型とする全く新しい人種が加わった。

キャンプ・ホープでは、あるオークションが始まった。どの鉱山労働者が真っ先にタブロイド紙に彼らの体験談を売りつけるか。ドイツのあるタブロイド紙が4万ドルを提供すると申し出て、地下の労働者の一人が既に契約にサインした、といううわさが飛び交った。鉱山労働者の家族たちが報道陣に、地下の労働者たちの様子を写した写真と映像を独占的に提供すると持ちかけ始めたりもした。

ルイス・ウルスアは何週間も前から、カメラが何台も地下に送り込まれていると、地上に苦情を伝えていた。ある労働者の妻は、チリのクリニック紙に対し「夫が手紙で、パロマの中身は全て検査されているから、気をつけろと伝えてきた。カメラを靴下の中に隠して送ったのはわたしのアイデアよ」と打ち明けた。彼女はまた「何か法的な解決が必要になった場合、写真は証拠として役に立つはずよ。夫への手紙ではいつも、カメラについて触れるときは暗号を使うの。わたしたちは『おもちゃ』と呼んでるわ」と語った。

フランクリン・ロボスの娘、カロリナ・ロボスは報道陣にうんざりしていた。事故発生当初から、彼女は報道陣の格好の餌食となり、数限りないインタビューに登場した。テレビのクイズショー「フー・ワンツ・トゥ・ビー・ア・ミリオネア（億万長者になりたいのは誰だ）」にも出演し、2万5000ドルの賞金を獲得した。だが今では、彼女は報道陣から逃げ回っていた。

彼女は父が救出されたら、家族と共にこっそりとマスコミの目の届かないところに逃げたいと思っている。「父は有名なサッカー選手だったけど、今は鉱山労働者よ。父はニュースに取り上げられることが両刃の剣だということをよく知っているわ。父は英雄かもしれないけど、わたしはもう報道陣はこりごり。ただ消えてしまいたい。父は事故がもっぱらショービジネスの観点で捉えられていることに、とても困惑しているの。父が生き延びた境遇はトラウマとして残るわ。

ショービジネス化することで、人々の注意が救出という本当のミッションからそれてしまうのよ。父の態度は決してぶれないわ。父はこれが事故であってショーではない、ということをいつも分かっているの」

救出開始まで12時間を切ったが、フェニックスはまだ丘の上部にある作業場の床に横たえられたままだった。電気技師が内部の配線をむき出しにして、カプセルの天井にカメラを装着しようとしていた。最後の最後になって、カプセルが移動している間、カプセル上方のシャフトの様子を映す手段がないことに気付いたためだ。岩が落ちてきたり、穴の壁が壊れたりした場合に、その状況をモニターできることは重要だった。

ペドロ・ガジョをリーダーとする5人の技師が、カプセル外壁に取り付けられた格納式の車輪やインターホン、新規に設置されるカメラなどと格闘していた。カプセルの外観は、これまでにも増して試作品のようだった。午後11時の救出開始に、準備は間に合うのだろうか。あえてこの疑問を口にする者は誰もいなかった。

午後に入ってすぐに、地下の鉱山労働者たちが救出計画にやっかいな問題を投げかけてきた。地下から反対の声が上がったのだ。33人はコピアポの町までのヘリコプター移動をボイコットすることを決めた。彼らは別のシナリオを主張した。33人全員が、現場の仮設病院に集合することだった。全員が地上の救出現場に合流するまでは、誰も安全な場所に一足先に飛んでいくことはしないのだ。現地では、全員一緒に歩いて凱旋行進をしながら丘を下ることを要求している、というわささえ飛び交った。一緒に鉱山に入ったのだから、出るのも一緒なのだ。

医療、心理学チームの医師や心理学者たちが、慌てて彼らを説得しようとした。鉱山労働者一人一人の健康状態は比較的安定してはいたが、10週間ぶりに地上に救出された彼らをそのまま放っておいて、勝手にどこかへ行かせることには、不確定要素が多すぎた。もし彼らに、地下にいる時には誤診されていたり、全く気付かれもしなかった健康問題があったらどうなるだろう？理解できないわけではないが、気まぐれな彼らの要求を呑むことは、無責任のそしりを免れないのではないだろうか。現場の仮設病院は16床しかなく、33人全員の受け入れは無理だった。

ＡＣＨＳは大慌てで法律家との協議を始めた。労働者たちを思いとどまらせるため、健康保険や労災保険の停止という脅しを使うことは可能だろうか。答えは「ノー」だった。ＡＣＨＳの後方支援コーディネーター、アレハンドロ・ピノは、多数の救急車を動員することにした。労働者たちのヘリコプター拒否が現実のものとなった場合に備えて、彼自身のプランBを準備しておきたかったのだ。

心理学者のイトゥラは、地下の男たちと最後の穏やかな会話を交わした。彼はリーダーたちに対し、みんなに仕事を与えて忙しくさせておくようにと助言した。彼はまた、男たちに昼寝を勧めたが、これらは彼らがイトゥラの忠告を無視する最後のものとなった。

最終調整が整うと、フェニックスには80キロの砂が詰められ、シャフトの中で昇降試験が繰り返された。下降と上昇には共に10分間かかった。試験の結果、カプセルの稼働が極めて順調だったため、全員の救出は当初予定されていた48時間の半分の時間で完了できると思われた。

午後7時。アンドレ・ソウガレットはツイッターに、男たちは「地下での最後の夜を過ごしている」とつぶやいた。ピニェラ大統領は、自分が閉じ込められた33人の救出を発表する興奮を隠せずにいた。ほぼ2カ月前、地下の鉱山労働者の一人が仮設の電話回線を通じて、大統領に「われわれをこの地獄から救い出してください」と懇願した。ここに至っては、大統領はこの救出劇をうまくさばいて、世界の称賛と世論調査の高い支持率を獲得しようとしているのだった。

世界中の観衆は、いまだかつて目にしたことのない救出作戦に向けて、一斉にカウントダウンを開始した。救出は、まずフェニックスを深さ700メートルの地下に下ろし、それに男たちが毎回一人ずつ乗ってベルトで固定する。それから、ハイテクのオーストリア製ウインチと、最高品質のドイツ製ケーブルを使って、男たちを次々に地上まで引き上げ、解放するという手順だ。

約10週間近く、崩落した銅と金の鉱山の地底に閉じ込められていた男たちは、今や最後に一つ残された挑戦に立ち向かおうとしていた。地下の牢獄から脱出するため、弾丸型の救出用カプセルに乗り込み、幾つものカーブや傾斜の中を左右に揺れながら、地表まで上がっていく挑戦だ。

数日前、イトゥラは報道陣に対し、こう話していた。「マリオ・セプルベダを最初にカプセルに乗り込ませるのがいいと考える人たちがいる。最初に地上に出たマリオが、後続の鉱山労働者たち全員、あるいはそのうちの何人かの救出を実況中継するというのが彼らの考えだ。でも、わたしはマリオに言ったんだ。地上に着いた時は君はとても疲れているし、あまりにも報道陣の前に露出しすぎると、後で君の有名人としての価値が下がってしまうよって」

チリ政府はセプルベダの救出順位を2番目に決めた。確かに彼は最も有名な人物だったが、もし何か問題が起きれば、興奮しやすい性格の彼は、最初にカプセルに乗る人物として適任ではない。代わりに、監督アシスタントのフロレンシオ・アバロスが、33人の先頭を切ってカプセルに乗り込むことになった。彼は常識があり、肉体的に頑健で、鉱山労働者としての経験も豊富だった。活動的なピニェラ大統領に率いられた救出作業員が、最初にアバロスを引き上げることにしたのは、もし何かまずいことが起きても、彼なら冷静さを失わず、何が起きているのかの情報を、この複雑な救出作戦に携わる数百人の男女で組織される指令センターに伝えることができると期待されたからだった。

唯一のボリビア人労働者、カルロス・ママニが最初の方のグループに組み込まれたのは、政治的な配慮からだった。救出チームの医師は、自分の名前を出さないことを条件に「彼を1番目にすれば、われわれは『ボリビア人』を実験台にしたと非難され、最後の方に持ってくれば、人種差別主義者と呼ばれただろう。だから政府は、彼を最初の5人に加えたんだ」と打ち明けた。

ボリビアのエボ・モラレス大統領はママニ救出の現場に立ち会いたいと要望し、チリ政府は喜んでこれに同意した。太平洋へのアクセス路をめぐるボリビアとの1世紀にわたる紛争で、両国の交渉は微妙な段階にさしかかっており、両国の相互理解に寄与することなら、何であれ歓迎された。ピニェラ大統領はモラレス大統領を歓待したが、それは政治的な演出や、特にモラレス大統領を毛嫌いするママニにとっては、嘆かわしいことであった。

マニャリク博士が地下の労働者たちと話したとき、何人かが自分を救出順位の最後にするよう

救出現場で抱き合うボリビアとチリの両国大統領＝2010年10月13日(REUTERS＝共同)

希望した。彼はそれを「完璧な称賛に値する連帯の表れ」と呼んだ。しかし、さらに質問を重ねるうちに、そう希望する彼らの本当の動機が明らかになってきた。それは、閉じ込められた鉱山労働者の最長記録保持者として、ギネスブックに自分の名前を残すことだった。さまざまな事情が複雑に絡み合って生じた今の状況からみて、ギネスのこの記録が永遠不滅のものとなるであろうことは、多くの人々が感じていた。しかしこの問題は、ギネスが記録を労働者個人としてではなく、グループ全体として認定することを決めたので解消した。

午後8時。救出作業員5人が、丘の上の小さな白いコンテナの中にぎゅう詰めとなっていた。彼らは間もなく始まる地下への旅について しゃべっていた。救出カプセルの試験運転の時に、カプセルの中で一人がめまいを起こし、嘔吐してしまったことなども話題に上った。制服を着た一人はカプセルでシャフトの中を半分ほど下降した際の状況について「想像以上に湿っていた。服がびしょ濡れになってしまった」と話した。

「私たちは地下の男たちを二つのグループに分け、健康な人たちを『ゴルフ』、健康状態に問題のある可能性のある人たちを『フォックストロット』と呼ぶことにしました」。地下の労働者の健康状態についての最後の説明会の冒頭、リリアナ・デビア博士が説明した。博士は救出隊員たちに、何人かの健康状態は、家族や報道陣が考えているよりもはるかに深刻だと警告した。一人は躁鬱病であり、別の一人は数年前に自殺を企てたことがあったといわれている。またもう一人は精神科医や看護師に、地上では7人の愛人が彼を待っていると語っていた。

博士によれば、健康状態に問題のある「フォックストロット」に分類されたのは9人で、そのうち2人は救出後、直ちに歯科治療を受ける必要があった。他の何人かは神経質で精神的にもろく、何かのきっかけで攻撃性を発揮する恐れがあるため、鎮静剤の注射が準備された。博士は救出隊に「彼らをベッドに縛りつけておく」ための薬の処方を説明し「注射針の準備は整っている」と述べた。

また博士は、救出作業員に労働者たちの最新の身体と精神の状態についてブリーフィングし、救出手順について説明した。最初に降下した救出作業員は医師と警察官の二つの役割を果たす。彼は救出される労働者の健康状態をモニターし、それを安定した状態に保たなければならない。鉱山の底に設置された複数のビデオカメラが伝えてくるライブ映像で、精神科医、医師、鉱山技師はリアルタイムで監視できる。

緊迫した状態が発生したり、事故で手順が狂った場合、地下の労働者たちに鎮静剤を投与することを含めて、救出作業員は秩序維持の権限を持つ。何も不都合がなければ、救出作業員は鉱山労働者たちにフェニックスの運行について説明し、腹にガードルを巻き、大腿の上の方まで覆う長い靴下をはくよう指示する。長時間立っていることは彼らにとって困難ではないが、パンティーストッキングのような靴下をはけば足の血行が良くなる。ガードルは胴回りを狭めてフェニックスの狭い空間に身体をうまく収めるためのものだ。労働者がフェニックスの中に入り、ベルトで固定され、ドアに掛け金がかけられ、合図が送られると、男たちは自由への旅に出発する。15分間かけて、フェニックスはシューシュー、ガタガタ傾いて揺れながら上昇していく。

地上に到達すると、鉱山労働者は直ちにカプセルから助け出され、1人ずつ、ピニェラ大統領の出迎えを受ける。次いで待ち構えていた家族らと束の間、抱き合い、キスを交わす。それから担架に乗せられて、十分なスタッフのいる仮設病院の緊急度判別病棟に運ばれる。ACHSは救出坑からわずか20メートルのところに病院を建てていた。男たちは簡単な健康診断を受けた後、ささやかではあるが、実にすばらしい楽しみを与えられる。10週間ぶりにちゃんとしたシャワーを浴びるのだ。

男たちに肉体面であれ、精神面であれ、何かもっと重大な健康障害が見つかった場合には、医療チームがさらに数時間の監視を行い、その後、家族ともっとじっくり面会できる2番目のモジュール式の建物（同じく1週間足らずで設営された）に移る。最終段階は、救出作業現場で最も高い位置に造られたヘリコプター発着場への短いドライブだ。パパラッチがうようよする数時間の陸路での移動の代わりに、チリ空軍のヘリコプターでコピアポ市内の公立病院に程近い陸軍基地までピストン輸送される。男たちは再び病院に拘束され、血液検査、臨床検査などの精密検査や精神科医による、より詳細な面談を受ける。

保健当局者たちは救出計画の策定中に、救出後の労働者たちに対して医療を受けるよう強制する権限が自分たちにはないことを自覚していた。もし労働者が何かに腹を立て、フェニックスから出た後、真っすぐ家に帰ると言い張れば、これを押しとどめる法的権限は当局にはなかった。しかし、心理学的にみれば、男たちは救出されたことに感謝しているだけではなく、そのことで相手に依存する、ある意味では卑屈な心情に陥っていると推測された。死が現実のものだった状況から救出されたことにより、地下に閉じ込められている時から彼らが絶えず地上に伝えてきていた感謝の念は最高潮に達しているだろう。そんな彼らが、地上の人間がさんざんリハーサルを繰り返してきた手順通りに動いてくれるであろうことは、想像に難くなかった。

地下では、既にパーティーのような雰囲気が漂っていた。救出スポット近くに設置された小型スピーカーから大音響で音楽が流れ、ビデオカメラが最終段階のあらゆる詳細な動きを録画していた。男たちは最後の写真のためにポーズをとり、湿った空気を一種のぴりぴりした期待感が満たしていた。

労働者たちは脱出手順の最後のおさらいを聞くために集まった。脱出用カプセルは床が開き、中の人間が脱出できるよう設計されていた。最悪ケースのシナリオでは、もしカプセルが途中で動かなくなれば、中の労働者はカプセルから抜け出して、元の鉱山の底まで下降し、その間に技術者がカプセルを修理する手はずとなっていた。

午後8時。丘を半分上ったところのテントに、大統領がちょっとした会場を設営した。低予算の結婚式さながらに、青いテーブルクロスのかかった折りたたみ式のテーブルがしつらえられ、ソフトドリンク、ジュースやスナック、そして液晶モニター2台が置かれた。鉱山労働者の家族たちはここで画面を見ながら、最後の不安な待機時間を過ごすことになる。ピニェラ大統領と夫人のセシリア・モレル、そして上層部の側近たちは、ここで労働者の家族たちを歓待し、必要に応じて、地下の現場の状態を映し出すライブのビデオ映像から進展を見守ることになっていた。

ここより下方にあるキャンプ・ホープでは、家族たちが報道陣に捕まっていた。それぞれの家族は、その緊迫した表情を撮影したり、愛する人を69日間待ち続けたストレスについて最後の言葉を引き出そうとしつこく追い回すジャーナリストの群れに囲まれていた。アバロスの家族のテントでは、100人以上のジャーナリストが脚立の上で危ういバランスをとっていた。少しでも良い位置を確保しようとする争いの結果、テントが倒れ、卵が割れ、間に合わせの食料棚がひっくり返り、アバロスの家族はほとんど押しつぶされかけた。

しかし、分別を完全に失った者はいなかった。鉱山労働者の家族たちと報道陣は、言葉や文化の壁にもかかわらず、共存し、理解し合うことを学んだ。それでもキャンプに招かれざる客が来なかったというわけではない。ピニェラ大統領の兄弟で、「ネグロ（黒人）」というあだ名を持つミゲル・ピニェラがキャンプを訪れた時には、家族の一部が抗議の声を上げた。彼のあだ名の由来については、漆黒の髪だからという説と、彼が家族の「黒い羊」（面汚しの意）だからだという説があった（どちらを信じるかは読者次第だが）。ナイトクラブのオーナー、歌手、夜の社交界の花形として名をはせた彼は、家族からの抗議で面目を失い、実際にキャンプから追い払われた。ある家族はこう叫んだ。「ここから出て行け。ここにはショービジネスは無用だ」

チリ空軍のヘリコプター2機が、コピアポ市内の病院との間の最後の飛行訓練のため、離発着を繰り返していた。地上を行けば、曲がりくねった道を1時間がかりの危険なドライブとなるが、ヘリコプターなら男たちを病院の救急処置室まで5分以内で運ぶことができる。

そうこうするうちに、山が再び反乱を起こした。地下から、土砂崩れが再び発生したとの報告が届いた。坑道の天井にまた亀裂が入り、ぎしぎしときしんだ。土砂崩れの地響きや割れた岩が落ちる大きな音とともに岩が落下し、山全体がきしむ様子は、救出の成功がいまだ保証されているわけではないことを、あらためて人々に思い起こさせた。

チリ政府は、最後の段階での落盤のニュースを抑えようとした。今は駄目だ、救出開始が目前に迫っている今は。しかし、多くの労働者の家族たちは既に救出チームの中に情報源を持っていたので、かん口令はものの役に立たなかった。うわさはウイルスのように広がった。情報は今や、鉱山の口からも、鉱山労働者たちからも溢れ出し、誕生して間もないピニェラ政府はもはや、コントロールのすべを持たなかった。

山のもっと上方にあるパロマステーションでは、救出作業員たちが信じられないという表情で集まっていた。地下の男たちの救出が数時間後に始まるのに、また神は怒っているのだろうか。暗い迷信が男たちの脳裏に浮かんだ。ここ、そして全てのチリの鉱山は、狡猾なあばずれの女神に支配されており、彼らを苦しめる災難は全てこの女神のせいだということを疑わなかった。より経験豊富で老練な鉱山労働者にとってこの土壇場での事態は、鉱山神話の典型的な出来事だった。山は、そこに入り込もうとする人間から、しばしば税金、すなわち入場料を取り立てる。誰も口にはしないがみんなが思っていたのは、この税金が人の命で支払われるのではないか、鉱山の女神は33人がそろって無傷で脱出することを許さないのではないか、という恐れだった。

山のきしみが止まらない中、救出作業員たちは心臓手術のような正確さと、盲目的な手探りの両方を必要とする、これまで誰も試みたことのない作戦の実行を急ごうとしていた。地下の労働者たちは自由へのとば口にいたが、山が立てる絶え間ないうなり声と鉱山内部のきしみ音は、その計画を実行するのに、残された時間がもうあまりないという恐ろしい事実を思い起こさせた。

地下の労働者たちは、起こったばかりの地割れにはあまり動揺していなかった。彼らはもう、雨のように降りそそぐ岩には慣れっこになっていた。救出作戦区域を直撃したのでなければ、自分たちは安全だと感じていた。稲光は、誰かが雷の直撃を受けない限り、素晴らしいものなのだ。男たちは死をうまくかわしてきたと感じていた。心理学者に言わせれば、こうしたことは戦場ではよく見受けられる。兵士は何度も戦火にさらされるうちに、弾丸の飛び交う場所を平気で歩けるようになるのだ。

チリの国営テレビ局ＴＶＮは、救出作業の全貌をライブ中継しようとしていた。７台のカメラを駆使して、労働者の家族と世界中の視聴者が、救出作業のあらゆる細部まで追うことができるように、さまざまな角度の中継映像を総合して放映するのだ。米プロフットボールのスーパーボウルやサッカーのワールドカップのように、どんなアングルの映像も逃してはならない。

一方で、地下から上がってきた労働者が意識を失っていたり、吐瀉物にまみれたりする事態を懸念したチリ政府は、世界が目にする映像を完全にコントロールしようとした。保健当局者は、救出された労働者がとりあえずどんな状況でいるかを確認するまで、彼らの映像を世界に流すべきではないという働きかけをして、これが成功した。政府公認以外の報道陣から撮影を遮断するため、巨大なチリ国旗が掲揚されたが、これに対して抗議の叫びや口笛が起きた。

午後11時。報道陣が、これでは何も撮影できないとやじを飛ばしたり不満を訴えていた時、ＴＶＮはウインチが初めての降下に備えてフェニックスを引き上げる様子を放映した。過去数週間の過熱した報道ぶりにもかかわらず、カプセルそのものはそれまで神秘のベールに包まれていた。それは16歳の利口な少年が設計したロケットのようだった。尾部にはフィンがあり、両脇には収納可能な車輪が付いている。胴体は、約６００メートルを超える曲がりくねったトンネルをスムーズに移動できるように作られていた。チューブをカプセルで上ってくるのは、遊園地の出来の悪い乗り物に乗るようなものだった。

ピニェラ大統領はカプセルを熱心に観察した。大統領はソウガレットに、カプセルは本当に百パーセント安全かと質問した。ソウガレットは、気をもむリーダーに、心配には及びません、危険はほとんどありません、と答えた。大統領は何度も同じ質問を繰り返し、「自分で地下に下りてみたい」と言った。大統領は、カプセルに自ら乗り込んで、その安全性を確かめてみたいというアイデアに夢中になっていたことを認めた。警護担当者は卒倒しそうになった。自分でヘリコプターの操縦や、スキューバダイビングをすると言ってきかない大統領の警護に苦労させられてきた彼らは、大統領が口先ばかりで言っているのではないことを知っていた。ファーストレディーのセシリア・モレルも同じだ。彼女はすぐに危険な愚行のにおいを嗅ぎとった。大統領の目を見つめながら、彼女は、そのプランは捨てるように言った。「考えるだけでもだめよ」と彼女は言い渡し、彼の信条に反したが、ピニェラはしぶしぶ従った。

救出作業員のマヌエル・ゴンサレスがカプセルに乗り込むのを、大統領は嫉妬のこもった目で見つめた。ゴンサレスこそ、33人が69日間、世界から物理的に隔絶されて生き延びてきた地下の未知の世界へ、下降の旅に出ようとする最初の人間だった。カプセル上部の大きな黄色い滑車がケーブルをはき出し、ゆっくり伸びていった。カプセルのフィンがシャフトに入り、フェニックスは世界中の人々が見守る中、視界から消えていった。

第13章 救出

「スーパーマリオマリオ」の異名をとるマリオ・セプルベダ。
地球の中心からの帰還中、カプセルの中で踊り続けていた
／2010年10月13日（EPA/Hugo Infante /Landov）

【68日目】 10月12日 火曜日

フェニックスが下降を続けている間、地上では三つのビデオモニターに注目が注がれていた。ピニェラ大統領とその夫人セシリアの2人は側近上層部に囲まれ、鉱山の底から送られてくるライブ映像に目を凝らしていた。カプセルが鉱山の底に到着すれば、そこで起きる全てが世界に放映される手はずになっていた。側近たちは当初、世界に流す映像を、何の感動もドラマもない、遠距離からパンで映したものに制限しようとしたが、大統領がこれを覆した。この救出作戦が本質的に持っている世界的な関心や、感動性とドラマ性とをすぐに理解した大統領は、今こそチリの「ノウハウ」を世界に宣伝する好機だと、側近たちを説得した。それとは別に、就任間もない大統領は、この「ノウハウ」が彼自身の強力な長所であると、チリ国民に印象づけようと考えていた。国民との強い感情的、情緒的なつながりをまだ持たない大統領は、その強さや政治的な資産を、主として「やり遂げよう」という起業家的気質に負っていた。

二つ目のモニターは、真面目だが愛想の良いオーストリア人、オットーのところにあった。オットーは700メートルのケーブルを操ってフェニックスを昇降させる責任者で、トラックほどの大きさのコントロールセンターに陣取り、ラップトップで地下からのライブ映像を監視していた。彼はここで、地下からの音声フィードを受信するばかりでなく、フェニックスの到着の様子も見ることができた。きめの粗い白黒の画像は、オットーには、他の惑星に旅するリモートコントロールの車両から送られてくるもののように思われた。

三つ目のモニターは、不運な電話技師から救出作戦でトップランクに上り詰め、地下の労働者の心にも食い込んだ熱心な発明家、ペドロ・ガジョが使っていた。救出チームの作業員の中で、ガジョほど地下の男たちと毎日、長時間の会話を交わした者はまずいなかった。労働者階級出身の起業家として、彼は男たちの不満を理解し、心配事を関係者に伝え、他人には言えない欲求をなだめることができた。ガジョ自身は後にこれを否定したが、地下の男たちによれば、パロマにチョコレートなどの甘味を詰めたのは彼だった。こうした当局の規則に反する象徴的な行動や、地下の男たちに対する絶対的な誠実さによって、ガジョは労働者たちにとって事実上の聖者となった。それは救出チームにおけるガジョの地位とは無関係だった。

５人の救出作業員は地下へと向かう準備を終えて集まっていた。５人のうち２人は医療経験の豊富な海兵隊員、２人はコデルコ社の救助員、１人はＧＯＰＥの要員だった。ＧＯＰＥは落盤後の危険な最初の48時間に、救出のため勇敢にも坑内に入っていた。

フェニックスは、地下の作業所の天井を通り抜けて到着することになっていた。鉱山がまだ稼働していた時には、作業所は坑内作業車を格納したり、修理したりする場所だった。男たちが閉じ込められてからは、作業所は睡眠をとるためには危険すぎる場所と見なされた。そのため、主要居住区域から３８０メートル上方にあるこの場所まで、彼らが坑道を上ってくることはめったになかった。今では、この危険なエリアが、10週間にわたった悪夢の、最後かつ最も重要な一日のための出発点グラウンドゼロとなった。男たちは自分たちの簡易ベッドと衣類を作業所に隣接した場所に運び上げた。

鉱山労働者たちの期待と興奮は高まっていたが、地下での日常作業はいつも通りに続けられていた。誰かがパロマの受け取り当番になって、救出時に着る特別の服、サングラス、新しい靴下などの最後の物資を受け取らなければならなかった。食料の搬送は最後には中止されることになるが、作業開始後も救出要員たちがまる1日を地下で過ごすことになるため、パロマを使って栄養と活力を維持するための温かい食事が送り届けられる手はずになっていた。パロマ当番のシフトは、救出実行日が設定されるより何週間も前に決まっていた。最後の当番はフランクリン・ロボスだった。しかし、この任務で彼は危うく命を落としかけることになるのだ。


午後11時37分。ガタガタ、カラカラという音で、地下に集まっていた鉱山労働者たちはフェニックスの到着が近いことを知った。作業所の天井から、カプセルの赤いフィンがまるでスローモーションのように下りてきた。少しずつ姿を現すカプセルは、まるで他の惑星からの訪問者のようだった。閉じ込められた男たちは茫然としていた。夢が実現したのだ。ジョニ・バリオスが近寄って、カプセルの中の救出スペシャリストのマヌエル・ゴンサレスを見つめた。この69日間で初めて33人以外の人間がやってきた。

33人は、ゴンサレスがカプセルのドアの掛け金を開け、外に出てバリオスを抱きしめるのを、畏怖の念を込めて見つめた。ほぼ半裸の男たちの群れがゴンサレスを抱擁し、出迎えるために駆け寄った。

労働者の一人、フロレンシオ・アバロスにとって、自由は目と鼻の先にあった。アバロスの準備はできていた。彼は胸に名札を縫い付けた特別仕立ての緑色のジャンプスーツに身を包み、目を保護するオークリーのサングラスをかけた。右手首のモニターは脈拍数を無線で地上の救出チームに伝え、左の人さし指には血液中の酸素濃度を測るキャップがはめられていた。胴体にしっかりと巻きつけられた最新鋭の電子モニターが、地上の技師と医師に、その他の5、6項目のバイタルサインを送信していた。

他の鉱山労働者たちは、この場面を見に集まり、写真やホームビデオを撮っていた。彼らの神経は張り詰めてはいたが、奇妙な静けさが辺りを包んでいた。大きなゲーム直前のロッカールームのプロ・スポーツ選手のように、男たちは冗談を交わし、周辺を歩き回ったりしていたが、救出を確信していることは明らかだった。彼らはほんのしばらくの間、落盤の恐怖と、死が忍び寄っているという延々と続いていた感覚を忘れた。地下のもっと深いところからはラテンのダンス音楽クンビアが聞こえてきて、そこはまるでパーティー会場のようだった。白い風船が地面を跳ね回る中、清潔な白いパンツ以外何も身に着けていない男たちが落ち着かない様子で歩き回っていた。

脱出できるという期待がアドレナリン濃度を高めていた。彼らは今、10週間にわたった山との闘いに現実に勝利を収めようとしていると感じていた。暗くて長い坑道に沿って、彼らは最後の探検を行った。懐中電灯の光線が遠くで踊った。登山用のカラビナのカチカチいう音が、コデルコ、ＧＯＰＥ、海兵隊による救出チームが地下に到着したことを告げていた。
救出チームのゴンサレスが、ロックコンサートの裏方が付けているような白いプラスチックの身分証を、最初に地上に出ることになっているアバロスの首にかけた。救出作業にはたくさんの手続き、指示、手順があり、この数週間、あらゆる細部まで予行演習が行われた。それでも、山はこの段取りを台無しにするような問題を投げかけてくる可能性があった。地下７００メートルの地点では深い静けさでさえ、閉所恐怖症の現実からのうわべだけの逃避にすぎなかった。

午後11時53分、アバロスがカプセルに乗り込み、救出作業員がドアを閉め、掛け金をかけた。ウインチのオペレーターのオーストリア人オットーと通信センター、そして地下の労働者のペドロ・コルテスの会話に、地下の全員が待ちきれないように耳を澄ませた。カプセルの中のアバロスは、目前に迫った地上での家族との再会に思いをはせていた。父親と2カ月も会っていない2人の息子。何通も手紙をくれ、ビデオで見たりもしたが、夫に触れたり、目を見つめたりはできなかった妻。アバロスが仕事に行くために家を出たのは寒い冬の朝だったが、今はもう春になっていた。

カプセルが上昇し始めると、アバロスのコンパニェロスたちは、叫び、はやし立て、口笛を吹いた。そして突然、彼は独りぼっちになった。15分間、アバロスはカプセルの金網越しに外を見つめ続けた。外界は金網で幾つものダイヤの形に分割されていた。カプセル内部の照明が滑らかで濡れた岩壁を照らし出していた。岩の細道に沿って回転するカプセルのバネ仕掛けの金属車輪がキーキー音を立てた。カプセルはでこぼこしたシャフトをぎくしゃくと動きながら、アバロスを自由に向けてゆっくりと運んでいった。

地表から約20メートルのところで、アバロスは最初の光を見、最初の生命の音を聞いた。救出作業員が上方からアバロスに向かって、大丈夫か、と叫んだ。その直後に、突然、彼は光の中にいた。彼は今、世界が待ちわびていたヒーローであり、号泣する息子たちと再会を果たした父親であり、カプセルの最前列で待ち受けていたピニェラ大統領に大量の票をもたらす存在だった。

アバロスがカプセルから助け出された時、9歳になる息子のビロンはわっと泣きだした。救出作業員が飛びつき、祝福した。一瞬、独りぼっちになった少年は興奮で泣きわめき、その胸が詰まるシーンに、たくさんのカメラのフラッシュが光った。ファーストレディーのセシリア・モレル、保健相のマニャリク、救出作戦の副責任者であるレネ・アギラルが駆け寄り、子供をなだめようとした。その時、本当のなぐさめが到着した。父親からの抱擁だった。

政府閣僚、ヘルメットをかぶった救出作業員、医師、ジャーナリストの全てが、眼前の麗しい光景に大っぴらに涙した。地下から地上への最初の通信からずっと、自らを「33人」と名乗ってきた彼らは、世界から愛すべき連中として認知されていたが、今ではチームとして行動する能力を持つ者たちとしての名声を得た。血なまぐさい行為や利己主義的な行動がしばしば横行する世界において、33人は、地下に閉じ込められている間、団結を維持し、労働者階級のヒーローたちの同志愛を示した。彼らが生き延びることができたのはチームワークのおかげであり、今や33人全員が一緒に救出されることになるだろう。

アバロスは最初に自分の家族を、次にピニェラ大統領を、そして救出作業員たちを抱きしめた。それから担架に乗せられ、仮設病院に運ばれた。病院中のスタッフが拍手で彼を迎えた。病院側の想定では、アバロスは健康なはずだった。アバロスが最初に地上に引き上げられることになったのは、彼が心身ともに頑健だったからだ。それでも、彼はブドウ糖を点滴され、看護師が血圧を測った。ベッドに横たわりながら、アバロスはまだ地下に閉じ込められている弟、レナンのことを考えていた。

10月14日 木曜日▽午前1時

地下から送られてくるビデオ映像の語り手であり、道化師であり、33人の紛れもないリーダーとして、マリオ・セプルベダは過去69日間、自らの肩にいつも重荷を背負ってきた。彼は集団を率いる際に、ユーモアがどのような力を持つかをよく認識しており、頭上から指示を伝えてくる目に見えない王や王子たちの宮廷道化師の役を果たした。セプルベダはまた、集団の力学についての天性の感覚や本能を備えており、肉体的な暴力という野蛮な脅しが必要となる潮時をわきまえていた。リーダーとしての責任が取り除かれた彼に、舞台の照明が当たろうとしていた。

地下でカプセルに乗り込む前に、セプルベダは幾つかの最後の冗談を飛ばした。午前1時9分。フェニックスが地表に近づくと、彼は自分の救出作業に関して実況中継を開始した。「やあ、ばあさん!」。彼は33歳になる妻のカティに呼び掛けた。カプセルの金網を通して笑い声が聞こえてきた。ごうごうたる歓声が上がる中、セプルベダがカプセルから飛び出した。救出作業員が身体に取り付けられていたハーネスや救命胴衣を外すのも待たずに、ピニェラ大統領に駆け寄り、片膝をついて、愛用の黄色いお手製カバンから贈り物を取り出した。それは、黄鉄鉱の金色の輝きがちりばめられたひとつかみの白い岩石だった。大統領に1個。大臣に1個。彼らはそれを笑って受け取り、握りしめた。セプルベダはあっけにとられた大統領を3度抱きしめた後、妻と熱い抱擁を交わした。彼は2人がこれから、長時間のセックスで疲れ果てて、立って歩くことができなくなることをほのめかして、「車いすを用意しておいてくれ」と、冗談を言った。

彼は踊りながらペドロ・ガジョにハグした。彼が地下の労働者たちを救うために個人的にやってくれた全てのことに感謝して、腕を回して強く抱きしめた。ガジョは泣いた。セプルベダの行動は、群衆の割れるような歓呼と祝福を巻き起こした。英紙ガーディアンの記者はこのシーンを「地球規模の喜びのきらめき」と描写した。

キャンプ・ホープでは、興奮状態はすぐに収まった。最初の2人の救出を家族たちが祝ったが、本当の喜びは全員が救出されるまでお預けとなった。生死を分かつ綱が、なお盤石ではないことは、誰の目にも明らかだった。

フェニックスが再び鉱山の中に向かっている間に、アバロスとセプルベダは仮設病院の緊急度判別病棟から、丘の上方のヘリコプター発着場に近いウエルカムラウンジに移された。そこはモダンな白いソファ、フラワーアレンジメント、クールな青い照明で飾り立てられ、しゃれたナイトクラブといった趣だった。薬品の臭いや、病気やトラウマを思わせるものは何もなく、チリのメンタルヘルス専門家らが用意したのは、優雅なメーンレセプションと幾つかの個室に至る広い廊下だった。

アバロスは2人の息子、妻、そしてピニェラ大統領とウエルカムラウンジに入り、廊下を挟んだ別の一室では、セプルベダが同じように、笑ったり、抱き合ったり、キスを交わしたりという家族モードだった。そこに大統領がやってきてセプルベダを脇に呼び、別室で待機しているテレビクルーの短いインタビューを受けてみてはどうか、と持ちかけた。大統領に従う以外の選択肢はセプルベダにはほとんどなく、彼はカメラの前に座って、それまでの体験を前向きに語った。

「わたしは自分がこういう目に遭ったことに、とても満足している。なぜなら、それはちょうど、自分の生活を変えなければならない潮時だったからだ。わたしの中には神と悪魔がいて、互いに争っていた。勝ったのは神だ。わたしは最も善い手を、つまり神の手をつかんだ。そして神がわたしを地上に救い出してくれることを一度も疑わなかった。いつでも分かっていたんだ」

それから、セプルベダはアバロスを抱きしめようと急いでその場を離れた。2人は満面の笑みを浮かべながら抱擁し合った。33人全員が地上に救い出されるまで、みんな一緒に丘の上にとどまり、誰も山を下りないと救出チームを脅したことは、すっかり忘れ去られてしまったようだった。救出作業員は、男たちがヘリコプター搬送を拒否した場合に備えて、健康保険の効力を停止すると脅せるかどうか法律家に相談したり、陸路を移動せざるを得なくなった場合のために救急車を動員したりしたが、そうしたことは全て必要なかった。セプルベダとアバロスは誇らしげにヘリコプターに向かって歩いた。その瞬間に彼らが感じていた、沸き立つ感動と感謝の念が、救出された労働者による反乱の懸念をすっかり消し去った。

フアン・イジャネス
カルロス・ママニ
ジミー・サンチェス
オスマン・アラジャ
ホセ・オヘダ
クラウディオ・ジャニェス
マリオ・ゴメス
アレックス・ベガ
ホルヘ・ガジェギジョス
エディソン・ペニャ
カルロス・バリオス
ビクトル・サモラ
ビクトル・セゴビア
ダニエル・エレラ

男たちは1人ずつ、軍隊のような正確さで救出された。一人一人がそれぞれの物語、それぞれの家族を持ち、それぞれの感動的な最初の抱擁、最初のキスがあった。ある者は跪いて祈り、ある者は叫んだ。そこにはナマの感情が十分すぎるほど示されており、世界は立ち止まり、驚愕の中で見守るのだった。時間を追って、世界は同情という共通の感情のとりことなっていった。胴体に描かれたチリ国旗のモチーフは、これまで以上に削れたり、引っかき傷だらけになっていたが、フェニックスは現代の馬車馬だった。頑丈で、確実で、忠実だった。

地下の労働者たちは次々とカプセルに乗り込み、自由へと向かって行った。男たちは、こっそり地下に持ち込まれた安物のオーデコロンを、体に浴びせかけていた。良い香りを手に入れるためには浪費も惜しまなかった。救出隊の一人は嘆いた。「何てことだ。カプセルはオーデコロンの匂いで鼻が曲がりそうだ」「何だか知らないが、連中は全員、同じものを使っていた。困ったもんだ」

リチャルド・ビジャロエルは出発前に、最後の写真を何枚も撮った。彼は避難所や自分のベッド、抱き合い、笑い合い、ポーズを取る友人たちの最後の様子を撮りたかった。男たちはまるで美術館の展覧会場のように安全避難所を飾りたてていた。壁にはひいきのサッカーチームのペナントが貼られ、救出チームへの感謝の言葉が大きく書かれていた

ヘッドフォンを装着し、グアテマラのクルーナー歌手リカルド・アルホナの歌を頭の中に響かせながらカプセルに乗り込んだ時、ビジャロエルは悲しかったという。「彼らを置いて去るので、下にいる友達を見るのがつらかった」。しかしカプセルが地表に近づくと、彼は喜びの叫び

を上げ始めた。彼は鉱山に呪いの言葉をぶつけた。「そして、空気が変わったのが分かった。新鮮な空気だ。俺の大好きな瞬間……地下とは何て違うんだ」

10億人と推定される世界中のテレビ視聴者にとって、チリの鉱山での救出劇は完璧なショーだった。地下から送られてくるきめの粗い映像は、他の惑星からのライブ中継のようだった。多くの視聴者にとって、事故のドラマ性と世界共通の興奮ぶりは、１９６９年にアポロ11号のニール・アームストロング船長が、月面に人類初の有名な足跡を刻んだ時のことを思い起こさせた。しかしその時、鉱山の奥底では、救出作業の筋書きを台無しにしかねない事態が起きていた。

午前1時30分、鉱山労働者番号17番のオマル・レイガダスを乗せるためにカプセルが下降していた時、坑道に岩がきしむ音が響いた。それから大きな岩が崩落して、大音響がとどろいた。地下での作業を映していたカメラの映像が途切れ、聖ロレンソ作戦は視界を失った。

通信部門の責任者、ペドロ・ガジョは直ちにインターホンで地下の労働者に呼び掛けた。彼は地上との通信回線開設を手伝った電気技師のペドロ・コルテスに、回線の様子を調べるように頼んだ。コルテスは迷った。光ファイバーケーブルが引かれている場所は、さっきの崩落現場に近い。崩落の粉塵も収まっていないのに、坑道内の命とりになる可能性のある場所に行ってくれと言われたのだ。

「俺にあそこに下りていけって？　あそこが危ないことはあんたも分かってんだろう。土砂崩れが2回も起こったんだぜ」。コルテスは言葉に詰まりながら訴えた。彼はその年の初め、坑内の事故で指を1本失っていたが、彼が現在指示されているのは、はるかに危険なことだった。

ガジョはコルテスに、地下のライブ映像は救出作戦の成否を左右することを説明した。カプセルをゆっくり安全に着地させるには、ウインチのオペレーターがカプセルの動きをナマで見る必要があった。乱暴な着地はカプセルに損傷を与えるか、動かなくなる可能性があった。ピニェラ大統領と地球上の大人のおよそ4人に1人が、固唾を呑んで見ているのだ。

コルテスはしぶしぶ、この究極の障害コースを走ることに同意した。彼はさっきの崩落現場の天井から今も落ち続ける岩を次々とかわし、亀裂ができ、さらにそれが広がりつつある岩壁の間を縫い、約180メートルのぬかるみの直線コースを踏破しなければならなかった。光ファイバーの中継地点に着いたコルテスは、崩落した岩でケーブルが切断されているのを発見した。

修復の見込みはなかった。総重量数百キロもの岩がケーブルを押しつぶし、破壊していた。ガジョは少し考えて、応急策を編み出した。そこからさらに約300メートル下ったところに避難所があるが、そこのビデオカメラ用光ファイバーケーブルを取り外し、地下の労働者に、救出作業をライブで映しているメーンのカメラのケーブルに配線し直してもらうのだ。

ガジョが避難所につながる電話をかけると、驚いたことに、フランクリン・ロボスが応答した。ロボスは2度も落盤が発生した坑道の最奥部に、1人で残っていたのだ。

「フランクリン！　いったいそこで何をしているんだ」とガジョが尋ねると、ロボスは落ち着いた様子で「今日は俺が（パロマ）当番なんだ。救出作業員の食料を受け取らなきゃな」と答えた。「仕事は仕事だし、俺の番なんだ。シフトはこなさなくちゃ」

「何てやつなんだい！　おっさん。落盤が2回もあったんだ！　そこを出るんだ。今すぐに」。

ガジョは電話に向かって叫んだ。

「でも食料はどうするんだい？　救出隊の食料は？」。ロボスは迫りくる危険に対して無関心に、あるいは気付かずに、いつもの作業手順にこだわっていたのだ。

「そんなことはくそくらえだ」ガジョは叫んだ。「食料なんかカプセルに乗せて届けてやる。出るんだ！」

ガジョが光ケーブル・システムの修復に腐心している時、ピニェラ大統領、国営テレビTVN、ウインチのオペレーターはいずれも、ライブ映像に何が起こったのかと首をひねっていた。

ガジョは大統領とオットーには真実を伝えた。地下のライブ映像の信号が届かなくなり、今、復旧作業中だと教えた。TVNには、救出作業の少し前の録画映像を再送した。「映像が届かなければ、TVNは大騒ぎするに違いない。だからすぐさま、ちょっと前の映像を見繕って提供してやった。それで、映像はちゃんと届いてるか聞いたら、彼らは、ええ、ありがとう、と言ったよ」。世界の10億人のテレビ視聴者も、まんまとだまされた。放映された完璧な映像が再生映像であったことに、世界中のテレビ視聴者は全く気付かなかった。チリ政府にとって、ありのままを世界に公開するには、あまりにもリスクが大きい劇的な出来事を、隠蔽するための措置だった。リアリティTVと同様に、鉱山労働者救出劇の中継にも、巧妙な細工、編集、やらせが必要だったのだ。

しかし、この間にも、現実の救出作業は中断されなかった。オマル・レイガダスを始めとして3人がライブ映像によるサポートなしで地上に救い出された。

「俺が引っ張り上げられる時には、結構トラブルがあった」と、レイガダスは語った。彼がカプセルに乗り込もうとした時、ドアが動かなくなった。救出作業員は開けることができなかったので、バールを使って、てこ作用で金属網のドアをこじ開けた。「山が俺を出ていかせまいとしているのかと思った。こじ開けられたドアが今度はうまく閉まらず、ビニールの紐で何とか留めた。カプセルが上昇している間、俺はドアが開かないよう、手で押さえていたよ」

カプセルが上昇を始めた時、レイガダスは地下にいる仲間に、冗談とやじを飛ばした。「俺は下の連中に『この野郎、俺は行くぜ。やった！やった！やった！』なんてことを叫んでやった」。喜びは限りないものだったが、地下の世界に一抹の郷愁も感じていた。「何か忘れ物をしたような気持ちさ。俺たちはあそこで長い間暮らした。体の一部を置き忘れてきたような心持ちだった。69日だぜ。自分の一部はあそこに残っていた。俺は自分に、地下に置いてきたのは自分の悪い部分で、地上に持っていくのは最良の自分だけだ、と言い聞かせたもんだ」

妻に先立たれたレイガダスは、「子猿たち」と呼んでいる大勢の孫たちと抱き合って生還を喜び合うのを心待ちにしていた。カプセルが地表に近づくと、地上の救出作業員たちに向かって叫び始めた。国名のチリを分けて「チ…、チ…、チ…」と叫ぶと、上から「レ…、レ…、レ…」［チリ＝スペイン語ではチレと発音］という応答が聞こえ、彼は自分がもう助かったのも同然であることを知った。「上から、大丈夫か、という声が聞こえ、俺は叫んだね。『ファック！ イエス』。大統領がそこにいることを思い出したけど、後の祭りさ」。レイガダスが「子猿たち」と無事を喜んでいる時、ペドロ・ガジョは地下にいるコルテスに、もう一つの決死の作業を指示しなければならなくなっていた。光ファイバー中継地点への決死の走破に次いで、今度は避難所までの全行程365メートルを完走して、そこにあるケーブルを取り外し、中継カメラに配線し直すという仕事だった。

コルテスは「もう、俺にやらせないでくれ」と懇願したが、結局は、再度の決死行を引き受けた。出発する前に、彼は別れの言葉を言っておきたかった。地下だけで作動している第2カメラに顔を近づけて「俺に何かが起きれば、もうここには帰れない」と語り掛けた。

ガジョもまた、恐怖で体が震えていた。コルテスをミッションに送り出した後、彼は運命の重みに耐えていた。コルテスが岩の下敷きになって身体が不自由になったり死んだりしたら、ガジョは一生、そのことに良心のうずきを感じなければならないだろう。

疲れ果てたフランクリン・ロボスが避難所からはい上がってきたので、避難所までの坑道が落盤でふさがれてはいないことが証明された。ロボスはコルテスに、2度にわたる岩石の崩落でも坑道には通れるだけの隙間がある、と告げ、コルテスの幸運を祈った後、自分の脱出準備を始めた。コルテスはガジョの指示に疑念を抱くことをやめ、自分の命が助かりますようにと祈り、避難所への最後の旅に備えた。

命知らずのカミカゼ鉱山労働者を引きつけることで知られるこの鉱山で、コルテスは2度も運命の神の魔手を逃れることになる。普通の状態でも、鉱山での作業には死や大けがが付きものだ。今、この最後の作業は、それよりはるかに不安定で危険なものだった。コルテスは1時間近くの冒険旅行を生き延びて生還し、英雄としての歓呼を受けた。

「彼の命は私の手の内にあった」とガジョは述懐する。この時、彼は48時間以上、一睡もしていなかった。「でもこれが私の責務であり、彼はそれをやり遂げるしかなかった」

コルテスとティコナがケーブルを手にし、カメラにつないだ。ガジョは彼らに、TVNがカプセルも労働者もいない空っぽの光景を「ライブ映像」として流し続けていることを念押しした。実際の現場では、救出の順番待ちの労働者や救出隊が動き回っていた。もしガジョが突然、映像を本物に切り替えれば、数億台ものテレビ画面に、多数の人物が降って湧いたように出現することになり、疑惑を招くだろう。

カプセルの着地場所から人々がいったん離れて誰もいなくなった後、映像がライブに切り替えられ、鉱山労働者と救出チームはそれからおもむろにカメラの視界に戻ってきた。「誰も気付かなかった」と、ガジョは誇らしげに語った。

鉱山の安定性に対する懸念が高まるにつれ、救出作業は加速された。当初ののんびりしたペースに代わって、聖ロレンソ作戦は新たな緊急性を帯びた。これまでの16人の救出作業は、チリの効率性と国際的な協力態勢を世界に示すショーケースだった。今や復讐心に燃える山は、世界の観衆を、タイタニック級の悲劇に引きずり込もうとしていた。この土壇場で、落盤が男たちの息の根を止めるようなことがあれば、世界が共有しつつある明るい希望をも埋め殺してしまうだろう。地下の鉱山内部の雰囲気は、依然陽気さを保っているように見え、坑道の壁には音楽と風船がぶつかり合っていたが、怒り狂う鉱山が男たちにもう一つの不意打ちを用意しているのではないかという懸念は、みんなの間に広がっていた。

エステバン・ロハス
パブロ・ロハス
ダリオ・セゴビア
ジョニ・バリオス
サムエル・アバロス
カルロス・ブゲニョ
ホセ・エンリケス
レナン・アバロス
クラウディオ・アクニャ

救出計画では、地底に下りる救出チームには、登山技術を持ち、戦場での医療経験もある人間を含めることになっていた。チリ海軍は、医療の専門的な経験を持つ海兵隊特殊部隊員2人をチームに派遣してきていた。彼らは、鍵のかかった箱に入ったモルヒネから鎮静剤の注射針に至るまで何でも持っていて、医療上のいかなる緊急事態にも対処可能だった。しかし、現場の感覚とは異なって、作戦の総合指揮を執っていたゴルボルネ鉱業相は、作戦計画の手順を無視し、土壇場になってチームに地元の救出作業員ペドロ・リベロを加えた。リベロは事故発生直後に鉱山に駆けつけ、生存者捜索のために命懸けで坑内に入っていた。彼の勇気と救出作業の技量を疑う者はいなかったが、彼の参加はタイミングとしては最悪だった。救出作業の全体計画は、軍隊式の緻密さで、早くから決められていた。今、リベロが突然、地下に姿を現すことは、詳細にわたって調整されていた手順にちょっとした混乱を持ち込むことになった。

カプセルから姿を現したリベロは、すぐさま問題を起こした。彼はこれ見よがしにカメラを振り回して撮影を始め、2度も落盤が繰り返されたばかりの坑道の奥深くに進み始めた。地上で全部を見ていたペドロ・ガジョから見ると、リベロの任務は避難所の最後の様子をフィルムに収めることだった。地下にいる労働者や救出作業員の誰にも、これが分別ある行動とは思えなかった。チーム全体のモットーは「救出作業員が救出されてはならない」だった。再度の落盤によって、救出作戦を完結させること自体が失敗の危険にさらされているこの状況下で、リベロがやっているようなリスクを付け加えることは、正気の沙汰ではなかった。

避難所から戻ってきたリベロは電話機を渡せと要求し、自分はゴルボルネ鉱業相の特命を帯びてきており、坑内に最後まで残るのが任務だと言い張った。リベロによれば、最後に地上に出るのが彼だった。海兵隊員は唖然とした。軍事的観点からは、リベロのやっていることは裏切りに近かった。

激論が交わされた。海兵隊員は、力ずくでカプセルに乗せて送り返すと、リベロを脅した。

電気技師のコルテスはペドロ・ガジョとの電話の最中に、激高する男たちの怒鳴り声を近くで聞き、誰が怒鳴り合っているのかを知って、仰天した。コルテスは電話口でガジョに「何が起きているんだ？　救出隊が怒鳴り合ってるぞ。あいつらは俺たちを助けるために来たんじゃないのか」と訴えた。地下の労働者たちは、この奇妙な光景を遠巻きに見つめていた。

ゴルボルネ鉱業相が地下に電話をかけた。リベロが呼ばれ、地上の指令になぜ逆らうのか説明するよう求めた。リベロはかたくなに電話口に出ることを断固として拒否した。ガジョは、海兵隊員たちがリベロをカプセルに無理やり押し込んで地上に送り返すかと思ったが、結局は説得が功を奏した。

しぶしぶリベロはカプセルに向かったが、海兵隊員は彼が鉱山の奥で土産用に拾い集めた岩石や鉱石を詰めたかばんを取り上げた。海兵隊員は、岩を捨てて空のかばんをリベロに返し、二度と戻ってくるな、と言い渡した。リベロは自分でカプセルに乗り込み、腹立ち紛れにカプセルの金網のドアを手荒く閉めた。リベロが視界の彼方に去るのを、地下の労働者たちはあっけにとられながら見つめた。生中継のカメラが7台もあったことと、思慮深い編集作業やペドロ・ガジョの手際のおかげで、地下のひのき舞台で演じられたこのドラマに、世界は全く気付かなかった。

リベロとその反乱が片付くと、救出作業は最終段階に入った。フランクリン・ロボスは救出される27番目の労働者だった。彼は上昇するカプセルの中で、ガリガリという大きな音を聞いた。岩が崩落する音だった。シャフトは無事なのだろうか？　どのくらい近くで起きたのだろうか？

鉱山の中では、音はしばしば人間の耳を欺く。普通の会話が坑道を通り抜けて、ささやき声のようになって遠くまで聞こえるときもある。時には真空状態が発生して、すぐそばの同僚の声が聞こえなくなることもある。ロボスは崩落地点は近いと確信した。「一層分が全部、落ちてきたみたいな音だった」

午後7時20分。地上に無事な姿を現したロボスを、娘のカロリナが出迎えた。ロボスは娘をしっかりと抱き、娘は手のひらを広げロボスの顔をなでた。2人はしばし互いの目を見つめ合った。カロリナはそれから父に新しいサッカーボールを手渡した。ロボスはすぐさま、そのボールを使って巧みな足技を披露した。ロボスの新しい人生が始まった。彼はもはや、10週間前に鉱山に入った時と同じ人間ではない。ごく当たり前の日常のこまごましたことさえ、今の彼にはいとおしかった。

仮設病院の緊急度判別病棟の壁には、地下に閉じ込められていた鉱山労働者と地下に入った救出隊、全員の名前が書かれている。フェニックスが地上に帰還するたびに、名前にチェック印が付けられる。祝宴の準備が始まった。

家族たちはベッドの脇で、まだショックから立ち直っていない労働者の手を握っていた。携帯電話の耳障りな呼び出し音、抱擁する者同士が背中をたたくポンポンという音、仮設病院の中を動き回る数百人のざわめきは、新たに助け出された労働者が30分ごとに運び込まれてくるたびに、歓声で途切れるのだった。医師たちがF16戦闘機のパイロットと抱き合っている。女性看護師が潜水艦の艦長と記念写真に収まっている。救急医療隊員、地理学者、地図製作者が、「これ

「が最後」と言わんばかりに、抱き合っている。絶え間ない共同作業の数カ月を経て、闘いがようやく終わろうとしていた。

リチャルド・ビジャロエル

ファン・アギラル

ラウル・ブストス

ペドロ・コルテス

アリエル・ティコナ

無事に救出された者のリストがどんどん増えた。午後9時30分には、地下で救助を待つ鉱山労働者はただ1人となった。

フェニックスは再度、鉱山の奥深く、33人が2カ月以上も閉じ込められていた地下の牢獄に下降していった。地底では、ウルスアが慎重にカプセルに乗り込んだ。彼は周囲を見回し、そして引き上げられていった。彼の任務はほとんど終わりかけていた。

地上では、ピニェラ大統領と数十人の側近とおぼしき連中が、救出坑の側に詰めかけていた。厳重だった警察の警備がすっかり緩み、見物人が現場の周囲に殺到していた。丘を下ったところにあるキャンプ・ホープでは、高まり続ける緊張が今にも爆発しようとしていた。世界中の10億人の視聴者が、信じられない面持ちで事態を見つめていた。鉱山労働者の死という悲劇の物語

33人中、最後に脱出したウルスアと祝福する大統領＝2010年10月13日(AFP/チリ政府/Hugo Infante/Getty Images/Newscom)

が、記憶の許す限り最も目覚ましい救出劇に書き換えられようとしていた。33人、地下700メートル、69日間。これらの冷徹な数字は、死が不可避であることを示していた。今、大歓声に包まれながら生きたウルスアが姿を現したのは、おとぎ話の中の出来事のようだった。

キャンプ・ホープでは、ひんやりとした星空にシャンパンと風船と歓声が飛び交った。信頼と決意の上に打ち立てられた共同体が、逆境を克服した。

ウルスアがピニェラ大統領と握手するため、1歩前に出た。鉱山業の歴史と同じくらい古い伝統に従って、彼はシフトの労働者に対する自らの責務を大統領に引き継いだ。

「大統領閣下、私のシフトは完了しました」

仮設病院の緊急度判別病棟に運ばれるウルスアは、太い腕をしっかり胸の上に組んで、口数が少なく、深刻そうに見えた。ひげで覆われたその顔は、世界のヒーローには最も似つかわしくなかった。10週間前、彼は知る人もない金と銅の鉱山のサンホセに、シフトの監督として入坑した。その彼が今では、世界の善意のシンボルとなっていた。死との遭遇を危うくかわしてきた彼に、2度目のチャンス、普通の人間には夢見ることしか許されないような、新しい経歴、すばらしい第二の人生の幕が開こうとしていた。ウルスアが栄光に包まれている間、フェニックスは仕事を続け、地下の救出チーム要員を1人ずつゆっくりと地上に引き上げた。

サンホセ鉱山の救出劇は、地球規模の寛大さが寄せ集まって初めて可能になった。名も知れぬ数百人の作業員たちが、地下に閉じ込められた鉱山労働者を助けるため、自分たちの生活を犠牲にした。ある人々は掘削ドリルを組み立てた。ある人々は、ドリル先端の重さ何百キロのビットを搬送した。ある人々、例えばハートは、ドリルを操縦した。事態解決の可能性は、ピニェラ大統領が事故後の早い段階に、世界に援助を要請したことで広がった。大統領は後に、2000年にロシアの原子力潜水艦クルスクが大陸棚に沈没した時、ロシア政府が救出作業への支援要請をかたくなに拒絶したことが教訓となった、と感想を述べた。「ロシア政府は英国に技術支援を要請できたのに、そうしなかった。私は個人的に知り合いの全ての大統領に電話して、技術的解決策を模索した」

地下に最後に残された救出要員のゴンサレスは、自分は救出活動の鎖の輪の一つにすぎないと述べ、その勇敢さを謙遜した。彼はフェニックスでの自分の脱出の番が来るのを待ちながら、労働者たちの一人が置いていった本を読み始めた。地下を離れる前に、彼には最後にやりたいことがあった。「明かりを消して出たかったんだ」と彼は言った。「だけど、上の連中はそうさせてくれなかったよ」

多くの鉱山労働者たちも同じような衝動を感じていた。スイッチをパチッと切って、まだあまりに苦しくかつ生々しすぎてじっくり考えてみることができない経験を「終了」させたかった。

サンホセ鉱山の底からゴンサレスが引き上げられ、ウインチが動きを止めた。エンジンの騒音がパッタリとやみ、10週間にわたって苦悩と闘いに明け暮れたキャンプ・ホープは、束の間だが完璧な喜びの時に覆い尽くされた。

最後のヘリコプターがコピアポの病院に向けて離陸した後、ペドロ・ガジョは幻惑的な砂漠の夜空を見上げた。数千の星が瞬き、一瞬のことではあるが、天国がすぐ近くにあるように思えた。

「彼らは何かとても美しいものを、ここに永遠に刻みつけた」

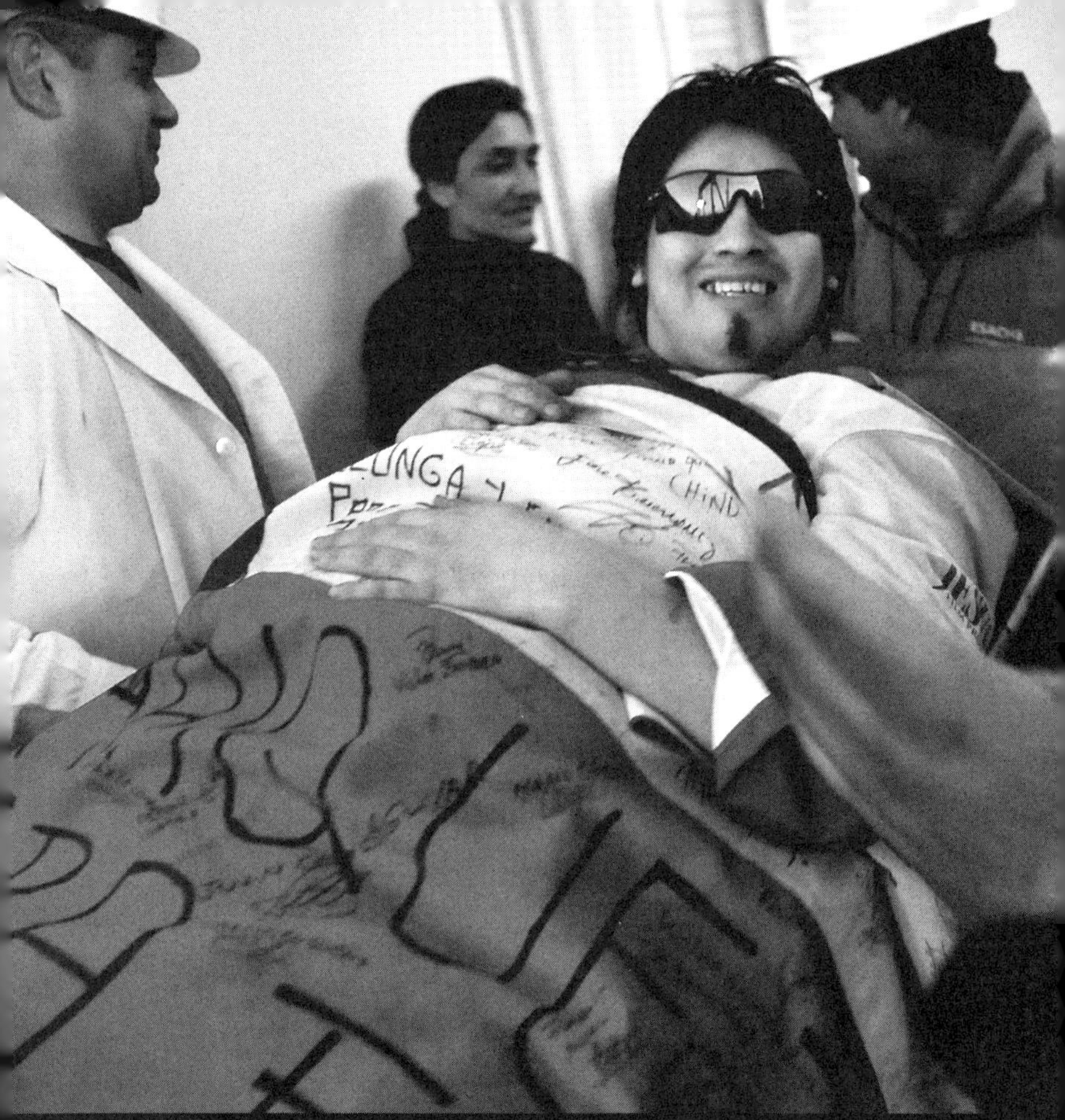

第14章 自由の最初の日々

救出後、仮設病院に運ばれながら笑顔を見せるリチャルド・ビジャロエル／2010年10月14日（Claudia Vega/EPA/Corbis）

10月13日 水曜日　新しい命

ヘリコプターの機内では、サムエル・アバロスが信じられない思いで外を眺めた。そびえ立つ重機、テントの群れ、建物、道路、そして駐車場まで！機内にいたアバロスと他の7人は地下に閉じ込められている時、救出作戦の進展を熱心に追ってきたが、不毛の山腹が、人々のざわついた動きの中心地に変貌しているさまは、想像の域を超えていた。彼らはヘリコプターのパイロットに、救出現場をもう一回りしてくれないかと頼んだ。ヘリコプターはドアを開けたまま、大きく傾いて旋回した。眼下の光景を見つめながら、鉱山労働者たちは聖ロレンソ作戦の規模がいかに壮大だったかを知った。

キャンプを離れたヘリコプターは、10週間前に彼らが朝のシフトのため、サンホセ鉱山に向かったのと同じ山道に沿って、砂漠のような大地の上を低空で飛行した。彼らの護衛役としてヘリコプターに同乗していた2人のチリ空軍の職員は、救出された労働者たちが有名人であるかのように、一緒に記念写真を撮りたがり、サインをねだった。ヘリコプターは陸軍基地に到着し、濃いサングラスをかけた労働者たちが映画スターのように降りてきた。基地のフェンスにはやじ馬が群がり、子どもたちは彼らを一目見ようと木に登った。人々の間から歓声が湧いた。

労働者たちは基地から病院まで車で移動したが、沿道には人垣ができていた。人々は、国旗を振り、花を投げかけ、手書きのプラカードを掲げていた。10週間前にはうらぶれた鉱山労働者として、世間にはほとんど目に付かないほど無名の存在だった彼らは、世間のこの変貌ぶりに衝撃を受けた。「変な気分だった。どこへ行っても、みんなが俺たちに歓声を上げるんだ」と、サムエル・アバロスは語った。「何が起きているんだか、よく分からなかった。気持ちの中で、今起きていることを何とか整理しようとしたんだが、俺の頭じゃ、全部は処理できなかった。納得できなかったんだ」

コピアポ病院の玄関で、労働者たちを乗せたバンは波打つような大群衆の歓迎を受けた。警官隊が群衆を乱暴に押し戻さなければならないほどだった。病院の中では、病院長のマリア・クリスティナ・メナフラ博士が男たちを出迎え、彼らに医療を施すことができるのは自分たちの「名誉」だと、歓迎の挨拶をした。

いったん病院内に入ると、鉱山労働者たちは3階に収容された。3階の入り口は武装警官によって封鎖され、病院職員といえども、そこに入ることができる者は厳しく制限された。労働者の家族も決められた時間にしか入れなかった。男たちは血液検査、精神科医との面談、エックス線撮影と一連の診察を受けさせられた。

労働者たちは、シャワーやベッドといったささやかな日常的な喜びを再発見して楽しむ一方で、周囲を取り囲むメディアの大群がいかに多いかを実感し始めた。アレックス・ベガと同室となったサムエル・アバロスが、少しの間、窓のカーテンを開けて頭を突き出しぼんやり眺めると、そこにはマイクと望遠レンズとメモ帳を持った報道陣の大集団がいた。「窓から外を見てみたら、人でいっぱいだった。連中は俺たちを見張るため、病院の外で寝起きしていた」

労働者たちは透明な泡の中で暮らしているようなものだった。彼らはテレビ画面の中に自分たちの姿を見いだし、救出作業の意義や、労働者たちの退院時期などに関するコメントを延々と聞かされた。そこではハリウッドの映画製作者やテレビ局のプロデューサーが、救出劇の映像化をいつごろ発表するのかとか、またそのために数百万ドルを支払う用意があるといううわさもあった。

一方、サンホセ鉱山では、キャンプ・ホープの施設が取り払われていた。作業には二つのチームが張り合いながら当たっていた。片方は鉱山会社に雇われて、機械や装備品を回収しにきた一団。もう片方は辺りをうろつき回る救出作業員や政府関係者たちだった。彼らは、パロマのメッセージを地下に送るのに使われた小さな容器から重さ100キロ近いドリルのビットまで、あらゆる種類の記念品を持ち帰ろうとしていた。ちょうどベルリンの壁が崩壊した時のように、キャンプと救出現場の施設類は、数時間のうちにむしり取られたり小さく解体されたりしてしまった。

救出に使われたシャフトは、マンホールのふたのような丸い金属板で入り口をふさがれた。物見高いやじ馬や観光客、アドレナリン全開のお調子者などがこっそり坑内に入ろうとするかもしれないと懸念した政府は、シャフトの近くや丘の上部に通じる主要箇所に、警官隊を配置した。鉱山の入り口には、祭壇や恒久的な柵といったものは作られず、事実上、放置された。

病院では、鉱山労働者たちが、新鮮な空気、オレンジ、愛する者とのキス、眠っている間に崩落する危険のない頑丈な天井という贅沢さに浸っていた。地下では絶えることのなかった水滴のしたたる音がもう聞こえなくなったことは非常に目立った違いだったので、男たちの幾人かは、このバックビートがなくなったことに一抹の寂しさを感じた。平凡な日常の繰り返しが、今では彼らの深い喜びの源となった。アバロスは木々の緑や空を見られるすばらしさについて、こう語った。「地平線を眺めると、頭の中が突然すっきりと方向づけられ、こうした情報が全部、一つの大きな思考の渦巻きにまとまっていくような気がした」。アバロスには、自分の人生が2次元の存在から3次元に変身したように思われた。「俺たちが命をどれだけありがたく思っているか、他人にはまず理解できないだろう」

ドイツのタブロイド紙の記者が、安手のゴシップ記事を書こうと奮闘していた。どの鉱山労働者の妻が浮気をしたのか？　誰かトンネルの中で同性愛行為をした者はいたのか？　33人の間で、誰が誰を殴ったのか？　セックスとドラッグそしてスキャンダルなどの妄想に満ちた彼らは、またとないスキャンダルを求めて、労働者と家族の間で交わされた手紙を買い取ろうとしたり、家族にしつこく付きまとったりして、周囲を嗅ぎ回った。英BBC放送やスペインのパイス紙、米ニューヨーク・タイムズ紙や、その他の世界中のまともなメディアのジャーナリストたちも、男たちの独占インタビューを狙って、病院に忍び込もうとしていた。

チリの作家エルナン・リベラ・レテリエールは、救出された労働者にメディアの襲来について警告するため、こう書いた。「あなた方に襲いかかろうとしている照明とカメラのフラッシュの洪水が、大したものではないことを祈ります。確かにあなた方は長い地獄の季節を生き延びましたが、全てが終わった後に、また地獄が待ち構えていることは、あなた方もご承知の通りです。同胞よ、あなた方を待ち構えているのは、経験したことのない地獄、すなわち見せ物としての地獄、テレビによる人を遠ざけるような地獄なのです。友よ、私があなた方に言えるのは、ただ一言だけです。家族をしっかりと抱き留めていなさい。彼らを出ていかせたり、彼らをあなたの目の届かないところに放っておいたりしてはなりません。彼らを捨ててはいけない。あなた方が救い出される時、カプセルにしっかりとしがみついていたように、家族にしっかりしがみついていなさい。あなた方に激しく降り注ごうとしているメディアの豪雨を乗り越える、それが唯一の道なのですから」

タブロイド紙にとって、鉱山労働者救出の物語はあまりにも人道的すぎた。そこには死体もなく、悪魔も登場せず、世界の観衆を束の間でも引きつける血まみれのクライマックスもなかった。人々の「知る権利」という安手の大義名分の陰に隠れて、タブロイド紙は人々の好みの最も低俗な共通点に照準を合わせて、話を作り上げようとしていた。それは、人間は誰しも極端なストレスの下では必ず野蛮な行動をとるという、一般神話につけこもうとする試みだった。彼ら自身の偏見に基づくこうした報道姿勢をとることで、扇情主義的なメディアは、彼らの最も基本的な役割、すなわち啓発し、知らせるという役割を果たすことに完全に失敗したのだった。

病院では、労働者たちが困惑していた。彼らは自分たちが肉体的にも精神的にも弱っているとは考えていなかった。幾つかの特殊な歯科治療や、鼓膜の損傷、筋捻挫などを除けば、退院する準備はできていた。しかし、医師たちは退院を拒んだ。労働者たちを保護し、自分たちの所有物であるかのように扱う考え方が、いまだに医療側の対応を支配していた。労働者たちが実際は極

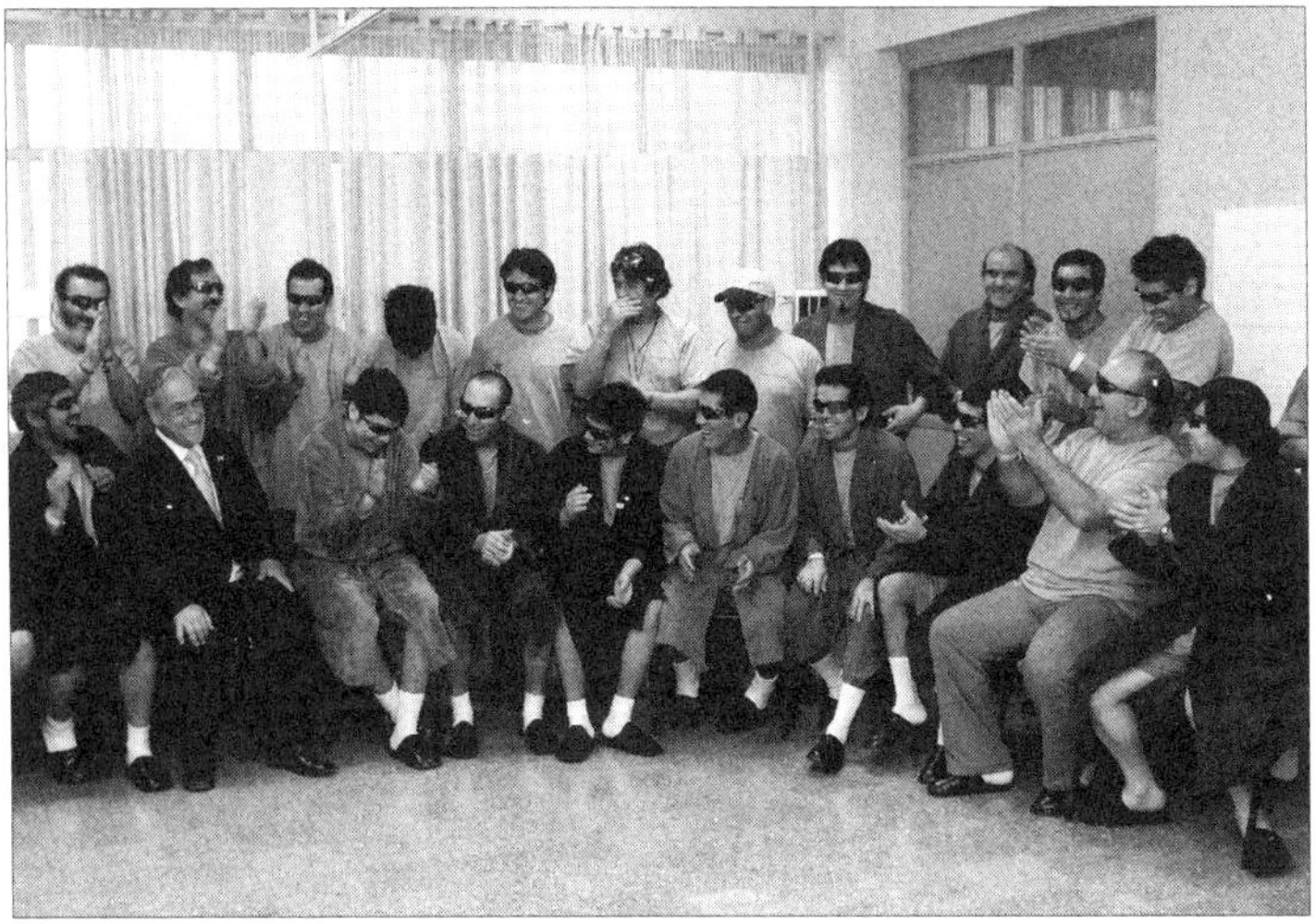

病院で大統領と談笑する助け出された鉱山労働者たち＝2010年10月14日（チリ政府/Rex/Rex USA）

めて健康なのだ、と考える医師はほとんどいなかった。

10月14日 木曜日

午前8時。ピニェラ大統領が33人の労働者を病院に見舞い、鉱山だけでなく、運輸や漁業の企業分野でも、労働条件を抜本的に改善すると約束した。大統領は「わが国民をあのように危険で非人間的な条件の下で働かせることは、二度と許さないと保証する。数日のうちに、国民に対し、新しい労働協約を発表する」と述べた。

病院のガウンを着てサングラスをかけて周辺にいた労働者たちは、大統領から一つの挑戦を受けた。大統領府のスタッフとのサッカー試合だ。大統領は「勝ったチームがモネダ（大統領府）に入り、負けた方は鉱山で働くんだ」と冗談を言った。

男たちは笑いながら、メディアの操縦法をよく心得ている大統領との会話に応じた。鉱山での試練や苦痛にもかかわらず、労働者の多くは、早くも鉱山での仕事に戻りたいという希望について話し合っていた。「もちろん、仕事は続けるしかない。これは俺たちの生活の一部なんだ」とオスマン・アラジャが言い、「山に戻りたい。俺は根っからの鉱山労働者だ。これは何か俺の血の中に流れているものなんだ」とアレックス・ベガが応じた。

10月15日 金曜日

労働者たちの寝覚めは悪かった。鉱山での悪夢が眠りを妨げていた。ある者は真夜中に目を覚まし、パロマを探して病院の廊下を徘徊し始めた。ちょうど彼の当番が始まる時間なので仕事に向かおうとしていたのだ。マニャリク博士は「彼らは鉱山の夢を見ている。他の者たちも、鉱山にまだやり残した仕事があると思っている」と語った。

愛する人を家に連れて帰りたいという家族の気持ちと、早く自由になりたいという労働者たちの気持ちの高まりが、緊張を生み出していた。退院の準備をしている労働者たちを診断したマニャリクは、「まだ不安定な状態の人々を家族の元に帰すことになるので、われわれは一定の懸念を持っている。彼らがこのまま、普通の日常生活に戻れるとは到底思えない」と語った。

少なくとも男たちの何人かが、実際に心的外傷後ストレス障害（ＰＴＳＤ）を起こしているのは確実だった。危機的状況を踏み台にして、リーダーシップというそれまで内に潜んでいた能力を開花させたマリオ・セプルベダのような人物がいる一方で、地下に閉じ込められている間に被ったストレスやトラウマをなかなか克服できず、金属カップが床に落ちたときのような音でも、びっくりして跳び上がるようなエディソン・ペニャもいた。何人かは明かりをつけていなければ眠れなかった。気持ちを落ち着かせるために睡眠薬を必要とする者もいた。精神分析医のフィゲロアは、労働者のうち15パーセントに精神面で深刻な障害がみられ、15パーセントは頑健で問題なく、残りの者たちはその中間だろう、と推測していた。しかし、この推測の根拠となるような、はっきりと比較できる歴史的な症例はなかった。トラウマになった戦場の兵士や飛行機事故の生存者などについては、精神科医が参照できる文献は山ほどあった。だが、サンホセ鉱山落盤事故で男たちの生き延びた体験は、全く類を見ないものであり、そのまま適用できるようなメンタルヘルスの一般処方はほとんど見当たらなかった。

労働者たちの精神的な安定には心もとないものがあったが、10月15日金曜日の午後4時に、28人がコピアポ病院を退院した。病院は世界中のマスコミに見張られていたため、労働者たちをうまくそこから連れ出そうと、手の込んだ作戦が練られた。労働者を乗せているように装った救急車が、これ見よがしに病院の正面ゲートから走りだし、その間に、労働者たちは病院の裏口から、こっそり外に出た。隠密作戦の立案者であるホルヘ・ディアス博士は、後に作戦について報道陣に聞かれ、にやりとしながら答えた。「私は昔、情報部門で働いていたんだよ」。オマル・

レイガダスは私服刑事の扮装がとても板についており、退院する際、ジャーナリストの群れに紛れ込んで、彼らの写真を撮りさえした。他の労働者たちは、服装とサングラスを替え、妻の役割をする女性と手に手を取って病院から出ていった。おしゃべりをしてリラックスしながら、彼らは報道陣に気付かれずに病院を出て、自分の家やホテルに車で送られていった。

サムエル・アバロスはシャワー付き個室の下宿屋に到着し、妻の出迎えを受けた。「俺は女房に襲いかかったよ。ほんとに久しぶりだったから。盛りのついたウサギみたいだった。でも眠れなかった。頭がぐらぐらして、どうしようもなかった。左腕がけいれんして、体をくつろがせることができなかった。神経がぴりぴりして、自分が自分でないみたいだった。自分の体を触っても、おかしな気分がするだけだった。鏡をのぞき込んでも、自分の顔とは思えなかった。あの目は、俺の目じゃなかった」

コピアポ病院から解放された労働者たちは、世間の歓迎ぶりにとまどった。エディソン・ペニャは涙をこらえながら、こう述べた。「俺は、この歓迎にお返しをすることなど、できやしない。だから、この歓迎ぶりには参ったよ。本当に困ったんだ」

労働者たちの質素な住居を報道陣が包囲しているうちに、情報提供に関して新しい経済原理ができてきた。ボリビア生まれのカルロス・ママニは、報道陣の質問の1問ごとに、決まった料金を要求した。別の労働者は、報道陣に数千ドルを要求しながら、地下で閉じ込められた体験の詳細についてはしゃべることを拒否した。労働者たちからぼられていることを不満に思う報道陣と、報酬を受け取る正当な権利があると考える労働者たちの間で、非難合戦が激しくなった。

ジョニ・バリオスは、なかなか家にたどり着けなかった。彼を取材しようと大勢の報道陣が争いを繰り広げていたのだ。32人の仲間に医療行為を施そうという彼の努力は日常的な話題であり、妻と愛人スサナ・バレンスエラが彼をめぐって張り合い、その板挟みになっている彼のロマンチックな生活の方が、はるかに大きな見出しの立つニュースだった。

バリオスは永遠の伴侶として、愛人のバレンスエラを選んだ。彼はマスコミとの短いインタビューで、地下での自分の医師としての役割について話しながら、泣き崩れてしまった。「地下で、俺は自分のやるべきことをやった。同僚を助けるために全力を尽くし、今ではみんなが良い友達だ」

事故後の初めの17日間のことを聞かれた時、33人で結んだ「沈黙の誓い」に忠実であろうとしたバリオスは、話すのを拒否した。しかし一番若いジミー・サンチェスは、あるインタビューで、互いの批判を口にしないという誓いに反して、ルイス・ウルスアのことをリーダーにふさわしくない人物だとけなし「マリオ・セプルベダこそ俺たちを導いたリーダーだった」と話した。その後、この発言について認めたり、説明したり、表明したりという、一連の論争が起きることになった。

そのセプルベダはいったい、どこに行ってしまったのか。報道陣はその答えを知りたがった。病院の公式発表によれば、セプルベダは疲労しており、休息が必要だった。しかし、医師たちが個人的に認めたところでは、セプルベダは自らの意思に反して、メディアからの耐えがたいプレッシャーを心配した医師と精神科医の意向で、病院に保護されていたのだ。

地下から解放されながら、今度は自分を救出してくれた者たちの手で閉じ込められることになったセプルベダは、いらいらしていた。彼は病院から出ていきたかった。

ロマニョリ博士が見舞いに来て、セプルベダが薬物を処方されて朦朧としているのに気付いた。セプルベダは博士に「ここから出してくれ。やつらは俺に鎮静剤を使っている。ここは精神病院だ。やつらは俺を注射漬けにしている」と訴えた。

薬物のせいでセプルベダは眠気がとれず、神経が高ぶっていた。「セプルベダには抗精神病薬ハルドールが処方されていた」とロマニョリ博士は説明した。博士によれば、この薬は急性の精神障害や統合失調症の治療に使われ、あまりに強力なので、患者は「ノックアウト」されてしまう。

「落ち着かせるために、彼には抗不安薬ジアゼパムも大量に処方されていた。彼は絶望していた」。博士は、たとえ騒ぎを起こすことになっても、今がセプルベダを病院から救い出す潮時だと考え、イトゥラに「セプルベダを退院させろ。さもなければ大変なことになる。私は、たとえ逮捕されようとも、警官を何人か殴り倒してでも、彼を連れ出す」と迫った。「彼が幸福感からはしゃいだとしても、それは病気として扱われるべきではない」

マリオ・セプルベダはひそかに救急車に乗せられ、近くのクリニックに運ばれた。病院を包囲していた報道陣は、またしても裏をかかれた。セプルベダは、今度こそ、本当に解放されようとしていた。彼の妻カティ・バルディビアは夫のことを、いつも興奮して動き回っており、エネルギーがぶんぶんうなっているような人、と表現した。「病院の先生たちはマリオを理解してない。あの人はいつも、こんなふうなのよ」

10月16日 土曜日

10月16日までに、31人がコピアポから解放されたが、セプルベダとビクトル・サモラはまだ病院の監視下にあった。サモラはひどい歯科疾患にかかっていた。午前10時、セプルベダが退院を許され、家族との遅ればせながらの誕生パーティーのため、一家が借りているアパートに向かった。彼は10月3日に閉じ込められた地下で40歳の誕生日を迎えていた。今やっと、妻のカティや子どもたちと一緒に、誕生日を祝う準備が整った。

あまりにも活動的なセプルベダは、誕生祝いの食事中も、ほとんどじっと座っていることができなかった。彼は奥の部屋に行って、なくしたおもちゃを見つけた子どものように、鉱山の地下から地上に送った荷物の梱包をほどき始めた。彼は、雑にくるまれた野球のバットほどもあるチューブの入った箱を居間まで引きずってきて、パッケージの一つの厚いプラスチックにポケットナイフの刃を突き立てた。彼は必死になってチューブを切り開き、中身を引っ張り出した。それは、鉱山内で集めた鉱石や水晶の詰まった何本ものペットボトルだった。「俺たちが出られなくなり、地上と連絡が取れなくなった時にダイナマイトを爆発させた。こいつはその時にとれたものだ。これは俺たちの希望、俺たちの脱出しようという試みのシンボルなんだ。俺にとって大切な連中にだけ、分けてやろうと思う」とセプルベダは説明した。

自由になった最初の日にセプルベダは海岸に向かった＝(© Morten Andersen)

セプルベダはそれから、地下で受け取った手紙の束を引っ張り出した。それを読むうちに、彼の表情が変わった。笑顔が消え、涙が頬を伝わった。脳裏によみがえってきたつらい記憶を何とか言葉にしようとして、彼は声を詰まらせた。それから彼は家族に、旅に出たいと告げた。今、すぐに。地下に閉じ込められている間ずっと夢見続けていた場所、海岸へ。

海岸へのドライブの間、セプルベダの話しぶりは、刑務所を出たばかりの人間のようだった。車の騒音から、簡単に食べ物を買えること、飲み物を自由に選べること、どこへでも自由に行けることに至るまで、あらゆることが彼の注意を引きつけた。「俺にとっては今、あらゆることが貴重だ」と、セプルベダは言った。車の床から空になった水のペットボトル2本を拾い上げて、彼は言った。

「これを見てみろ。この2本があれば、シャワーを浴びられる。1本はシャンプー用、1本はリンス用だ」

カルデラに程近い海岸には、人気がなかった。太陽は厚い灰色の雲に隠れていた。暖かいそよ風が海の方から吹き、波打ち際ではカモメの群れがごみくずをあさっていた。セプルベダは息子とサッカーボールで遊び始めた。それから彼は、この瞬間を味わうかのように、動きを止めた。「地下に閉じ込められている時に、俺がいつも何を夢見ていたか、分かるか？俺の最も大切だった夢、それは海水浴をすることだったんだ！」

彼が話している時、雲間に開いた穴から陽光が切り裂くように差し込み、金色に輝く斜光となって、大海原にきらきらと反射した。「これこそ神の光、希望の光だ」とセプルベダは叫んだ。「最初のパロマが俺たちに届いた時、俺はそれが降りてきた穴を指さして、仲間に言ったもんだ。『あれが光だ、希望へのドアだ。なあ、みんな、あの上には天国があるんだ』ってね」

人生がはかないものだということを身をもって知ったセプルベダは語った。「俺は、世界が俺たちから学んでほしいと思っているんだ。どうやって生きるかっていうことをね。人は誰だって、良いところも悪いところもある。だから、良い方をどうやって伸ばすかを学ばなくちゃならない。あんたの人生は2分後には終わっているかもしれない。財産をどれほど持っていようとも、死んだらおしまいだ。そうじゃないんだ。俺を見てみろよ。俺は幸せだ。2カ月間、全くの文無しでも、俺は幸せだ」。波と空を指さしながら、彼は言った。「これが人生さ」

セプルベダはサッカーボールを軽く蹴り、海岸を息子と走り、カモメを追いかけ、それから、シャツと靴とパンツを脱ぎ、尻をむき出しにし、両腕を広げて、波打ち際に走り込んだ。波が彼のくるぶしを洗い、家族が歓声を上げた。

33人の男たちのリーダー、マリオ・セプルベダは、子どものように波と戯れ、跳ね回った。

10月17日 日曜日

トラウマの連鎖を断ち、過酷な体験から立ち直るため、33人の鉱山労働者のうち12人が、救出から4日目にサンホセ鉱山に戻ってきた。キャンプ・ホープの跡地で、感謝祭のミサが執り行われることになり、宗教界、政界および救出活動の関係者が、苦しい体験に終止符を打つために集まってきた。

警官がガードするテントの下で、ミサへの参列を許されなかったサンホセ鉱山の労働者たちと警官隊が怒鳴り合いを始めた。政府の作成したガイドラインに従って、救出された33人だけがミサに招待された。鉱山で働いていた他の労働者の間にいら立ちが募った。彼らもまた苦しんでいた。多くの者が何週間も、仲間を助けようと救出作業にボランティアとして携わってきた。彼らにとって、ここは自分たちの職場であり、彼らの汗と苦しみが、この山腹には染み込んでいる。彼らは、自分たちがよそ者として扱われていると感じていた。警官隊との小競り合いが起きたが、そのうち彼らは、不払い給与の支給をしない鉱山所有者たちを非難し始めた。

警備陣は鉱山労働者組合連合の代表者たちの入場も拒否した。彼らは救出作戦の成功に祝意を表すと共に、労働者への不払い給与問題に抗議するためにやってきていた。鉱山の所有者たちは姿を見せなかった。恐らく、予想される一連の訴訟に対する防衛策を練っていたのだろう。訴訟の法的手続きは何年もかかり、たぶん彼らはその中に葬り去られるのだろう。彼らは禁錮刑の判決を受けるのだろうか？　巨額の罰金を命じられるのだろうか？　だが、チリの裁判は結果が出るまでに時間がかかるのだ。

鉱山労連のスポークスウーマン、エベリン・オルモスは「経営陣は11カ月間の給与延べ払いを提案してきたが、われわれは即時支払いを要求している」とサンホセ鉱山の所有者を批判した。この後、引き続き労組側が圧力を加え続けた結果、所有者側は不払い給与の支給に最終的に同意した。

地域の労組指導者であるハビエル・カスティジョは「仲間が生きているなんて誰も思っていなかった時に、われわれはみんなでここに来た。われわれ労働者は、彼らが生きていることが分かっていたし、団結してその信念を貫徹した。そうして、彼らが実際に生きていて、事態が正常に戻ると、今度はわれわれのミサ参列を拒否した。これはひどい話だ」とこぼした。

カスティジョは長い間、サンホセ鉱山の閉鎖を求めて闘争を続けてきた。サンホセ鉱山ではこの10年近く、際限なく事故が繰り返され、労働者が死んだり、体が不自由になったりするのを、カスティジョは見続けてきた。山のはらわたから掘り出された高価な金や銅を運び出すトラックの絶え間ない行列のように、死傷者のリストは、鉱山の一部となって絶え間なく増え続けるようにみえた。安全面での鉱山の欠陥の詳細が明らかになるにつれて、鉱山所有者への非難の声が高まった。

フェニックスでサンホセ鉱山の地底に最初に到達した救出要員マヌエル・ゴンサレスは、鉱山の内部の状況に愕然とした。

「基本的な設備さえもなかった」と、彼は国営テレビTVNに語った。「私がそこに滞在した25時間の間、気温はずっと40度くらいあったし、湿度はほぼ100パーセントに近かった。彼らが何も知り得なかった最初の17日間のことを想像すると……本当に恐るべきものだったに違いない」

ミサが終わり、報道陣がまばらになったころを見計らい、サムエル・アバロスは変装してキャンプ・ホープの跡を探索した。そこは彼の全く見知らぬ世界だった。落盤の前の何カ月間も、毎日のように彼はこの同じ場所、荒涼とした岩の丘を、バスで通っていた。だが今、あちこちにケーブルが積み上げられ、トレーラーハウスが置かれて、生活のにおいがした。アバロスは許可を得て、彼らが救出されたシャフトを見に行った。「穴がこんなに小さいとは思わなかった。自分がどんなふうにしてこの穴から抜け出したのか、今でもうまく説明できない。どうしても聞きたいのかい？よく分からないが、生まれ変わったことには間違いないんだ」と彼は言った。

それから彼は、山を呪い始めた。「こいつはひどい鉱山だ。悪口を言えば、岩を投げ返してくる。こいつは生き物だ……だから俺は、このくそいまいましい鉱山に小便を引っかけて、悪態をついてやった」。アバロスはしかし、復讐心を燃やしながらも、鉱山に対する畏敬の念も失ってはいなかった。「もし鉱山が俺を殺したいと思うなら、ほらここに、山の外にいたって殺されるだろう。山にはそれだけの力がある」

救出された労働者の何人かは、ミサの会場を離れて、鉱山の入り口に向かった。彼らは入り口のすぐ外に立ち、鉱山のあんぐり開いた口の中をのぞき込んだ。それから、石ころをひとつかみ拾い、ののしりながら穴の中に投げ込んだ。鉱山からは何の返答もなかった。とりあえずは、彼らは勝利したのである。

エピローグ
希望の勝利

2010年8月5日、33人の鉱山労働者たちがサンホセ鉱山に入坑するよう導かれたのは、運命と最後の瞬間の決断の組み合わせのなせるわざだった。

マリオ・セプルベダは仕事場に行くバスに乗り遅れた。彼はあの運命の朝、人気のない寂しい道でヒッチハイクし、数時間も遅刻した。サムエル・アバロスに至っては鉱山労働者でさえなかった。彼はチリのある小さな町の街頭で、海賊盤のCDを売っていたが、親戚が新たな機会だと彼をサンホセに連れてきたのだ。カルロス・ママニはサンホセ鉱山の坑内で働く契約すらなかった。生まれたばかりの娘エミリを養うために、少しばかりの臨時収入を得ようと夜間アルバイトをしていたのだ。

サンホセ鉱山での新しいシフト勤務が始まるたびに、男たちは代償として貢ぎ物を要求することで知られる世界、つまり労働者の上に岩の雨を降らせて、その怒りを表すことを躊躇しない復讐心に燃えた精霊として知られる鉱山に入ることになるのだった。33人の男たちは普通の生活を送っているわけではなかった。彼らは鉱山の崩落前でさえも既に犠牲者といえた。相次ぐ不運、生活に困窮した境遇、そして燃えるような勇敢さがなければ、サンホセ鉱山で働こうと考えることすらなかっただろう。

33人の男たちの間では、事故は日々のギャンブルの一部だった。もし作業員が岩に押しつぶされずに12時間のシフト勤務を無事終えることができれば、75ドルを手に入れた。彼がまる1週間を何とか生き抜いたら、計525ドルを稼ぐことになる。予定外の勤務日や超過勤務を合わせると、月2000ドルを稼ぎ出す男たちもいた。サンホセ鉱山は、この地域の同規模の鉱山よりも約30パーセント高い給料を支払っていた。これは軍隊や外交団が戦争地帯で勤務する場合に特別手当を支給するのと似たやり方だ。

8月5日、鉱山の落盤事故が発生した時、男たちは死んでいてもおかしくなかった。昼夜を問わず、他のどんな時間帯であっても、大規模な落盤は迷宮のような鉱山の内部に点在していた労働者たちの少なくとも一部を押しつぶし、永久に埋めてしまっただろう。しかし、山は昼食時に崩落した。ちょうど男たちが昼食のため避難所に引き揚げたり、工具類をしまい込んだり、移動用トラックに乗って輝く太陽と新鮮な空気と食事を目指して地上に上がっていく用意をしていたところだった。いったん摩天楼のように巨大な岩の壁の背後に閉じ込められてしまえば、鉱山労働者たちは事実上、食べ物も脱出する方法もなかった。岩を掘り抜いてトンネルを通すには、たっぷり1年はかかるだろうと推定された。

最初の17日間、ゆっくりと死に向かって飢えが進行していくと、労働者たちの多くは自分たちの不運を呪った。「もしちょっとでも……」「もし……してれば」「なんでこの俺が？」

緩やかな死は、彼らに自分たちの人生についてじっくり考え、その成功や失敗や家族のことを顧みるに十分以上の時間を与えた。その結果は褒められるようなものではなかった。男たちの多くは、稼ぎを安っぽいスリルに浪費し、妻もしくはガールフレンドや子どもたちをほったらかしにして、自分たちでやりくりさせていた。他の者たちはアルコール依存症や薬物中毒に陥っていた。寛容さや自分を犠牲にして他者の幸せを願う精神は、グループの間での記すべき特徴ではなかった。

サンホセ鉱山内での日常の仕事は、自己反省や自己改善にはほとんど何の役にも立たなかった。毎日あまりにも危険にさらされているので、7日間の危険を何とかかわし続けた後に、給料を安酒や秘密の愛人、その他の似たような使い捨ての気晴らしにつぎ込んでも許されると思っても、驚くには当たらなかった。

だが、奇跡が起きた。ゴールディングの小説『蝿の王』の中に出てくるような動物的本能や行動崩壊に屈する代わりに、鉱山労働者たちは人間精神の本質をつかんだのだ。そして彼らはもう決してそれを離しはしないだろう。

ツナ缶をめぐって争う代わりに、彼らは少ない中身を1人小さじ1杯の量に分けた。モモ缶1個は全員のごちそうになった。野蛮な暴力に支配させるのではなく、毎日会議を開いて、そこで重要な決定について話し合い、論議し、そして投票にかけた。「ユーモアと民主主義だよ」。ルイス・ウルスアは、地下で10週間もの間、どうやってリーダーシップを維持していくことができたのかと聞かれて、こう言った。「われわれは33人だった。だから16人プラス1人が過半数さ」

事故直後の最初の数時間、閉じ込められた男たちの家族は現場に駆けつけ、祭壇を作り、生存の可能性に対する一般的な概念や可能性に敢えて逆らって、政治家たちに決してあきらめないでくれ、と懇願した。彼らは心の中で一つのはっきりした信念にしがみついた。「もちろん男たちは生きている」と。唯一の疑念といえば、彼らの愛する者たちが、どれだけ長く危うい状態で命をつなぎとめ続けられるのか、ということだった。

10週間もの間、33人の男たちは団結し、共に闘った。深さ700メートルの鉱山の地底に閉じ込められて、生き延びるために共同体精神を築き上げた。男たちの家族が結集し、救出隊が彼らを救出するさまざまなプランを打ち出した一方で、チリ政府は、葬儀の計画や、彼らの思い出のために山腹に立てる白い十字架のデザインさえ行っていた。ピニェラ大統領に提出された統計資料によれば、男たちの「誰か」が生き延びる確率はわずか2パーセントだった。

しかし、信念と技術は最終的に結合され、文字通り山を動かしたのである。家族、鉱山労働者、救出作業員、そして世界のメディアは、共通の善意行為のために共に活動する能力があることを示してみせた。

救出活動の最終的な費用は、計2000万ドル前後、救出された鉱山労働者1人当たりにすると、ざっと60万ドルと推計されている。作業の最終的な勘定書が問題にされることはめったになかったし、多くのケースで請求書は全く届かなかった。プレシジョン・ドリリング、ミネラ・サンタフェ、センターロック、アングロ・アメリカン、ジオテック、コデルコ、コジャウアシ、そのほか数十社がそれぞれ自社で負担した。

救出活動が始まると、寄付が日本、カナダ、ブラジル、ドイツ、南アフリカ、米国から集まった。UPSは重さ12・2トンの掘削装置を無料で搬送した。オークリーは35個のサングラスが入った小箱を送ってきた。米ペンシルベニア州、センターロック社のメカニックチームは、長時間勤務で新しいドリルのビットを設計した。地下に閉じ込められた労働者のそれぞれ1人当たり、推定30～50人が救出を支援するためフルタイムで働いた。昼食時間帯のキャンプ・ホープの食堂は、さながら国連のようだった。韓国のジャーナリスト、ブラジルの石油労働者、NASAの医師団、チリの消防員、カナダの石油採掘労働者、そして米コロラド州からは世界一の掘削ドリル操縦者である長身のジェフ・ハートがいた。

閉じ込められた事故の教訓は何かと尋ねられて、サムエル・アバロスは語った。「俺たちは1秒1秒と同じようにはかない存在なんだ。ほんの少しの間に全ては終わってしまう。今現在を生き、そして楽しむことだ。その一瞬、一瞬を。あまりに多くをやろうとしてはいけない。君の問題は、俺たちが生き延びてきたことに比べれば、はるかに小さい……常に困難を乗り越え、他人を助ける能力を身につけることだ」

絶望的な鉱山労働者とその家族の烏合の衆的一団が、どうやってやさしさと感情に富んだ知性の見本になったのか。これらの男たちには、それまで高等教育を受けたり、職業的に成功したり、あるいは家族と共に「楽しく充実した時間」を過ごすことができた者は、ほとんどいない。彼らは鍛えられた男たちで、他の人間では1シフトも耐えられないような暗い穴倉の名もない場所で働き、生き延びてきた。

仕事仲間が死んだ。仕事仲間が重傷を負った。補充枠に新たな求職者が殺到する。世界のどんな片隅にでも存在するこうした労働者たちにとって、公正な世界すなわち能力主義の世界という概念は、飛行機への搭乗やパスポートの申請と同じくらい縁遠いものだった。それなのに、彼らは世界にとって模範となり、サバイバルの象徴となった。それは、悪と同じように善も存在することを思い起こさせた。それはまた、かつてなくオンライン化された世界では、たった一つの出来事がわれわれを団結させる力になることを知らしめた。

狂信者のグループが2001年、米国の世界貿易センタービルに攻撃を加えた時、世界はあっという間にばらばらに引き裂かれた。最悪なことには、分裂は突然、相互の理解力に影を落とした。人種差別主義、部族主義……。「われわれ対やつら」と「衝撃と畏怖」が、生まれ始めていたグローバルな意識を消し去った。フランスの新聞ルモンドは、有名な大見出しを掲げた。「われわれはみんな、アメリカ人だ」。これは祝いの瞬間ではなかった。実際には敗北宣言であり、今や、最も野蛮な戦術には、それ以上に野蛮な暴力で対抗する時だということを認めるものだったのだ。テロリズムと拷問の時代がやってきた。グアンタナモ（収容所）は、新たな「暗黒の時代」の象徴になった。

チリの鉱山労働者救出は、すなわち「反9・11」であり、人間的な思いやりの精神と友愛、そして利他主義に基づく「地球村」の概念を示してみせた全世界的な出来事であった。チリの鉱山のストーリーに対する世界のメディアの強い関心は、戦争のニュース、最新の虐殺事件、異常気象といった通常の報道の流れからは逸脱したものだった。それは一時的な成果だったのだろうか。それとも世界的な大義のために、いつでも集めることができる膨大な善意の宝庫の中をのぞかせたのだろうか。

チリの鉱山労働者たちを全世界が抱擁したことは、閉じ込められた男たちの運命と同様に、この地球の現状にも大きな関係があった。毎年、何千人もの鉱山労働者が閉じ込められて、死んでいる。そして何百人かが救出される。世界の報道機関は地球規模の朗報記事には事欠かない。記者や編集者が探すのに時間をかけさえすれば、ヒーローはたくさんいる。

アナリストたちが「テロの時代」と呼ぶほぼ10年間を経て、２０１０年8月まで世界は希望に飢えていたようだった。しかし33人の男たちと、寛大で不屈な救出作業員の一団の勇気ある行動は、世界を一つに結びつけた。少なくとも今のところ、われわれはこう言うことができるだろう。

「われわれはみんな、チリ人だ」

ジョナサン・フランクリンの注釈

翻訳上の用語について

チリのスペイン語は周知のように極めてスラングに富んでいる。一部の人々の間で使われる隠語にはこれまた卑猥なものが多い。この二つの事情が相まって、逐語訳が事実上不可能になる。このため、鉱山労働者、救出作業員、家族、そして政治家が使うスペイン語は、多くの場合、その言わんとするところや、意味するところを抽出して翻訳することになった。多くの卑猥な言葉は、そっくり省いてあるが、それは、特に侮蔑的で耳障りだという理由からではなく、単に他の言語に移すと意味をなさないという理由からである。著者と出版社は発言の意図するところは維持しようとしたが、より筋の通った翻訳スタイルとなるよう心掛けた。さまざまな通訳を利用したこともあり、チリのスペイン語の豊富な質感を世界の読者にどううまく伝えるかについては、若干の意見の相違はあるかもしれない。

日時の特定について

本書は、救出活動にかかわった約１２０人の関係者へのインタビューに基づいており、それは閉じ込められた鉱山労働者の大多数からピニェラ大統領や救出作戦の指導的な設計者、参加者に及んでいる。地下に閉じ込められ、かつ単調な毎日という極めて異常な状況下にあったため、労働者たちは必ずしも、ある出来事についての正確な日時を確認できなかった。時間の経過を知る手掛かりとなる昼や夜がないために、こうした日時の混乱は理解できる。

著者はこの混乱を理解しようと努めてきたし、著者自身も個人的には1日ではなく1週間のサイクルで行動し、この間、着替えもせず、シャワーも浴びず、ブーツさえも脱がなかったので、よく理解している。救出活動の最後の20日間はみんな疲労困憊の状況にあった。幾つかの場面について日時を特定しようと何度も努力を積み重ねたが、当事者たちの間でもどうしても食い違いが残ったままであることを、著者としては強調しておきたい。そうしたことが劇的な出来事には付きものの特質であるからだ。

独占的取材について

本書に出てくる多くの場面やインタビューは、キャンプ・ホープで取材していた他の数千人のジャーナリストたちには、取材が可能ではなかったものだ。救助活動の初期には、著者も他の記者たちと同様に、警察の警戒線の外側で取材・報道を行った。しかし、この救出作戦の壮大さやドラマ性に気付いたわたしは、作戦のかなりの部分を担当していた保険会社のチリ安全保障協会（ＡＣＨＳ）に対し、彼らの注目すべき救出活動を記録する許可を要請した。わたしは当時、この救出作戦のドラマを、米紙ワシントン・ポストや英紙ガーディアンなど多くのメディアのために取材・報道していた。ＡＣＨＳは直ちに要請に応じ、救出作戦の半日取材ツアーを提供してくれたが、彼らはその後、取材ツアーはこれでおしまいだと述べた。

わたしは、救出活動の現場にとどまって取材を継続したいと申し入れた。彼らによると、その場合には救出チームの許可証が必要だということだった。そこで申請書に記入し、記者であることを明示して提出。救出チームのNo.２０４の通行証を取得した。これにより、６週間の救出活動のかなりの期間、その最前線を歩き回ることができるようになり、取材・報道し、記録し、撮影した。わたしはいつでも、常勤の記者としての任務以外のいかなる任務も示唆し、装ったことはない。

オークリー社のサングラスについて

全てを開示する原則にのっとり、鉱山労働者たちがオークリー社のサングラスを受け取った件に関しては、わたしにいささかの功があると自負している。コデルコとチリ海軍の間で9月初め、救出計画に関する会合が開かれた際、労働者らが鉱山から脱出する際には高品質のアイウエアが必要だということが明らかになった。救出計画の圧倒的な後方支援業務を担わされていた政府職員らは仕事に忙殺されており、サングラスをどうするかについては失念していた。7年前、わたしはオークリー社の代表の一人エリック・ポステンに会ったことがあった。まだ彼の名刺を持っていたので、オークリー宛てにeメールを送り、救出チームにサングラス35個（2個は予備）を送ってもらえないかと打診した。彼らは要請に応じてくれ、詳細は既に本文で触れた通りである。

「チリ33人」日本語版に寄せて

チリ落盤事故と日本の支援

チリ・サンホセ銅鉱山落盤事故は、鉱山労働者33人全員救出という奇跡で収束した。絶望的な状況の中で全員が地下坑内で生き抜くことができたのは、彼らの持つ身体的、精神的な強靭さだけではない。坑内の状況などがリアルタイムで世界に伝えられ、国内外の人々から注目され、多くの支援が寄せられたことが彼らを支えた。では、日本の支援はどうだったのか。振り返ると、国際貢献の在り方が見えてくる。

2010年8月5日の落盤事故発生から同年10月13日（いずれも現地時間）までの間、外務省や在日チリ大使館などには、義援金のほか、手紙、はがき、カード、メールなどによる激励、衣料品や食料品、医薬品などの支援物資がぞくぞくと届いた。

インターネット上では、千羽鶴や神社のお守りをカトリック教徒が大半を占めるチリに送ることへの賛否をめぐり、ちょっとした論戦が交わされた。ちなみにバチカンはロザリオ（ローマ教会の数珠）を現地に送っている。

日本からチリに送られた多くの支援物資の中で多数のメディアに取り上げられたのは、外務省が宇宙航空研究開発機構（ＪＡＸＡ）を介して支援物資として送った「宇宙日本食」と日本人宇宙飛行士にピッタリな消臭肌着やTシャツだ。それに梱包用気泡シートなどのトップメーカーである川上産業（本社・名古屋市）が作業員のストレス解消のため送った玩具「プッチンスカット」。

宇宙日本食は、飛行中や国際宇宙ステーション（ISS）で活動する日本人宇宙飛行士の食料やおやつとしてJAXAが認証している食品だ。「ISS FOOD」としてISSの食料供給計画や日本の食品安全基準などに合致していることなどが認証の基準になっており、日本人以外のパートナーにも合うよう作られている。白飯やラーメン、ようかん、粉末緑茶など11社28品目が認証（2010年10月末現在）されている。

今回、外務省が送ったのは、ヤマザキナビスコ（本社・東京）の「黒飴」と「ミントミントキャンデー」の2品。閉塞感にさいなまれたり、精神的な不安が続いていたりしているとき、甘味やハーブの香りと適度の刺激が安らぎを与える効果があることは医学的にも実証されている。ささやかだが、タイムリーな支援品だ。

肌着やTシャツは、グンゼ（本社・大阪市）、アウトドア用品のモンベル（本社・大阪市）、スポーツウエアのゴールドウイン（本社・東京）の製品が選ばれた。いずれも消臭機能などに優れ、JAXAから日本宇宙飛行士用に選定されている。一部は「ディスカバリー号」の山崎直子宇宙飛行士らが着用した。

日本の衣料品は、価格的には中国やベトナムなどに太刀打ちできないが、肌触りの良さのほか、消臭機能、吸湿・吸水性、通気性、速乾性などに優れ、その加工技術で世界をリードしているメーカーが少なくない。「低賃金、低コスト競争」が激しさを増しているが、「高品質、高機能化」で対抗する日本の企業が国際協力という場でも存在感を示した。

マスメディアにはあまり紹介されなかったが、ＮＴＴグループの貢献は注目に値する。作業員のいる坑内と地上をテレビ会議回線で結び、「奇跡のオペレーション」をもたらした現地企業ミコモ（サンティゴ）は、ＮＴＴグループ２社（ＮＴＴ－ＡＴとＮＴＴファイナンス）が34パーセント、チリ最大の鉱山会社コデルゴ（チリ政府全額出資、日本の公社に相当）が66パーセントを、それぞれ出資して２００６年に設立した合弁会社だ。事故が多発する銅山などで、通信インフラを駆使した監視システム設置などを事業にしている。

今回の事故では、ミコモの社員がＮＴＴから供給された日本製光ファイバーを地上と坑内の間に敷設するなどしてテレビ電話を開設した。坑内の鮮明な画像が地上に送られ、その一部はニュースとして全世界に流れた。救出を求める作業員の実像がなければ、世界の人々からこれほどの高い関心を持たれただろうか。

テレビ電話システムには、ソニーのビデオが使われたり、パナソニックのパソコンが作業員の健康管理に使われるなど、日本製品の使いやすさや耐久性があらためて評価された。

また、有線による仮設伝送路の設置が難しい場所には、ミコモが無線ＩＰシステムを設置し、脱出用の掘削現場と救出チーム事務所を結び、通信システムを支えた。

ＮＴＴは単なる資本参加だけでなく、日本での研修や現地で技術指導を続けており、テレビ電話システムや無線システムの設置は、その地道な取り組みの大きな成果の一つと言える。

ＮＴＴ研究企画部門のプロデュースを担当している界義久主席研究員は「ＮＴＴの技術が生かされたことは本当にうれしい。他にもマイコモは露天掘りの鉱山用に花粉センサーを応用した粉塵監視システムなどもサービスしており、周辺住民の健康被害の拡大防止にも役立つ」と話している。

被災国や被災者に義援金や支援物資を送り届けることは国際支援の大きな柱だ。だが、先進的かつ実践的な技術提供、当事国への技術指導や人材育成も支援のもう一つの大きな柱になる。「チリの奇跡」は、日本に、技術大国として果たすべき役割を示唆している。

【チリ共和国】

面積は約75万６０９６平方キロメートル（日本の約2倍）。人口約１７１４万人。日本と同様、地震が多い。公用語はスペイン語。約7割がカトリック教徒。銅の生産と埋蔵量は世界1位（シェア36パーセント）。リチウム、モリブデン、レニウムなどの鉱物資源にも恵まれている。銅以外の主な輸出品は木材パルプ、水産物、ワイン、サクランボなど。銅価格の上昇、関税引き下げなど自由貿易の推進、消費者物価の安定などで国際金融界から信頼度が高い。南米初のＯＥＣＤ（経済協力開発機構）加盟国。最近、中国やインドとの経済交流が急速に進んでいる。内政面では、年金制度を民営化して世界から注目を浴びたことも。所得格差が大きい。

日本との関係では、１８９７（明治30）年、日本チリ修好通商航海条約締結。第2次世界大戦の間、断交したが、戦後間もなく復交した。２００７年、経済連携協定（ＥＰＡ）を締結。銅の約4割をチリから輸入している。

本書の翻訳は共同通信社ＯＢの大西史郎、桜井三男、鈴木佳明、松下文男、横山司が分担して担当し、最終的な編集、チェックには鈴木佳明が当たりました。

「『チリ33人』日本語版に寄せて」については楢原多計志が取材・執筆しました。

チリ33人《にん》
生《せい》存《ぞん》と救出《きゅうしゅつ》、知《し》られざる記《き》録《ろく》

発行日　2011年3月26日 第1刷発行

著　者　**ジョナサン・フランクリン**

訳　者　**(株)共同通信社** 国際情報編集部

編集企画　藤本倫子　清水孝

発行人　田辺義雅

発行所　株式会社 共同通信社（K.K.Kyodo News）
〒105-7208 東京都港区東新橋1-7-1 汐留メディアタワー
電話(03)6252-6021 郵便振替00160-7-671

印刷所　大日本印刷 株式会社

乱丁・落丁本は郵送料小社負担でお取り換えいたします。
ISBN978-4-7641-0627-7 C0098
※定価はカバーに表示してあります。